网络空间安全导论

袁　礼　黄玉钏　**主　编**

冀建平　**副主编**

清华大学出版社

北　京

内 容 简 介

本书作为网络空间安全导论教程,站在国家网络空间安全保障的高度,分别从网络安全政策法规、标准体系、管理体系、技术体系介绍网络空间安全保障工作应该如何开展,并附加介绍行业服务和产品体系。本书让读者对网络空间安全保障形成完整的认知,对网络安全具体工作有清晰的思路,对具体安全问题能有相应的解决办法,以便使读者能真正胜任网络安全行业实际工作。

全书以网络安全规范为主线,既有高度,又能结合到实际具体工作,适用于各行业从事网络安全工作的管理和技术人员阅读,也适合作为应用型本科和高等职业院校网络安全类专业的教材。同时,本书既可以作为应急管理部通信信息中心网络安全相关工作的培训教材,也可以作为其他单位网络安全培训的教材。

图书在版编目(CIP)数据

网络空间安全导论/袁礼,黄玉钏主编.—北京:清华大学出版社,2019.12(2023.8重印)
高职高专计算机教学改革新体系规划教材
ISBN 978-7-302-53963-6

Ⅰ.①网… Ⅱ.①袁…②黄… Ⅲ.①计算机网络－网络安全－高等职业教育－教材 Ⅳ.①TP393.08

中国版本图书馆 CIP 数据核字(2019)第 224159 号

责任编辑:颜廷芳
封面设计:傅瑞学
责任校对:袁 芳
责任印制:沈 露

出版发行:清华大学出版社
　　　　网　　　址:http://www.tup.com.cn,http://www.wqbook.com
　　　　地　　　址:北京清华大学学研大厦 A 座　　　邮　　编:100084
　　　　社 总 机:010-83470000　　　　　　　　　邮　　购:010-62786544
　　　　投稿与读者服务:010-62776969,c-service@tup.tsinghua.edu.cn
　　　　质量反馈:010-62772015,zhiliang@tup.tsinghua.edu.cn
　　　　课件下载:http://www.tup.com.cn,010-83470410

印 装 者:三河市人民印务有限公司
经　　销:全国新华书店
开　　本:185mm×260mm　　　印　张:12.5　　　字　数:312 千字
版　　次:2019 年 12 月第 1 版　　　　　　　印　次:2023 年 8 月第 2 次印刷
定　　价:49.00 元

产品编号:084979-01

编 委 会

前言

随着网络技术的持续发展,互联网对整个经济社会发展的融合、渗透、驱动作用日益明显,带来的风险和挑战也在不断增加。网络安全牵一发而动全身,已成为信息时代国家安全的战略基石。正因为如此,习近平总书记在全国网络安全和信息化工作会议上强调,"没有网络安全就没有国家安全,没有网络安全就没有经济社会稳定运行,广大人民群众利益也难以得到保障。"中央网信办、教育部等 6 部委联合印发《关于加强网络安全学科建设和人才培养的意见》(中网办发文〔2016〕4 号),文件要求加强网络安全教材建设。网络安全教材要体现党和国家意志,体现网络强国战略思想,体现中国特色治网主张,适应我国网络空间发展需要。

应急管理部通信信息中心为响应国家网络空间安全保障战略,启动了一系列网络安全建设工作,其中网络安全人才培养工作是重要的组成部分,本书是应急管理部通信信息中心立项建设的网络安全人才培养项目的一部分。本书由应急管理部通信信息中心立项发起,北京经济管理职业学院袁礼副教授统筹安排,组织联合相关主管部门、行业科研院所、网络安全测评机构、企事业单位一线技术专家团队联合编写,应急管理部通信信息中心相关领导主审,最终形成本书。

本书以国家网络空间安全保障为出发点,分别从网络安全政策法规、标准体系、管理体系、技术体系介绍网络空间安全保障工作应该如何开展。本书让读者对网络空间安全保障形成完整的认知,对网络安全具体工作有清晰的思路,对具体安全问题有相应的解决办法,以便使读者能真正胜任网络安全行业实际工作。

本书作为网络空间安全导论教程,考虑了知识覆盖面和知识体系性的问题,编写团队有着多年信息安全一线的技术与管理经验,从行业主管部门的角度了解国家对信息安全相关工作的政策体系,又吸纳了多年一线项目经验,是编写团队多年学习工作成果的总结与升华,是学习信息安全相关法规标准的工具。全书以合规性驱动为主,既有高度,又结合实际具体工作,是网络安全行业在职人员的一本指导手册,适用于各行业从事网络安全工作的管理和技术人员阅读,也可作为应用型本科和高等职业教育网络安全类的专业教材。本书还是应急管理部通信信息中心网络安全相关工作培训教材,也可以作为其他单位网络安全培训的教材。

本书共有 5 章和 1 个附录,第 1 章介绍网络空间安全概述,第 2 章介绍网络安全政策法规,第 3 章介绍网络安全相关标准,第 4 章介绍网络安全管理,第 5 章介绍网络安全技术,最后附录中介绍了网络安全服务与产品并列举了常见产品及代表厂商。

由于编者水平与能力有限,难免存在不足之处,恳请读者批评、指正。

编　者

2019 年 9 月

目 录

CONTENTS

第 1 章

网络空间安全概述

本章目标

让读者对网络空间安全有总体认知,了解网络空间安全工作的必要性和重要意义,增强网络安全防范意识。

本章要点

1. 信息、网络、网络空间安全等基本概念
2. 网络安全保障发展历程
3. 网络安全问题根源与危害
4. 网络安全形势与趋势

随着信息化的快速发展,信息化已经融入政治、经济、文化、军事、社会等各个领域,而电子商务、网络社区、网络银行、智能交通等也使整个社会对网络信息系统形成了一种强烈的依赖关系。信息化高速发展的同时也带来了一个最严峻的问题——网络安全。

所谓信息,是指反映客观世界的资源与知识,这种资源与知识必须是在传播之前不为人知的,在传播的过程中可以为接收者所理解的,并最终影响到接收者的意识和行为。

信息是有价值的,信息不但是人类社会,而且是生物世界赖以生存发展的重要基础。没有信息交流就没有人类社会。各行各业都离不开信息,它是进行经济规划决策、发展科学生产、提高社会文化教育水平和各项社会公用事业的重要前提与条件。国际上普遍把信息、能源、材料并列为现代经济发展的三大支柱。正因为信息具有价值性,信息生命周期中的安全问题就显得尤为重要。网络安全是指信息网络的硬件、软件及其系统中的数据受到保护,不受偶然的或者恶意的原因而遭到破坏、更改、泄露,系统连续可靠正常地运行,信息服务不中断。

网络是指由计算机或者其他信息终端及相关设备组成的按照一定的规则和程序对信息进行收集、存储、传输、交换、处理的系统。

网络空间已成为由计算机及计算机网络构成的数字社会的代名词,理论上讲,它是所有可以利用的电子信息、信息交换以及信息用户的统称。站在国家层面,网络空间已成为海洋、陆地、航空、航天同等的五大主权之一。

网络空间安全是指通过采取必要措施,防范对网络的攻击、侵入、干扰、破坏和非法使用以及意外事故,使网络处于稳定可靠运行的状态,以及保障网络数据的完整性、保密性、可用性的能力。

1.1 网络空间安全发展历程

网络安全概念的出现远远早于计算机的诞生,但计算机的出现,尤其是网络出现以后,网络安全变得更加复杂,更加"隐形"了。现代网络安全区别于传统意义上的信息介质安全,专指

电子信息的安全。

随着 IT 技术的发展,各种信息电子化,让人们可以更加方便地获取、携带与传输。相对于传统的网络安全保障,这些信息需要更加有力的技术保障,而不单单是对接触信息的人和信息本身进行管理。介质本身的形态已经从"有形"到"无形"。在计算机支撑的业务系统中,正常业务处理的人员都有可能接触、获取这些信息,信息的流动是隐性的,对业务流程的控制就成为保障涉密信息的重要环节。

从网络安全的发展历程来看,安全保障的理念分为两个阶段。

1. 面向信息的安全保障

计算机网络刚刚兴起时,各种信息陆续电子化,各个业务系统相对比较独立,需要交换信息时往往是通过构造特定格式的数据交换区或文件形式来实现,这个阶段从计算机诞生一直延续到互联网兴起的 20 世纪 90 年代末期。面对信息的安全保障,体现在对信息的产生、传输、存储、使用过程中的保障,主要的技术是信息加密,保障信息不外露在"光天化日"之下。因此,网络安全保障设计的理念是以风险分析为前提,如 ISO/IEC 13335 风险管理模型,找到系统中的"漏洞",分析漏洞能带来的威胁,评估堵上漏洞的成本,再"合理"地堵上"致命"漏洞,威胁也就消失了。

然而风险的大小和漏洞的危害程度是随着攻击技术的发展而变化的,在大刀长矛的冷兵器时代,敌人在几十米外你就是安全的;到了大炮、机枪的火器年代,几百米、几十千米都可能成为被攻击的对象;而到了激光、导弹的现代,即使你在地球的另一端,也可能随时成为被攻击的对象。所以面向信息的安全,分析的漏洞往往是随着攻击技术发展、入侵技术进步而变化的,被动地跟着攻击者的步调,建立自己的防御体系,是被动的防护。更为严酷的是,随着攻击技术的发展,你与敌人的"安全距离"越来越大,需要你的眼睛具有越发强大的目力——因为监控不到敌人的动向,你的安全就无从谈起。

在面向信息的安全保障阶段,安全技术一般采用防护技术,加上人员的安全管理,出现最多的是防火墙、加密机等,但大多边界上的防护技术都属于识别攻击特征的"后升级"防护方式,也就是说,在攻击者来之前升级,就可能防止他的入侵;若没有来得及升级,或者没有可升级的"补丁",系统就危险了。面对加密技术的暴力破解也随着计算机的快速发展,加密系统的密钥长度越来越长。

2. 面向系统的安全保障

一般系统论创始人贝塔朗菲对系统的定义为:"系统是相互联系、相互作用的诸元素的综合体。"照此定义,信息系统应该包括为了处理某些业务所需的硬件、软件、数据、环境、相关人员、管理机制等的综合体。信息系统不仅包括信息系统软件,还包括其运行的支撑平台、网络环境、相关人员、管理体系等。一个个这样的信息系统就构成了网络空间。

如果说对信息的保护,主要还是从传统安全理念到信息化安全理念的转变过程中,那么面对网络空间的安全,就完全是从信息化的角度来考虑信息的安全。到了 2005 年前后,互联网已经深入社会的各个角落,网络成为人们工作与生活的"信息神经",人们发现各种工作已经脱离传统的管理模式,进入 21 世纪初还是梦想的"无纸化"办公时代,此时计算机的故障、网络的中断已经不再是 IT 管理部门的小事件,往往是整个企业的大故障。有些金融、物流、交通等企业,网络的故障完全可以导致企业业务的中断,甚至停业。此时,需要保护的信息不再只是某些文件或者某些特殊权限目录,而是用户的访问控制、系统服务的提供方式;此时要保障的不再只是信息,而是整个网络空间的业务系统,以及业务的IT支撑环境及相关人员,业务本身的安全需求。超过了信息的安全需求,安全保障也就需要从业务流程的控制角度考虑了,这个阶段称为面向系统的安全保障。

系统性的安全保障理念,不但关注系统的漏洞,而且从业务的生命周期入手,对业务流程进行分析,找出流程中的关键控制点,从安全事件出现的前、中、后3个阶段进行安全保障。具体的保障设计把安全保障分为防护技术、监控手段、审计威慑3部分。其中,防护技术沿用网络安全的防护理念,同时针对"防护总落后于攻击"的现状,全面实施系统监控,对系统内各个角落的情况动态收集并掌握,任何风吹草动都及时察觉,即使有危害也要降低到最低限度,攻击没有了"战果",也就达到了防护的目的;另外,针对网络事件的起因多数是内部人员的问题,采用审计技术可以取证追究,是震慑不法小人的"武器"。

面向系统的安全保障不只是建立防护屏障,而是建立一个立体的"陆海空"防护体系,通过更多的技术手段把安全管理与技术防护联系起来,不再是被动地保护自己,而是主动防御攻击。也就是说,面向系统的安全防护已经从被动走向主动,安全保障理念从风险承受模式走向安全保镖模式。

网络安全法及配套法规标准的施行,为我国网络空间安全开启了新的篇章,顺应了网络空间安全化、法制化的发展趋势,不仅对国内网络空间治理有重要的作用,同时也是国际社会应对网络安全威胁的重要组成部分,更是中国在迈向网络强国道路上至关重要的阶段性成果,它意味着建设网络强国、维护和保障我国国家网络安全的战略任务正在转化为一种可执行、可操作的制度性安排。

1.2 网络空间安全问题根源与危害

由于信息本身具有价值性,对信息的占有关系很大程度决定了利益关系,所以不同利益个体或群体对信息的争夺与控制不可避免。同时,信息技术自身的缺陷和漏洞决定了网络安全问题的必然性。网络安全问题主要来源于人、技术和管理3个方面。

(1) 网络安全威胁最大的是一些人为的非法破坏。这又可以分为两个方面:一方面是指一些计算机技术人员(诸如"黑客"等)通过制造病毒来破坏他人计算机,造成计算机系统紊乱,信息丢失等;另一方面是指一些非法人员利用相关技术和方法有目的地窃取他人保密的信息并对这些信息进行非法利用,从而给受害方造成巨大的损失和破坏。

(2) 信息技术自身的一些缺陷和不足也会对网络安全产生影响。一方面是大量非法的不安全的信息在网络间流通却得不到及时有效的制止;另一方面是纯技术方面的缺陷和漏洞,使得计算机病毒程序乘虚而入,从而对网络安全产生威胁。

(3) 很多使用者网络安全意识淡薄、管理缺失,也是一个重要原因。很多人平时不注重对一些重要信息的深层保护,导致信息轻易地流失和被盗。尤其是在个人信息方面,很多人不经意间就把自己的相关信息告知他人,导致信息泄露,从而给自己带来很多麻烦甚至是损失。对网络技术和信息的使用不当也是引发网络安全问题的一个隐患,此外,一些意外事故以及内部人为泄密也会导致信息丢失和被盗。

网络安全带来的危害视侵害客体可以分为以下几类。

(1) 对一个国家来说,没有网络安全就没有国家安全,网络安全就是国家安全,现代战争就是信息战。通过信息技术渗透与反渗透、舆论工具、意识形态、社会稳定等都与网络安全息息相关。

（2）涉及大众利益的重要信息系统可能会对社会秩序和公众利益造成较大损害。

（3）对个人来说，网络安全可能危害到个人财物资产、声誉形象甚至生命安全等。如游戏账户被盗，银行资金被转走，个人隐私信息被泄露造成声誉形象严重受损，甚至由于相关信息泄露导致生命安全受到威胁。

（4）对一个组织来说，网络安全可能决定组织的生存和发展，良好的信息环境可能使组织事业发展蓬勃；网络安全恶性事件可能导致组织核心机密丧失，经济利益受损，甚至组织生存问题受到威胁。

1.3　网络安全形势与趋势

随着信息技术的发展和普及应用，经济社会活动对信息网络的依赖性增强，网络安全成为关系国家安全的关键因素。近年来，全球网络安全威胁情况发生新的变化，国家之间网络战争的威胁日益加剧，我国网络安全保障工作面临着严峻的形势。

一方面，全球网络安全威胁正进入新阶段，国家支持的、有组织的网络攻击开始出现。这类攻击主要针对关键基础设施及其控制系统，不以牟取经济利益为目的，而是要窃取敏感信息或者使关键基础设施运行瘫痪。这类攻击手段复杂、行为隐蔽，呈现出持续性的特点，一旦成功实施将危害巨大。如"震网"病毒、Duqu 病毒、"火焰"病毒、勒索病毒等均具有强大的间谍能力，可针对任何一个国家发动网络攻击。

另一方面，各国加快网络空间军备竞赛，网络战争的威胁日益加剧。各国纷纷加快研发网络武器，组建网络部队，并通过立法方式授权军队在遭受网络攻击时使用武力进行反击。网络战争不仅局限于对军事目标以及与军事相关民用目标的战时攻击，也将包括针对一国关键基础设施发动网络攻击。未来，针对一个国家发动网络攻击致使该国的关键基础设施瘫痪将成为可能，将给该国和社会造成灾难性的危害。

网络安全新形势要求我国必须加强网络安全保障工作，尤其是要确保关键基础设施的安全。确保关键基础设施安全，重点要做好两方面的工作：一方面是要确保能源、交通、金融等领域涉及国计民生的重要信息系统和电信网、广播电视网、互联网等基础信息网络的安全；另一方面是要保障重要领域工业控制系统安全。

当前，我国重要信息系统和基础信息网络安全还存在一些问题，包括安全防护措施不足，管理不到位，因技术故障、系统缺陷等发生断网、停运，因遭受攻击篡改和漏洞利用等导致敏感信息泄露等重大安全事件多发。对此，除应"同步规划、同步建设、同步运行"安全防护设施外，还要加强对新型网络威胁的跟踪研究，开展漏洞挖掘等基础技术研发。同时，加强重要信息系统和基础信息网络的安全评估，督促相关企业建立网络安全防护体系，落实网络安全技术防护和管理措施。最后，要加快推动国内技术产品对国外产品的更新替代。

网络安全问题面临着前所未有的挑战，通过收集整理，信息安全威胁包括但不限于以下几个方面。

（1）信息泄露：信息被泄露或透露给某个非授权的实体。

（2）破坏信息的完整性：数据被非授权地进行增删、修改或破坏而受到损失。

（3）拒绝服务：对信息或其他资源的合法访问无条件地阻止。

（4）非法使用（非授权访问）：某一资源被某个非授权的人或以非授权的方式使用。

（5）窃听：用各种可能的合法或非法的信息资源和敏感信息。

（6）业务流分析：通过对系统进行长期监听，利用统计分析方法对诸如通信频度、通信的信息流向、通信总量的变化等参数进行研究，从中发现有价值的信息和规律。

（7）假冒：通过欺骗通信系统（或用户）达到非法用户冒充合法用户，或特权小的用户冒充特权大的用户的目的。黑客大多是采用假冒攻击。

（8）旁路控制：攻击者利用系统的安全缺陷或安全性上的脆弱之处获得非授权的权利或特权。

（9）授权侵犯：被授权以某一目的使用某一系统或资源的某个人，却将此权限用于其他非授权的目的，也称作"内部攻击"。

（10）特洛伊木马：软件中含有一个察觉不出的或者无害的程序段，当它被执行时，会破坏用户的安全。

（11）陷阱门：在某个系统或某个部件中设置的"机关"，使得在特定的数据输入时，允许违反安全策略。

（12）否认：一种来自用户的攻击，比如否认自己曾经发布过某条消息、伪造一份对方来信等。

（13）重放：出于非法目的，将所截获的某次合法的通信数据进行复制，而重新发送。

（14）计算机病毒：潜在破坏力极大，正在成为信息战中的一种新式进攻武器。

（15）人员不慎：一个授权的人为了钱或某种利益，或由于粗心，将信息泄露给一个非授权的人。

（16）媒体废弃：信息被从废弃的存储介质或打印过的物件中被泄露。

（17）物理侵入：侵入者绕过物理控制而获得对系统的访问。

（18）窃取：重要的安全物品，如身份卡或令牌被盗。

（19）业务欺骗：某一伪系统或系统部件欺骗合法的用户或系统。

在信息交换中，"安全"是相对的，而"不安全"是绝对的。随着社会的发展和技术的进步，网络安全标准不断提升，因此网络安全问题永远是一个全新的问题。"发展"和"变化"是网络安全的最主要特征，只有紧紧抓住这个特征才能正确地处理网络安全问题，以新的防御技术来阻止新的攻击方法。网络安全技术的发展呈现以下趋势。

1）网络安全越来越重要

网络安全系统的保障能力是21世纪综合国力、经济竞争实力和民族生存能力的重要组成部分。因此，必须努力构建一个建立在自主研究开发基础之上的技术先进、管理高效、安全可靠的国家网络安全体系，以有效地保障国家的安全、社会的稳定和经济的发展。网络安全是一个综合的系统工程，需要诸如密码学、传输协议、集成芯片技术、安全监控管理及检测攻击与评估等一切相关科技的最新成果的支持。

2）网络安全标准不断变化

应根据技术的发展和实际社会发展的需要不断更新网络安全标准，科学合理的安全标准是保障网络安全的第一步，需要追求如何在设计制作信息系统时就具备保护网络安全的体系结构，这是人们长期的目标。

3）网络安全概念不断扩展

安全手段需随时更新人类对网络安全的追求，这是一个漫长的深化过程。网络安全的含义包括信息的保密性、完整性、可用性、可控性以及信息行为的不可否认性。随着社会信息化步伐的加快，网络安全至少需要"攻、防、测、控、管、评"等多方面的基础理论和实施技术的研究。

4）网络安全是一个复杂的巨大系统

网络安全这个巨大系统中包括技术、管理等多个方面，其中，网络安全技术是最具活力的一个方面。网络安全是现代信息系统发展应用带来的新问题，它的解决也需要现代高新技术的支撑，传统意义的方法是不能解决问题的，所以网络安全新技术总是在不断地涌现。网络安全领域将进一步发展密码技术、防火墙技术、虚拟专用网络技术、病毒与反病毒技术、数据库安全技术、操作系统安全技术、物理安全与保密技术，研究发展以信息伪装、数字水印、电子现金、入侵检测、安全智能卡、公钥基础设施（Public Key Infrastructure，PKI）、网络安全协议等为代表的网络安全新技术。

第 2 章

网络安全政策法规

Chapter 2

本章目标

让读者了解网络安全政策法规,能主动依照法规进行网络安全等级保护具体工作。

本章要点

1. 分析国外网络安全相关政策和法规
2. 阐述我国网络安全相关政策法规体系
3. 重点阐述等级保护相关制度,领会等级保护这一基本国策目标、原则、思路和重要意义
4. 熟悉等级保护工作内容和相关要求

2.1 国外网络安全政策

随着网络安全问题日益突出,各国都在大力加强信息网络安全建设和顶层设计,通过制定国家网络安全战略,出台网络安全政策法规,组建网络安全专门机构,开展网络安全演练,研发网络安全监控管理系统等,加强网络安全保障工作。截至目前,已有 40 多个国家颁布了网络空间国家安全战略。

美国是网络安全领域研究最早、政策标准最为完善、组织机构最为健全的国家,特别是在"9·11"以后,美国将网络安全提升到国家战略层面。美国关键信息基础设施保护政策逐步加强,奥巴马政府把网络安全领导机制从部长级提升到总统级,将网络安全保障体系与情报收集工作、军队网络安全保障整合起来,形成综合性、一体化的全美网络安全领导和协调机制。从被动响应向积极防御的战略转变,成立了网络战司令部,目的在于网络空间实施"先发制人"的政策。根据 2002 年国土安全法案(HSA)和联邦网络安全管理法案(FISMA),美国以法律的形式分别对国家关键基础设施和联邦政务信息系统提出了实施网络安全计划的基本要求,明确了各相关机构的职责,并提出相关保障措施,从法律的高度对网络安全予以强化和保证。

2014 年 2 月,美国总统奥巴马又宣布启动美国《网络安全框架》。2018 年 9 月 20 日,美国总统特朗普发布《国家网络战略》,这是其上任后的首份国家网络战略,概述了美国网络安全的 4 项支柱、10 项目标与 42 项优先行动。具体包括 3 项举措。

(1)保护联邦网络与信息。包括深化联邦民用网络安全的集中管理和监督,授权国土安全部承担联邦政府网络安全的主要职责;协调风险管理和信息技术活动,强调首席信息官(CIOs)的整合职责;改进联邦供应链风险管理,将供应链风险管理整合到机构采购和风险管理流程中;加强联邦政府承包商的网络安全,对其进行风险管理审查和定期测试;强化政府在创新实践方面起带头作用。

(2)保护关键基础设施。包括重新确定联邦机构与私营部门在关键基础设施保护中的角色和责任,根据国家风险排序优先采取行动;引导信息和通信技术(ICT)供应商成为网络安全

推动者;保护民主,针对州和地方政府的选举基础设施提供技术与风险管理服务;激励网络安全投资;更新国家关键基础设施安全研究和发展计划;改善交通、海上和太空网络安全。

(3) 打击网络犯罪,完善事故报告制。包括改进事故报告和应对,更新电子监视和计算机犯罪法,减少来自网络空间跨国犯罪组织的威胁,加强对海外犯罪分子的抓捕,加强伙伴国家打击网络犯罪活动的执法能力等。

欧盟于 2016 年通过了《通用数据保护条例》(GDPR),该条例于 2018 年 5 月 25 日生效。GDPR 规则的核心是问责制。GDPR 清单包括一些关键条款,帮助机构证明其符合 GDPR 要求。主要条款包括以下几点。

(1) 是否能看到或控制收集的个人数据?

(2) 是否已经审核或实施了员工、客户和其他第三方数据的内部数据保护政策?

(3) 是否有隐私设计程序,隐私影响评估(PIA)文档和升级路径?

(4) 是否有经过测试的符合 GDPR 72 小时通知要求的违规响应计划?

(5) 是否为 GDPR 合规制定了路线图? 是否任命了数据保护员(DPO)?

(6) 是否采用了跨境数据传输策略?

(7) 机构内部是否根据 GDPR 要求以及可能性违规影响实施了培训计划?

2.2　我国网络安全政策

随着网络应用的迅速普及,我国各行各业信息化进程全面加快,信息系统在国民经济和社会发展中的地位日益增强,信息资源已经成为我国经济建设和社会发展的重要战略资源之一。保障网络安全,维护国家安全、公共利益和社会稳定,保障公民、法人及其他社会组织利益不受侵害成为信息化进程中迫切需要解决的重大问题。而我国的网络安全保障工作尚处于起步阶段,存在网络安全滞后于信息化发展、网络安全防范能力不足等问题。为了从整体上解决我国网络安全存在的突出问题,党中央、国务院高度重视,各有关方面协调配合、共同努力,逐步建立起我国的网络安全等级保护制度。网络安全等级保护制度是国家网络安全保障工作的基本制度,开展网络安全等级保护工作是实现国家对重要信息系统重点保护的重大措施,也是一项事关国家安全、社会稳定、公众利益的基础性工作。通过开展网络安全等级保护工作,可以有效地解决我国网络安全面临的威胁和存在的主要问题,充分体现"适度安全、保护重点"的目的,将有限的财力、物力、人力投入重要信息系统安全保护中,按标准建设完善安全保护措施,建立安全保护制度,落实安全责任,重点保护基础信息网络和关系国家安全、经济命脉、社会稳定等方面的重要信息系统的安全,有效提高我国网络安全保障工作的整体水平。

实施网络安全等级保护制度,能够有效地提高我国信息和信息系统安全建设的整体水平,有利于在信息化建设过程中同步建设网络安全设施,保障网络安全与信息化建设相协调;有利于为信息系统安全建设和管理提供系统性、针对性、可行性的指导和服务,有效控制网络安全建设成本;有利于优化网络安全资源的配置,对信息系统实施分级保护,重点保护基础信息网络和关系国家安全、经济命脉、社会稳定等方面的重要信息系统的安全;有利于明确国家、法人和其他组织、公民的网络安全责任,加强网络安全管理;有利于推动网络安全产业的发展,逐步探索出一条适应社会主义市场经济发展的网络安全模式。

2.2.1 网络安全制度的发展历程

1. 创建与探索阶段

1994年国务院颁布的《中华人民共和国计算机信息系统安全保护条例》(147号令)规定："计算机信息系统实行安全等级保护,安全等级的划分标准和安全等级保护的具体办法,由公安部会同有关部门制定。"该条例明确了3项内容:①明确了计算机信息系统安全通过等级保护来加强管理;②要出台相关政策和标准加强指导;③明确了由公安部牵头组织实施等级保护工作。1995年2月18日人大十二次会议通过并实施的《中华人民共和国警察法》第二章第六条第十二款规定,公安机关人民警察依法履行"监督管理计算机信息系统的安全保护工作"。明确赋予了公安机关履行对计算机信息系统安全保护工作的监督管理的工作职责。

1999年,在公安部指导下,发布了我国第一个网络安全等级保护国家标准——《计算机信息系统安全保护等级划分准则》(GB 17859—1999)。该准则借鉴美国可信计算机系统评价标准(TCSEC),从技术层面定义划分了5个级别,并提出了5个级别信息系统的安全防护要求,为计算机信息系统的安全防护提供了指导。这一时期,我国的互联网发展还处于起步阶段,计算机信息系统也主要以单机为主,信息系统5个级别是从技术角度通过主机安全功能逐级增强来划分的。

2. 制度建立阶段

随着科学技术的迅猛发展和信息技术的广泛应用,特别是我国国民经济和社会信息化进程的全面加快,信息化带动了工业化的发展,初步实现了互联互通、资源共享、跨越式发展的信息化发展目标。基础信息网络与重要信息系统的基础性、全局性作用日益增强,已成为国家和社会发展新的重要战略资源。2003年,中央办公厅、国务院办公厅转发的《国家信息化领导小组关于加强信息安全保障工作的意见》(中办发〔2003〕27号文件)明确指出:"要重点保护基础信息网络和关系国家安全、经济命脉、社会稳定等方面的重要信息系统,抓紧建立信息安全等级保护制度,制定信息安全等级保护的管理办法和技术指南。"这一办法的出台,进一步强调了等级保护工作要从国家网络安全保障的基本制度的高度加以重视和落实。

2004年9月,公安部会同国家保密局、国家密码管理局和原国务院信息工作办公室联合出台了《关于信息安全等级保护工作的实施意见》(公通字〔2004〕66号),明确了网络安全等级保护制度的原则、基本内容、职责分工、工作要求以及实施计划等内容,是具体指导我国开展网络安全等级保护工作的重要文件。文件明确规定了划分"安全保护等级"的依据,包含3个方面的因素:信息和信息系统在国家安全、经济建设、社会生活中的重要程度;信息系统遭到破坏后对国家安全、社会秩序、公共利益以及公民、法人和其他组织的合法权益的危害程度;针对信息的保密性、完整性和可用性要求及信息系统必须达到的基本的安全保护水平等。从"保护对象的客观属性"出发划分安全等级,而不再以安全机制(安全功能)的多少和强弱的不同配置作为等级划分的依据。

2007年6月,公安部、国家保密局等部门联合出台了《信息安全等级保护管理办法》(公通字〔2007〕43号,以下简称《管理办法》),明确了网络安全等级保护制度的基本内容、流程及工作要求,明确了信息系统运营使用单位和主管部门、监管部门在网络安全等级保护工作中的职责和任务,为开展网络安全等级保护工作提供了保障。制定了包括《计算机信息系统安全保护等级划分准则》(GB 17859—1999)、《信息系统安全等级保护定级指南》《信息系统安全等级保护基本要求》《信息安全技术 信息系统安全等级保护实施指南》《信息安全技术 信息系统安全等级保护测评要求》等 50 多个国家标准和行业标准,初步形成了网络安全等级保护标准体系。为加强对网络安全等级保护工作的领导,公安部、国家保密局、国家密码管理局联合成立了国家网络安全等级保护协调小组,办公室设在公安部公共信息网络安全监察局(现更名为"公安部网络安全保卫局")。

3. 制度实施阶段

2007 年 7 月 20 日,公安部、国务院信息工作办公室等四部委联合出台了《关于开展全国重要信息系统安全等级保护定级工作的通知》(公信安〔2007〕861 号),并在北京联合召开"全国重要信息系统安全等级保护定级工作电视电话会议",会议根据该通知精神在全国范围内开展重要信息系统安全等级保护定级工作,标志着全国网络安全等级保护工作全面开展。各部委、各行业、各主管单位根据通知精神,纷纷下发通知部署开展重要信息系统等级保护定级工作。经过全国范围定级工作的开展,第一次较为全面地掌握了我国重要信息系统的数量、分布、类型等基本状况,为重要信息系统的安全建设和监督管理奠定了坚实的基础。

2009 年 10 月,公安部组织有关单位和专家,制定并完善了等级保护相关政策和技术标准,为各单位、各部门深入开展等级保护安全建设整改工作提供了指导和依据。制定了网络安全等级保护安全建设整改工作的相关政策,制定并印发了《关于开展信息安全等级保护安全建设整改工作的指导意见》(公信安〔2009〕1429 号)和《信息安全等级保护安全建设整改工作指南》等附件,进一步明确了开展等级保护安全建设整改工作的目标、内容、要求和方法。为配合网络安全等级保护安全建设整改工作顺利开展,公安部组织专家制定了网络安全等级保护安全建设整改工作的相关标准,为安全建设整改工作提供了技术标准支撑。

2010 年 3 月,为加快网络安全等级保护测评体系建设,提高测评机构能力,规范测评活动,确保网络安全等级保护安全建设整改工作顺利进行,满足网络安全等级保护工作的迫切需要,公安部出台了《关于推动信息安全等级保护测评体系建设和开展等级测评工作的通知》(公信安〔2010〕303 号),通过引导和鼓励更多的企事业单位参与到网络安全等级保护测评工作,满足网络安全等级保护测评工作的迫切需要。通过对测评机构进行统一的能力评估和人员培训,保证测评机构的水平和能力达到有关标准,为备案单位提供客观、公正和安全的测评服务。督促备案单位开展等级测评工作,为开展等级保护安全建设整改工作奠定基础,使信息系统安全保护状况逐步达到等级保护的各项要求。

从 2010 年开始,公安部每年组织全国公安网络安全监察部门对各单位、各部门安全等级保护工作开展专项检查。通过检查,摸清了各行业、各部门安全等级保护工作情况,掌握了重要行业、部门的工作成效和经验,及时发现和纠正了有些部门工作中存在的问题,有力地促进了网络安全等级保护制度在重要行业、部门的贯彻落实。

4. 网络安全法制化阶段

2016 年 11 月 7 日,第十二届全国人大常委会表决通过了《中华人民共和国网络安全法》(以下简称《网络安全法》)。《网络安全法》的出台具有里程碑式的意义,是我国第一部网络安全的专门性、综合性立法,提出了应对网络安全挑战这一全球性问题的中国方案。此次立法进程的迅速推进,显示了党和国家对网络安全问题的高度重视,对我国网络安全法治建设是一个重大的战略契机。网络安全有法可依,信息安全行业将由合规性驱动过渡到合规性和强制性驱动并重。

"没有网络安全就没有国家安全,没有信息化就没有现代化。"在中央网络安全和信息化领导小组第一次会议上,习近平总书记提出网络安全和信息化是事关国家安全与国家发展、事关广大人民群众工作生活的重大战略问题。2015年7月通过的《中华人民共和国国家安全法》也明确提出:"国家建设网络与信息安全保障体系,提升网络与信息安全保护能力。"在此背景下,国家出台《网络安全法》,将已有的网络安全实践上升为法律制度,通过立法织牢网络安全网,为网络强国战略提供制度保障。

《网络安全法》作为我国网络空间安全管理的基础法,框架性地构建了多项法律制度和要求,重点包括网络信息内容管理制度、网络安全等级保护制度、关键信息基础设施安全保护制度、网络安全审查、个人信息和重要数据保护制度、数据出境安全评估、网络关键设备和网络安全专用产品安全管理制度、网络安全事件应对制度等。

为保障上述制度的有效实施,一方面,以国家互联网信息办公室(以下简称网信办)为主的监管部门制定了多项配套法规,进一步细化和明确了各项制度的具体要求、相关主体的职责以及监管部门的监管方式;另一方面,全国信息安全标准化技术委员会(以下简称信安标委)同时制定并公开了一系列以信息安全技术为主的重要标准的征求意见稿,为网络运营者提供了非常具有操作性的合规指引。

1) 在互联网信息内容管理制度方面

网信办颁布了《互联网信息内容管理行政执法程序规定》,并已经针对互联网新闻信息服务、互联网论坛社区服务、公众账户信息服务、群组信息服务、跟帖评论服务等制定了专门的管理规定和规范性文件,以期全方位多层次地保障互联网信息内容的安全性和可控性。

2) 在网络安全等级保护制度方面

信安标委在原有的信息系统安全等级保护制度的基础之上,发布了包括《信息系统安全等级保护实施指南》《信息安全等级保护基本要求》等在内的多项标准文件的征求意见稿。考虑到现行的《管理办法》已不适用《网络安全法》的要求,新的信息安全等级保护管理办法也正在制定中。

3) 在关键信息基础设施安全保护制度方面

随着《关键信息基础设施安全保护条例》《信息安全技术关键信息基础设施安全检查评估指南》等征求意见稿的公布,关键信息基础设施运营者的安全保护义务得以进一步明确。但是关键信息基础设施的范围依旧由待制定中的《关键信息基础设施识别指南》进行进一步明确。

4) 在个人信息和重要数据保护制度方面

核心内容主要包括个人信息收集和使用过程中的安全规范以及个人信息和重要数据出境时的安全评估制度。其中,个人信息权作为一项民事权利,除《网络安全法》以外,在《中华人民共和国民法总则》《中华人民共和国侵权责任法》和《中华人民共和国刑法》中同样也建立了相应的保护机制,各行业的特别法律法规对某些特殊的个人信息也提出了特殊的法律要求。

5) 在网络产品和服务的管理制度方面

以安全性、可控性为基本要求,网信办建立了全新的网络安全审查制度、网络关键设备和网络安全专用产品目录管理制度。实践中,企业在进行网络产品和服务的合规管理时,同时还应当考虑密码产品管理制度和公安部的计算机信息系统安全专用产品管理制度。

6）在网络安全事件管理制度方面

网络安全事件管理制度本身是网络安全等级保护制度中的一部分,为了加强对重点领域的管理,网信办、信安标委和行业主管部门等制定了更加具有针对性的管理要求和指引。

2.2.2　等级保护制度

1. 等级保护制度概述

网络安全等级保护是我国信息安全的基本国策,《网络安全法》的实施更是把等级保护上升到法律层面。网络安全等级保护是指对国家秘密信息、法人和其他组织及公民的专有信息以及公开信息和存储、传输、处理这些信息的信息系统分等级实行安全保护,对信息系统中使用的网络安全产品实行按等级管理,对信息系统中发生的网络安全事件分等级响应、处置。信息系统是等级保护的对象。信息系统是指由计算机及其相关和配套的设备、设施构成的,按照一定的应用目标和规则对信息进行存储、传输、处理的系统或者网络;信息是指在信息系统中存储、传输、处理的数字化信息。根据信息和信息系统在国家安全、经济建设、社会生活中的重要程度,信息系统遭到破坏后对国家安全、社会秩序、公共利益以及公民、法人和其他组织的合法权益的危害程度共划分为 5 级。

第一级,信息系统受到破坏后,会对公民、法人和其他组织的合法权益造成损害,但不损害国家安全、社会秩序和公共利益。

第二级,信息系统受到破坏后,会对公民、法人和其他组织的合法权益产生严重损害,或者对社会秩序和公共利益造成损害,但不损害国家安全。

第三级,信息系统受到破坏后,会对社会秩序和公共利益造成严重损害,或者对国家安全造成损害。

第四级,信息系统受到破坏后,会对社会秩序和公共利益造成特别严重损害,或者对国家安全造成严重损害。

第五级,信息系统受到破坏后,会对国家安全造成特别严重损害。

等级保护工作分为定级、备案、建设整改、等级测评和监督检查 5 个主要工作环节。定级工作是指信息系统运营使用单位按照等级保护管理办法和定级指南,自主确定信息系统的安全保护等级。备案工作是指第二级以上(包含第二级)信息系统运营使用单位到所在地设区的市级以上公安机关办理备案手续。建设整改是指信息系统安全保护等级确定后,运营使用单位按照相关管理规范和技术标准,选择管理办法要求的网络安全产品,建设符合系统相应等级要求的网络安全防护设施,建立安全组织,制定并落实安全管理制度。等级测评是指信息系统建设完成后,运营使用单位选择符合资质的等级测评机构,对信息系统安全保护等级状况开展等级测评。监督检查是指公安机关依据网络安全等级保护管理规范及《网络安全法》相关条款,监督检查运营使用单位开展等级保护工作,定期对信息系统进行安全检查。运营使用单位应当接受公安机关的安全监督、检查、指导,如实向公安机关提供有关材料。

2. 等级保护工作相关部门职责和义务

公安部、国家保密局、国家密码管理局、原国务院信息工作办公室四部委联合签发的《管理办法》(公通字〔2007〕43 号),明确各部门履行网络安全等级保护的义务和责任,详述如下。

1) 行业主管部门

行业主管部门具有在本行业内贯彻落实等级保护制度的职责,在国家等级保护政策标准的指导下,行业主管部门负责督促、检查、指导本行业、本部门信息系统运营、使用单位的网络安全等级保护工作。以等级保护工作为抓手,建立和完善本行业重要信息系统的安全保障体系,制定适合本行业的等级保护相关工作的管理要求和指导意见,指导本行业等级保护工作的开展。定期组织行业自查,及时掌握本行业等级保护工作的开展状况,定期分析本行业重要信息系统的安全保护状况,不断提升网络安全保障水平。

2) 信息系统运营使用单位

信息系统运营使用单位是网络安全等级保护工作具体落实的责任主体,在国家等级保护政策标准及行业主管部门的指导下,按照国家有关等级保护的管理规范和技术标准规范开展等级保护工作。通过信息系统定级、备案、建设整改、等级测评等工作的开展,建立网络安全保护体系、完善网络安全管理制度、落实网络安全责任,切实保障重要信息系统的安全工作。接受公安机关、保密部门和国家密码工作部门对网络安全等级保护工作的监督、指导,保障信息系统安全。

建立、健全并落实符合相应等级要求的安全管理制度:一是信息安全责任制,明确信息安全工作的主管领导、责任部门、人员及有关岗位的信息安全责任;二是人员安全管理制度,明确人员录用、离岗、考核、教育培训等管理内容;三是系统建设管理制度,明确系统定级备案、方案设计、产品采购使用、密码使用、软件开发、工程实施、验收交付、等级测评、安全服务等管理内容;四是系统运维管理制度,明确机房环境安全、存储介质安全、设备设施安全、安全监控、网络安全、系统安全、恶意代码防范、密码保护、备份与恢复、事件处置、应急预案等管理内容。建立并落实监督检查机制,定期对各项制度的落实情况进行自查和监督检查。

开展网络安全等级保护安全技术措施建设,提高信息系统安全保护能力。按照《管理办法》和《信息系统安全等级保护基本要求》,参照《信息系统安全等级保护实施指南》《信息系统通用安全技术要求》《信息系统安全工程管理要求》《信息系统等级保护安全设计技术要求》等标准规范要求,结合行业特点和安全需求,制定符合相应等级要求的信息系统安全技术建设整改方案,开展网络安全等级保护安全技术措施建设,落实相应的物理安全、网络安全、主机安全、应用安全和数据安全等安全保护技术措施,建立并完善信息系统综合防护体系,提高信息系统的安全防护能力和水平。

开展信息系统安全等级测评,使信息系统安全保护状况逐步达到等级保护要求。选择由省级(含)以上网络安全等级保护工作协调小组办公室审核并备案的测评机构,对信息系统开展等级测评工作。等级测评机构对照相应等级安全保护要求进行安全测评与分析,排查系统安全漏洞和隐患并分析其风险,提出改进建议,按照公安部制定的信息系统安全等级测评报告格式编制等级测评报告。经测评未达到安全保护要求的,系统运营使用单位要根据测评报告中的改进建议,制订整改方案并进一步进行整改。各部门要及时向受理备案的公安机关提交等级测评报告。

3) 安全服务机构

网络安全等级测评机构作为技术支撑单位,在各参与方中均发挥着重要作用。测评机构在为运营使用单位开展等级测评工作的同时,发挥熟悉国家网络安全等级保护政策、标准和方法的优势,提供更为专业和全面的安全服务,包括开展安全咨询、规划设计、应急保障等服务,将等级保护制度各项工作要求落实到网络安全规划、建设、评估、运行和维护等各个环节。安全咨询服务内容较广,包括定级备案、安全方案评审、建设整改指导等。安全规划设计服务应当依据等级保护的制度和技术要求,以信息系统开发生命周期的安全考虑为基础框架,对运营使用单位业务架构进行深入分析,依据"同步规划、同步建设、同步运行"的原则,在信息系统立项阶段就进行良好规划,包括总体安全策略制定、安全技术保障体系规划、安全管理保障体系设计等。安全应急保障服务也是重要的服务内容之一,测评机构应当立足于重要信息系统的安全应急保障服务,基于对信息系统业务特点、安全防护策略、用户范围等的熟悉和了解,提供专业性和人员可信性的应急响应服务,提高风险隐患发现、监测预警和突发事件的处置能力。

4) 网络安全监管部门

网络安全监管部门包括公安机关、国家保密工作部门、国家密码管理部门。在网络安全等级保护工作中,坚持"分工负责、密切配合"的原则。公安机关负责网络安全等级保护工作的监督、检查、指导。国家保密工作部门负责等级保护工作中有关保密工作的监督、检查、指导。国家密码管理部门负责等级保护工作中有关密码工作监督、检查、指导。涉及其他职能部门管辖范围的事项,由有关职能部门依照国家法律法规的规定进行管理。

由公安机关牵头,负责全面工作的监督、检查、指导,国家保密工作部门、国家密码管理部门配合。涉及国家秘密的信息系统,主要由国家保密工作部门负责,其他部门参与、配合。非涉及国家秘密的信息系统,主要由公安机关负责,其他部门参与、配合。需要强调的是,涉及工作秘密、商业秘密的信息系统不属于涉密信息系统。网络安全监管部门组织制定等级保护管理规范和技术标准,组织公民、法人和其他组织对信息系统实行分等级安全保护,对等级保护工作的实施进行监督、管理。

3. 网络安全等级保护政策体系

近几年来,为组织开展网络安全等级保护工作,公安部根据《中华人民共和国计算机信息系统安全保护条例》的授权,会同国家保密局、国家密码管理局、原国务院信息工作办公室和发改委出台了一些文件,公安部对具体工作出台了一些指导意见和规范,这些文件初步构成了网络安全等级保护政策体系如图 2-1 所示,为指导各地区、各部门开展等级保护工作提供了政策保障。

总体方面的政策文件有两个,这两个文件确定了等级保护制度的总体内容和要求,对等级保护工作的开展起到宏观指导作用。一是《关于网络安全等级保护工作的实施意见》(公通字〔2004〕66 号),该文件是为贯彻落实国务院第 147 号令和中办 27 号文件,由公安部、国家保密局、国家密码管理局、原国务院信息工作办公室四部委共同会签印发,指导相关部门实施信息安全等级保护工作的纲领性文件,主要内容包括贯彻落实网络安全等级保护制度的基本原则、等级保护工作的基本内容、工作要求和实施计划,以及各部门工作职责分工等。二是《管理办法》(公通字〔2007〕43 号),该文件是在开展信息系统安全等级保护基础调查工作和网络安全等级保护试点工作的基础上,由四部委共同会签印发的重要管理规范,主要内容包括网络安全等级保护制度的基本内容、流程及工作要求,信息系统定级、备案、安全建设整改、等级测评的实施与管理,网络安全产品和测评机构选择等。该文件为开展网络安全等级保护工作提供了规范保障。其他各相关文件对应等级保护 5 个主要工作环节,为各项工作的开展提供了指导和依据,从而保证了各项工作的顺利开展。

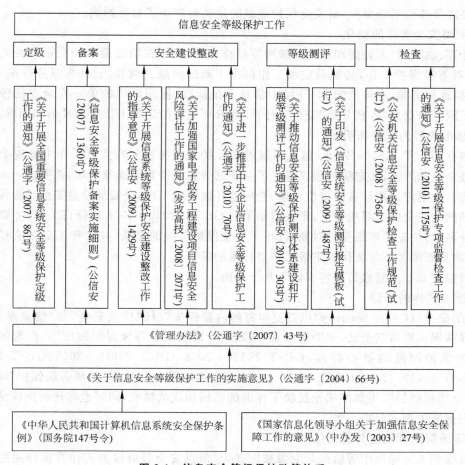

图 2-1 信息安全等级保护政策体系

2.2.3 不断完善的等级保护制度

等级保护制度自颁布以来,取得了较好的效果,但是由于信息技术的不断发展,一些新的技术和应用场景不断涌现,需要对等级保护制度不断进行完善。自《网络安全法》施行以来,等级保护相关法规标准进行了较大的升级完善,"等级保护2.0"呼之欲出。"等级保护2.0"的出台主要原因如下。

1) 安全内涵的不断演进

安全内涵由早期面向数据的信息安全,过渡到面向信息系统的信息保障(信息系统安全),并进一步演进为面向网络空间的网络安全。《网络安全法》在总则的第一条中明确指出,本法的立法宗旨是"为了保障网络安全,维护网络空间主权和国家安全、社会公共利益,保护公民、法人和其他组织的合法权益"。安全内涵的演进必然带来等级保护对象和工作内容的变化。

2) IT系统重要性的提升

随着互联网融入社会生活的方方面面,信息技术产品和系统的重要性不断提高,其作用和地位已经由最初的辅助、支撑,逐步成为不可或缺的信息基础设施。习近平总书记在中央网信领导小组第一次会议上的讲话中指出:"当今世界,信息技术革命日新月异,对国际政治、经济、文化、社会和军事等领域发展产生了深刻影响。"信息技术产品和系统在国家安全与社会生活中重要性及地位不断提升,对安全保护等级的定义也产生了显著影响。

3) 网络安全责任的变化

云计算、物联网、大数据和移动互联网等新技术、新应用在给社会和公众带来巨大便利的同时,也对等级保护工作,特别是定级工作提出了新的挑战。例如,云计算服务带来了"云主机"等虚拟计算资源,也将传统 IT 环境中信息系统运营、使用单位的单一安全责任转变为云租户和云服务商双方"各自分担"安全责任,导致云环境下的定级工作更加复杂和困难。

4) 标准内容的完善和明确

如国标 GB/T 22240—2008《信息系统等级保护定级指南》,在实际工作中发现个别内容描述不够全面和严谨,如定级流程仅描述了系统划分和单位自定级等活动,需要进一步加以完善和明确。为更好地指导备案单位科学、合理地开展定级工作,公安部信息安全等级保护评估中心在部网络安全保卫局指导下,牵头启动了对 GB/T 22240—2008 的修订工作,主要包括修订了标准名称,扩充了等级保护对象,订正了安全保护等级的定义,并完善了定级流程和定级方法,以满足新形势下等级保护定级工作对标准的需求。

等级保护 2.0 主要修订内容有以下几个方面。

1) 标准名称的修订

"网络安全"(Cyber-Security)以其更丰富的内涵逐步取代"信息安全"和"信息系统安全"成为业界共识,《网络安全法》也明确规定"国家实行网络安全等级保护制度"。作为国家网络安全等级保护制度的核心标准,GB/T 22239—2008、GB/T 22240—2008、GB/T 28448—2012、GB/T 28449—2012、GB/T 25070—2010 等标准名称中的"信息系统等级保护"均修订为"网络安全等级保护",更加准确地反映了标准的适用和规范领域,同时也与现行法律法规以及相关系列标准的表述保持一致。

2) 等级保护对象定义的变化

等级保护 1.0 标准中等级保护对象被定义为"信息安全等级保护工作直接作用的具体信息和信息系统",这是与当时的技术发展状况和等级保护工作需求相适应的。但近年来,随着云计算平台、物联网和工业控制系统等新形态的等级保护对象不断涌现,原定义内涵的局限性日益显现,无法全面覆盖当前的等级保护工作对象,需要进一步扩充和完善以适应当前工作的需要。汇总分析习总书记关于网络安全的系列重要讲话,以及《网络安全法》"十三五"国家信息化规划》和《国家网络空间安全战略》等法律法规和文件对于网络安全内涵的阐述可以看出:当前关注的网络安全是面向网络空间的安全,重点涉及信息系统、网络基础设施和重要数据资源等,因此等级保护对象的定义也应从这 3 个方面出发,全面覆盖。

(1) 信息系统是等级保护制度最早的保护对象。1994 年颁布的《中华人民共和国计算机信息系统安全保护条例》(国务院 147 号令)的第九条规定:"计算机信息系统实行安全等级保护。"随着信息技术的发展,传统的计算机信息系统与互联网、工业控制、云计算、物联网和移动互联等新技术、新应用不断融合,呈现出工业控制系统、云计算平台、物联网系统等新型信息系统形态。

(2) 网络基础设施在国家层面被作为等级保护对象是在 2003 年。《国家信息化领导小组关于加强信息安全保障工作的意见》(中办发〔2003〕27 号)明确指出:"要重点保护基础信息网络和关系国家安全、经济命脉、社会稳定等方面的重要信息系统,抓紧建立信息安全等级保护制度。"随着信息化的发展进程,网络基础设施也由最初的电信和互联网基础信息网络,逐步扩展到广播电视传输网,以及跨省的行业专网或企业业务专网。

（3）数据资源是随着云计算和大数据应用等新技术、新应用涌现的一类新等级保护对象。数据资源的最初形态是信息系统中的信息，包括业务信息、配置信息和管理信息等，是信息系统的组成部分。但随着我国由工业化向信息化的转型，以开发和利用信息资源为目的的经济活动范围迅速扩大，逐渐出现了面向大数据资源的应用需求。与初期信息系统中常见的结构化文本数据不同，大数据体量大、类型多、处理速度快且具有价值等特点，决定了难以采用传统数据结构进行有效处理，需要引入新的分布式体系结构和计算平台进行存储、操作和分析。同时，随着云计算模式的出现，出现了大数据资源、应用工具和支撑平台所有权与安全责任的分离，导致大数据逐步成为独立的等级保护对象。

综上所述，修订后的等级保护工作的对象定义为："网络安全等级保护工作的作用对象，主要包括基础信息网络、信息系统（如工业控制系统、云计算平台、物联网系统、使用移动互联技术的信息系统以及其他信息系统）和大数据等。"

3）安全保护等级定义的变化

原 GB/T 22240—2008 中，将安全保护等级第三级定义为："等级保护对象受到破坏后，会对社会秩序和公共利益造成严重损害，或者对国家安全造成损害。"依据上述定义，那些未对国家安全造成损害或对社会秩序和公共利益造成严重损害，但可能对法人或组织造成特别严重损害的等级保护对象（如全国性集团公司的资金集中管理系统、大型互联网信息平台的统一运维管理系统等）将被确定为第二级。但是，等级保护工作的实践经验表明：这些等级保护对象通常是核心业务系统的基础设施或重要支撑系统，对法人和组织履行其职能或完成业务功能来说不可或缺，其重要程度与核心业务系统基本一致，相应的安全保护等级可以确定为第三级。从监督管理的角度来看，鉴于这些等级保护对象对相关法人和组织的重要性，它们也应该纳入监督、检查（对应第三级）的范围内。因此，安全保护等级第三级的定义修订为："等级保护对象受到破坏后，会对公民、法人和其他组织的合法权益产生特别严重损害，或者对社会秩序和公共利益造成严重损害，或者对国家安全造成损害。"

4）等级保护的内涵进一步丰富和完善

等级保护有 5 个规定动作，即定级、备案、建设整改、等级测评和监督检查，等级保护 2.0 时代，等级保护的内涵已大为丰富和完善。风险评估、安全监测、通报预警、案件调查、数据防护、灾难备份、应急处置、自主可控、供应链安全、效果评价、综治考核等这些与网络安全密切相关的措施都将全部纳入等级保护制度并加以实施。

5）控制措施分类结构的变化

等级保护 2.0 调整分类为安全物理环境、安全通信网络、安全区域边界、安全计算环境、安全管理中心、安全管理制度、安全管理机构、安全管理人员、安全建设管理、安全运维管理。新版安全要求在原有通用安全要求的基础上新增安全扩展要求，安全扩展要求主要针对云计算、移动互联、物联网和工业控制系统提出了特殊的安全要求。

《网络安全等级保护基本要求》有 10 个章节 8 个附录，其中第 6～10 章为 5 个安全等级的安全要求章节，8 个附录分别为安全要求的选择和使用、关于等级保护对象整体安全保护能力的要求、等级保护安全框架和关键技术使用要求、云计算应用场景说明、移动互联应用场景说明、物联网应用场景说明、工业控制系统应用场景说明和大数据应用场景说明。

旧版与新版等级保护标准控制措施分类如图 2-2 和图 2-3 所示。

除等级保护基本要求外，其他的等级保护相关标准也均有相应的改版与完善。

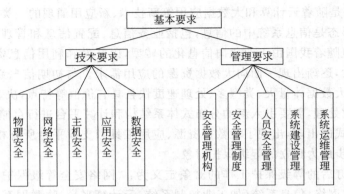

图 2-2　旧版等级保护标准控制措施分类

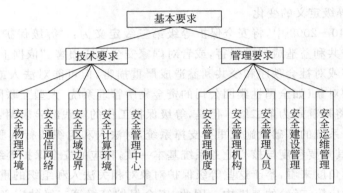

图 2-3　新版等级保护标准控制措施分类

第 3 章

网络安全相关标准

本章目标

让读者了解相关标准体系，增强标准化意识；熟悉网络安全相关标准体系，能够整体了解网络安全标准体系的建设过程和框架结构。重点对等级保护相关标准的体系结构和主要标准的定位与内容进行介绍。

本章要点

1. 对国外网络安全主要标准体系及其主要标准进行介绍，包括标准体系或标准的发展、应用和主要标准的核心思路等情况

2. 对国内网络安全标准体系及分类进行简要介绍

3. 对国内网络安全标准体系中与等级保护相关标准之间的关联关系以及 5 个规定动作直接相关的标准进行介绍，包括标准在等级保护工作各环节中的实际应用、标准主要内容等

网络安全标准在网络安全保障体系建设中发挥着基础性、规范性作用，是确保网络安全产品和系统在设计、研发、生产、建设、使用、测评中保证其一致性、可靠性、可控性的技术规范与依据。网络安全标准化是信息化建设的保证，支撑国家网络安全保障体系建设，关系到国家网络安全。

诸多国际标准化组织都有专门的研究组负责网络安全标准化的工作，我国也在国家标准、行业标准、国家规范等各方面开展了网络安全标准的研究和推广。

3.1　国外网络安全相关标准

网络安全标准化研究工作自 20 世纪 90 年代起引起了世界各国的普遍关注，目前世界上有近 300 个国际性和区域性组织制定标准或技术规则。近几年形成的比较完善、有影响力的标准体系主要有美国 FISMA 系列标准、网络安全评估相关标准、ISO/IEC 27000 以及 ISO/IEC 20000 系列标准。

3.1.1　美国 FISMA 系列标准

基于网络安全对于经济和国家安全的重要性，美国 107 届国会通过并签准了公共法律《电子政府法案》(*E-Government Act*)，其第 3 章《联邦信息安全管理法案》(FISMA)对于成本的有效安全明确提出了基于风险的实施策略，要求每个联邦机构通过开发、制度化并在整个机构范围内实施网络安全规划来保障机构信息和信息系统的安全。

为保障上述网络安全规划的顺利实施，美国国家标准和技术研究院(NIST)的网络安全分部开发了以联邦信息处理标准——《联邦信息和信息系统安全分类标准》为核心的 FISMA 实施系列标准与指南，规范和指导联邦机构在信息系统建设中依据信息系统不同的重要程度对

其实施分等级保护,形成了规划、风险管理、安全意识培训和教育以及安全控制措施的一整套网络安全管理体系,核心是针对美国联邦政府信息系统实施网络安全风险管理,如图 3-1 所示。

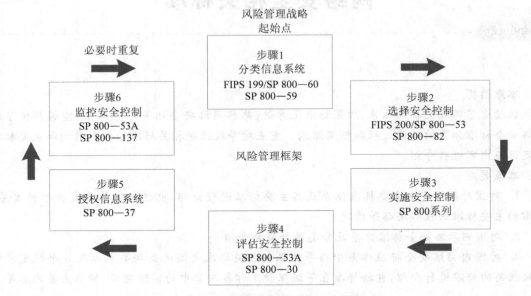

图 3-1   美国联邦政府信息系统风险管理框架

如图 3-1 所示,整个网络安全管理活动分为分类信息系统、选择安全控制、实施安全控制、评估安全控制、授权信息系统和监控安全控制 6 个活动步骤。

(1) 分类信息系统,即根据信息和信息系统遭到破坏时可能存在的影响确定信息和信息系统的安全类别。涉及的标准包括 FIPS 199《联邦信息和信息系统安全分类标准》(2004 年 2 月)、SP 800—60《信息和信息系统类型与安全分类对应指南》(2008 年 8 月)和 SP 800—59 《国家安全系统识别指南》(2003 年 8 月)。

(2) 选择安全控制,即根据信息系统的安全类别为信息系统选择最低(基线)安全控制,并对其应用适当裁剪。涉及的标准包括 FIPS 200《联邦信息和信息系统最低安全需求》(2006 年 3 月)和 SP 800—53《联邦信息系统安全控制建议》(2013 年 4 月),针对工业控制系统的标准有 SP 800—82《工业控制系统(ICS)安全指南草案》(2013 年 5 月)。SP 800—82 是在 SP 800—53 的基础上增加了一些针对工业控制系统特点的安全控制要求。

(3) 实施安全控制,即在信息系统中实现各类安全技术措施和管理措施,包括部署安全控制产品、进行安全配置等。涉及的标准包括 SP 800—77《IPSec VPN 指南》(2005 年 12 月)、SP 800—127《WiMAX 无线通信安全保护指南》(2010 年 9 月)、SP 800—128《信息系统安全配置管理指南草案》(2011 年 8 月)、SP 800—144《公共云计算的安全和隐私保护指南草案》(2011 年 12 月)等。

(4) 评估安全控制,即确定安全控制实现的有效性,即控制实施是否正确、是否按预期的结果运行、是否满足安全需求。涉及的标准包括 SP 800—53A《联邦信息系统安全控制评估指南》(2010 年 6 月)和 SP 800—30《风险评估实施指南》(2012 年 9 月)。

(5) 授权信息系统,即确定信息系统当前安全状态对机构运行、资产或个体可能造成损害的风险在可接受的范围内,授权信息系统运行。涉及的标准包括 SP 800—37《联邦信息系统应用风险管理框架指南：一种安全生命周期法》(2010 年 2 月)。

（6）监控安全控制，即持续跟踪和监控可能影响信息系统安全的信息系统或其运行环境的变化，根据需要再评估安全控制的有效性并进行改进实施。涉及标准包括 SP 800—37《联邦信息系统应用风险管理框架指南：一种安全生命周期法》(2010 年 2 月)、SP 800—53A《联邦信息系统安全控制评估指南》(2010 年 6 月)和 SP 800—137《联邦信息系统和机构网络安全不间断监测草案》(2011 年 9 月)。

3.1.2 网络安全评估相关标准

在整个网络安全评估标准的发展历程中，有 3 个非常重要的里程碑式的标准：可信计算机系统评价准则(TCSEC)、信息技术安全评估准则(ITSEC)和信息技术安全评估通用准则(CC)。CC 标准目前已被采用为国际标准 ISO/IEC 15408。

1. 可信计算机系统评价准则(TCSEC)

美国国防部的可信计算机系统评价准则(TCSEC)是计算机网络安全评估的第一个正式标准，具有划时代的意义。TCSEC 于 1970 年由美国国防科学委员会提出，并于 1985 年 12 月由美国国防部公布。该标准起初主要用于军事领域，后延至民用，主要针对保密性。

该标准事实上成了美国国家网络安全评估标准，对世界各国也产生了广泛影响。在 1990 年前后，英国、德国、加拿大等国也先后制定了立足本国情况的网络安全评估标准，如加拿大的《加拿大可信计算机系统评估准则》(CTCPEC)等。在欧洲影响下，美国于 1991 年制定了《联邦信息技术评估准则》(FC)，但由于其不完备性，未能推广。

TCSEC 的重点是通用操作系统和主机，为使其评估方法适用于网络，1987 年出版了一系列关于可信计算机数据库和可信计算机网络等的指南(俗称"彩虹系列")。该标准将安全分为4 个方面：安全政策、可说明性、安全保障和文档。该标准将以上 4 个方面分为 7 个安全级别，按安全程度从低到高依次为 D、C1、C2、B1、B2、B3、A1。该标准对用户登录、授权管理、访问控制、审计跟踪、隐蔽通道分析、可信通道建立、安全检测、生命周期保障、文档写作、用户指南等内容提出了规范性要求。

2. 信息技术安全评估准则(ITSEC)

由于网络安全评估技术的复杂性和网络安全产品国际市场的逐渐形成，单靠一个国家自行制定并实行自己的评估标准已不能满足国际交流的要求，于是多国共同制定统一的网络安全评估标准被提了出来，该标准即信息技术安全评估准则。

1991 年，欧洲英、法、德、荷四国国防部门网络安全机构率先联合制定了 ITSEC，并在事实上成为欧盟各国使用的共同评估标准，这为多国共同制定网络安全标准开启先河。

ITSEC 与 TCSEC 不同，其目的是适应各种产品、应用和环境的需要，该标准分别衡量安全功能和安全保证，而不像 TCSEC 那样综合考虑安全功能和安全保证。因此，ITSEC 对每个系统赋予两种等级：F(Functionality)——安全功能等级，E(European Assurance)——安全保证等级。其中"安全功能"是为满足安全要求而采取的一系列技术安全措施，"安全保证"则是确保功能正确实现及有效的安全措施。

另外，ITSEC 首次提出了 C.I.A（Confidentiality（保密性）、Integrity（完整性）、Availability（可用性））的概念，将完整性、可用性与保密性作为同等重要的因素。

在 ITSEC 发布之后,1993 年,加拿大发布了《加拿大可信计算机系统评价准则》(CTCPEC),CTCPEC 综合了 TCSEC 和 ITSEC 两个准则的优点。同年,美国在对 TCSEC 进行修改,在补充并吸收 ITSEC 的优点的基础上,发布了美国联邦信息技术安全评估准则(FC)。

3. 信息技术安全评估通用准则(CC)

为了紧紧把握网络安全产品技术与市场的主导权,美国在欧洲四国出台 ITSEC 之后,立即倡议欧美六国七方(即英、法、德、荷、加五国国防网络安全机构,加上美国国防部国家安全局(NSA)和美国商务部国家标准与技术局(NIST))共同制定一个供欧美各国通用的网络安全评估标准。1993—1996 年,经过四五年的研究开发,产生了《信息技术安全评估通用准则》,简称 CC 标准。

为了适应经济全球化的形势要求,在 CC 标准制定出不久,六国七方即推动国际标准化组织(ISO)将 CC 标准纳入国际标准体系。经过多年磋商,国际标准组织于 1999 年批准 CC 标准以 ISO/IEC 15408—1999 名称正式列入国际标准系列,我国于 2001 年等同采用为 GB/T 18336。目前 CC 标准已更新至 V3.1 版本。

CC 标准是第一个信息技术安全评估国际标准,它的发布对网络安全具有重要意义,是信息技术安全评估标准以及网络安全技术发展的一个重要里程碑。该标准定义了评估信息技术产品和系统安全性的基本准则,提出了目前国际上公认的表述信息技术安全性的结构,即把安全要求分为规范产品和系统安全行为的功能要求,以及解决如何正确有效地实施这些功能的保证要求,从而使不同国家或实验室的评估结果具有可比性。

CC 标准共分为 3 部分,第一部分为简介和一般模型,描述了网络安全相关的基本概念和模型,以及保护轮廓(Protection Profile,PP)和安全目标(Security Target,ST)的要求。

PP 为一类产品或系统定义网络安全技术要求,包括功能要求和保证要求。ST 则定义了一个既定评估对象(Target of Evaluation,TOE)的 IT 安全要求,并规定了该 TOE 应提供的安全功能和保证措施,以满足所提出的安全要求。ST 是开发者、评估者和用户之间对 TOE 安全特性和评估范围达成一致的基础。

第二部分描述了安全功能要求,功能要求是对产品希望提供的安全功能或特征的描述。安全功能要求以类、族、组件和元素 4 个层次来表达,组件是最小的可使用单位。CC 标准定义了 11 类 65 族安全功能要求。11 类包括安全审计(FAU)、通信(FCO)、密码支持(FCS)、用户数据保护(FDP)、鉴别与授权(FIA)、安全管理(FMT)、隐私(FPR)、TSF 保护(FPT)、资源利用(FRU)、TOE 访问(FTA)、可信路径/通道(FTP)。

第三部分描述了安全保证要求,保证要求是功能要求能够得到满足的程度。CC 标准根据安全保证要求预先定义了 7 个安全保证级(EAL1~EAL7),安全保证能力由低到高逐级增强。安全保证要求也以类、族、组件和元素 4 个层次来表达。CC 标准定义了 10 类 38 族安全保证要求。10 类包括保护轮廓评估(APE)、安全目标评估(ASE)、开发(ADV)、指南文档(AGD)、生命周期支持(ALC)、测试(ATE)、脆弱性评估(AVA)、组成(ACO)、配置管理(ACM)、交付和运行(ADO)。

CC 标准由专门的开发组(CCDB)负责开发、维护、解释,根据检测认证工作实践,CCDB 也发布了很多技术支持文档作为检测认证的指导文件,其中有些文件必须参照执行,如《攻击潜力在智能卡产品中的应用》(CCDB—2009—03—001)等。

TCSEC、ITSEC 和 CC 标准是一脉相承的。国际标准 ISO/IEC 15408 的发展历程如图 3-2 所示。

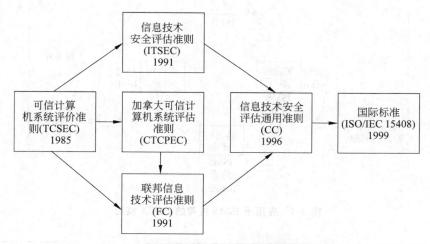

图 3-2 国际标准 ISO/IEC 15408 的发展历程

3.1.3 ISO/IEC 27000 系列标准

ISO/IEC 27000 系列标准属于 ISO 为网络安全管理体系标准预留的编号,规划的 ISO/IEC 27000 系列包含几十个标准,这些标准规定的内容覆盖了管理体系的原理、要求、实用规则、实施指南、风险管理、审核认证、审计、通信网络安全管理、管理框架等方面。并且还将随着新技术、新应用的出现(如云计算),相应的安全管理内容也将不断形成新的标准。上述标准中,ISO/IEC 27001 是 ISO/IEC 27000 系列的主标准,各类组织可以按照 ISO/IEC 27001 的要求建立自己的网络安全管理体系(ISMS),并通过认证。

信息安全管理实用规则 ISO/IEC 27001 的前身为英国的 BS 7799 标准,该标准由英国标准协会(BSI)于 1995 年 2 月提出,并于 1995 年 5 月修订而成。1999 年 BSI 重新修改了该标准。2000 年,国际标准化组织(ISO)在 BS 7799—1 的基础上制定并通过了 ISO 17799 标准——《信息安全管理实用规则》。BS 7799—2 在 2002 年也由 BSI 进行了重新修订。ISO 组织在 2005 年对 ISO 17799 再次进行修订,并将标准编号改为 ISO/IEC 27002:2005。BS 7799—2 也于 2005 年被采用为 ISO/IEC 27001:2005《信息安全管理体系要求》。

1. 信息安全管理体系要求(ISO/IEC 27001:2005)

ISO/IEC 27001:2005 为建立、实施、运行、监视、评审、保持和改进网络安全管理体系提供模型。该标准从组织的整体业务风险角度,规定了为适应不同组织或其部门的需要而定制的安全控制措施的实施要求。该标准根据 ISO/IEC 27002:2005 制定的 ISMS 体系实施要求,可使用该标准对组织的网络安全管理体系进行审核与认证。

该标准采用了"规划(Plan)—实施(Do)—检查(Check)—处置(Act)"(PDCA)模型,并将该模型应用于所有的 ISMS 过程,具体如图 3-3 所示。

该标准的整体组织可以理解为是两个 PDCA 循环,这两个基本的 PDCA 循环如图 3-4 所示。

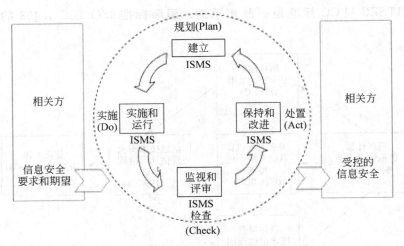

图 3-3 应用于 ISMS 过程的 PDCA 模型

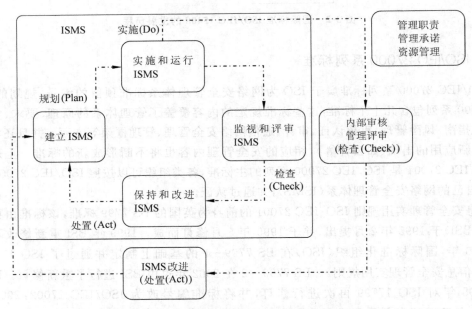

图 3-4 ISO/IEC 27001：2005 的 PDCA 循环

1）建立 ISMS

组织建立 ISMS 过程的任务及要求包括：根据业务、组织、位置、资产和技术等方面的特性，确定 ISMS 的范围和边界，确定组织的风险评估方法，识别、分析和评估风险，确定风险处置的可选及选择措施，获得管理者的认可及授权等。

2）实施和运行 ISMS

组织实施和运行 ISMS 过程的任务及要求包括：制订并实施风险处置计划，实施建立 ISMS 时选择的控制措施，评估控制措施的有效性，实施培训和教育计划，管理 ISMS 的运行及资源，实施其他控制措施等。

3）监视和评审 ISMS

组织监视和评审 ISMS 过程的任务及要求包括：执行监视和评审规程及措施，定期评审

ISMS 有效性,测量控制措施的有效性,定期进行风险评估评审、内部审核,管理评审,更新安全计划,记录执行情况等。

4）保持和改进 ISMS

组织保持和改进 ISMS 过程的任务及要求包括：实施改进,采取纠正和预防措施,改进情况沟通,确保改进达到预期目标等。

2. 信息安全管理实用规则（ISO/IEC 27002:2005）

ISO/IEC 27002:2005 的目的是："为网络安全管理提供建议,供网络安全管理体系实施者参考使用。"该标准通过提出一套适当的控制措施来维护信息的机密性、完整性和可用性,以达到管理和保护组织机构所有信息资产的最终目的。

该标准包含了 11 个安全域,每一个安全类别包含：一个控制目标,声明要实现什么；一个或多个控制措施,可被用于实现该控制目标。对于每个控制措施都给出了实施指南,并给出了实施风险评估的指导以及风险处置方法。在风险处置方面给出了 4 个选项：处理、转移、规避和接受,在选择处理时可以从该标准的安全控制措施中选择。

该标准定义了 39 个主要的控制目标,包括了 133 项安全控制措施,具体见表 3-1。

表 3-1 主要控制目标及措施

安 全 域	控 制 目 标	控 制 措 施
安全方针	网络安全方针	网络安全方针文件 网络安全方针的评审
信息安全组织	内部组织	网络安全的管理承诺 网络安全协调 网络安全职责的分配 信息处理设施的授权过程 保密性协议 与政府部门的联系 与特定利益集团的联系 网络安全的独立评审
	外部各方	与外部各方相关风险的识别 处理与顾客有关的安全问题 处理第三方协议中的安全问题
资产管理	对资产负责	资产清单 资产责任人 资产可接受使用
	信息分类	分类指南 信息的标记与处理
人力资源安全	任用之前	角色和职责 审查 任用条款和条件
	任用中	管理职责 网络安全意识、教育和培训 纪律处理过程
	任用的终止或变化	终止职责 资产的归还 撤销访问权

续表

安　全　域	控　制　目　标	控　制　措　施
物理和环境安全	安全区域	物理安全周边 物理入口控制 办公室、房间和设施的安全保护 外部和环境威胁的安全防护 在安全区域工作 公共访问、交接区安全
	设备安全	设备安置和保护 支持性设施 布缆安全 设备维护 组织场所外的设备安全 设备的安全处置和再利用 资产的移动
通信和操作管理	操作程序和职责	文件化的操作规程 变更管理 责任分割 开发、测试和运行设施分离
	第三方服务交付管理	服务交付 第三方服务的监视和评审 第三方服务的变更管理
	系统规划和验收	容量管理 系统验收
	防范恶意和移动代码	控制恶意代码 控制移动代码
	备份	信息备份
	网络安全管理	网络控制 网络服务安全
	媒体处置	可移动介质的管理 介质的处置 信息处理规程 系统文件安全
	信息的交换	信息交换策略和规程 交换协议 运输中的物理介质 电子信息发送 业务信息系统
	电子商务服务	电子商务 在线交易 公共可用信息
	监视	审计记录 监视系统的使用 日志信息的保护 管理员和操作员日志 故障日志 时钟同步

安 全 域	控 制 目 标	控 制 措 施
访问控制	访问控制的业务要求	访问控制策略
	用户访问管理	用户注册 特权权限管理 用户口令管理 用户访问权的复查
	用户职责	口令使用 无人值守的用户设备 清空桌面和屏幕策略
	网络访问控制	使用网络服务的策略 外部连接的用户鉴别 网络上的设备标识 远程诊断和配置端口的保护 网络隔离 网络连接控制 网络路由控制
	操作系统访问控制	安全登录规程 用户标识和鉴别 口令管理系统 系统实用工具的使用 会话超时 联机时间的限定
	应用和信息访问控制	信息访问限制 敏感系统隔离
	移动计算和远程工作	移动计算和通信 远程工作
信息系统获取、开发和维护	信息系统的安全要求	安全要求分析和说明
	应用中的正确处理	输入数据确认 内部处理的控制 信息完整性 输出数据确认
	密码控制	使用密码控制的策略 密钥管理
	系统文件的安全	运行软件的控制 系统测试数据的保护 对程序源代码的访问控制
	开发和支持过程中的安全	变更控制规程 操作系统变更后应用的技术评审 软件包变更的限制 信息泄露 外包软件开发
	技术脆弱性管理	技术脆弱性的控制
信息安全事件管理	报告网络安全事态和弱点	报告网络安全事态 报告安全弱点
	网络安全事件和改进的管理	职责和规程 对网络安全事件的总结 证据的收集

续表

安 全 域	控 制 目 标	控 制 措 施
业务连续性管理	业务连续性管理的网络安全方面	在业务连续性管理过程中包含的网络安全 业务连续性和风险评估 制订和实施包含网络安全的连续性计划 业务连续性计划框架 测试、维护和再评估业务连续性计划
符合性	符合法律要求	可用法律的识别 知识产权 保护组织的记录 数据保护和个人信息的隐私 防止滥用信息处理设施 密码控制措施的规则
	符合安全策略和标准以及技术符合性	符合安全策略和标准 技术符合性核查
	信息系统审核的考虑	信息系统审计控制措施 信息系统审计工具的保护
11 个安全域	39 个控制目标	133 项安全控制措施

这些方面中,除了访问控制、通信和操作管理以及信息系统采购、开发和维护这 3 个方面与技术关系更紧密外,其他方面则更侧重于组织整体的管理和运营操作。

该标准作为一个通用的网络安全管理指南,并不描述具体的细节,只是提出管理者需要做的方面,但并不限定具体实现的方法和技术。

3.1.4　ISO/IEC 20000 系列标准

ISO/IEC 20000 规定了 IT 组织对客户提供 IT 服务和支持的全部活动过程,展现了一套完整的 IT 服务管理流程,帮助 IT 组织识别并管理 IT 服务的关键流程,保证向客户提供高质量的 IT 服务。

ISO/IEC 20000 体系规范主要包括两大部分:①IT 服务管理规范,与体系管理职责、文件要求及能力、意识和培训一同作为体系认证的参考标准;②IT 服务管理实施准则,为体系认证的实施过程提供参照说明。

1. 信息技术—服务管理—第一部分规范(ISO/IEC 20000—1:2005)

ISO/IEC 20000—1 标准规定了服务提供方按可接受的质量向其客户交付管理服务的要求。可用于以下几个方面。

(1) 组织为其服务寻找竞标机会。

(2) 组织要求供应链中所有供应商采用一致的方法。

(3) 服务提供方衡量其 IT 服务管理。

(4) 独立评估的依据。

(5) 组织需要证明其具备提供满足客户要求的服务的能力。

(6) 组织致力于通过流程的有效应用,来监视和改进服务质量。

该标准规定了 5 个紧密相关的服务管理过程,具体如图 3-5 所示。

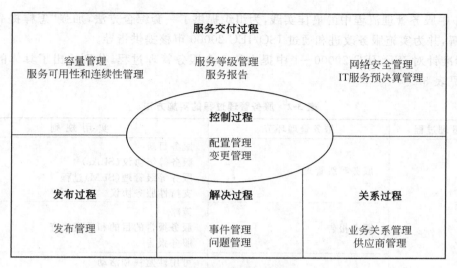

图 3-5 服务管理过程

1）服务交付过程

服务交付过程包括服务等级管理、服务报告、服务可用性和连续性管理、容量管理、网络安全管理以及 IT 服务预决算管理 6 个方面。服务等级管理关注定义、协商、记录和管理服务等级；服务报告的目标是为做出基于知情的决策和有效沟通，编制商定的、及时的、可信赖的、准确的报告；服务可用性和连续性管理是确保在所有条件下达到承诺给客户的服务连续性与可用性；IT 服务预决算管理是提供服务成本的预算和核算；容量管理是确保服务提供方一直保持有效的容量满足当前和未来客户业务需求；网络安全管理关注有效管理所有服务活动的网络安全。

2）关系过程

关系过程包括业务关系管理和供应商管理两个方面。业务关系管理是指在理解客户及其业务驱动的基础上，在服务提供方与客户之间建立和维护良好的关系；供应商管理的目标是管理供应商，以确保提供全面、高质量的服务。

3）解决过程

解决过程包括事件管理和问题管理两个方面，事件管理和问题管理是独立的过程。事件管理是尽可能快地恢复商定的业务服务或响应服务请求；问题管理则是通过对事件起因的预先识别和分析以及管理问题来解决问题，以最大限度降低对业务的损害。

4）控制过程

控制过程包括配置管理和变更管理两个方面。配置管理定义并控制服务和基础设施的组件，维护准确的配置信息；变更管理确保以受控的方式评估、批准、实施和评审所有的变更。

5）发布过程

发布过程包括发布管理，主要管理交付、分发和跟踪一个版本发布到运行过程中的一个或多个变更。

第一部分定义的服务管理流程是建立、实施、保持 IT 服务管理并进行认证的基础。

2. 信息技术—服务管理—第二部分实用规则（ISO/IEC 20000—2：2005）

ISO/IEC 20000—2：2005 为审核人员提供行业一致认同的指南，并且为服务提供者规划服务改善或通过 ISO/IEC 20000—1：2005 审核提供指导。实用规则描述了在 ISO/IEC

20000—1中服务管理流程中的最佳实践,为组织提供了一套综合方法,加强"怎样提高服务质量"的理解,并为实施服务改进和通过 ISO/IEC 20000 审核提供指导。

　　该标准针对 ISO/IEC 20000—1 中提出的 5 个服务管理过程,分别给出了具体的实施方法,具体见表 3-2。

表 3-2　服务管理过程的实施方法

服务管理过程	服务管理环节	实 用 规 则
服务交付过程	服务等级管理	服务目录 服务等级协议(SLAs) 服务等级管理(SLM)过程 支持性服务协议
	服务报告	策略 服务报告的目的和质量检查 服务报告
	服务可用性和连续性管理	可用性监视和活动 服务连续性战略 服务连续性策划和测试
	IT 服务预决算管理	策略 预算管理 财务管理
	容量管理	容量管理
	网络安全管理	总则 识别信息资产并分类 进行安全风险评估 信息资产的风险 信息的安全性和可用性 控制措施 文件及记录
关系过程	业务关系管理	服务评审 服务抱怨 顾客满意度调查
	供应商管理	合同管理 服务定义 管理多个供应商 合同争议管理 合同中止
解决过程	事件管理	总则 重大事件
	问题管理	问题管理的范围 问题管理的启动 已知错误 解决问题 沟通 追踪和升级/调整 事件和问题的记录关闭 问题评审 评审考虑事项 问题预防

续表

服务管理过程	服务管理环节	实 用 规 则
控制过程	配置管理	配置管理的策划和实施 配置标识 配置控制 配置状态说明与报告 配置验证与审计
	变更管理	策划与实施 变更请求的终结与评审 紧急变更 变更管理报告、分析和改进
发布过程	发布管理	总则 发布策略 发布策划 软件的开发与采购 设计、开发和配置发布 发布的验证和接收

3.2 我国网络安全相关标准

我国网络安全标准化工作最早可追溯到 20 世纪 80 年代。回顾我国近 30 年的网络安全标准化发展经历,可以简单分为两个阶段:①从最开始到 2002 年,这期间网络安全还没有引起人们的高度重视,标准化工作都是由各部门和行业根据行业业务需求分别制定,没有统筹规划和统一管理,各部门相互之间缺少沟通和交流;②2002 年以后,我国成立全国网络安全标准化技术委员会(以下简称安标委)。

安标委自成立后,全面规划和管理我国网络安全国家标准,发布了上百项网络安全标准,涵盖了网络、终端、交换设备、安全服务、安全管理、安全监控等领域,初步形成了我国的网络安全标准体系。

在我国网络安全标准体系中,等级保护相关标准占有非常重要的地位。而且自 1999 年《计算机信息系统安全保护等级划分准则》(GB 17859—1999)发布以来,安标委和公安部信息系统安全标准化技术委员会(以下简称公安部安标委)组织制定了网络安全等级保护工作需要的一系列标准,形成了比较完善的网络安全等级保护标准体系,为开展网络安全等级保护工作提供了标准保障。

3.2.1 网络安全标准体系

目前,安标委在充分借鉴和吸收国际先进网络安全技术标准化成果与认真梳理我国网络安全标准的基础上,初步形成了我国的网络安全标准体系如图 3-6 所示。

1. 基础标准

基础标准是信息技术安全标准化体系开发过程中所需用到的最基本的标准及技术规范,主要包括以下两个方面。

(1) 安全术语:对网络安全的基本术语定义进行规定,是其他标准制定的基础。

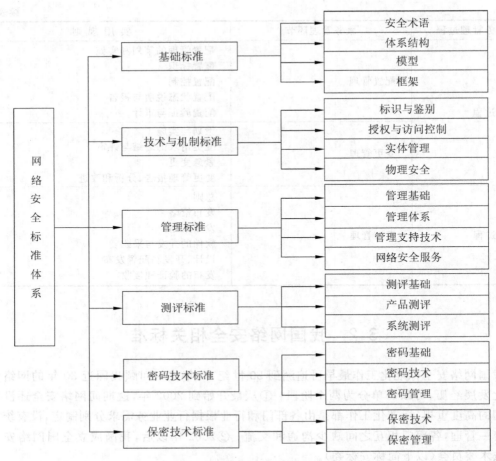

图 3-6 网络安全标准体系

（2）体系结构、模型与框架：对某项网络安全技术或某个网络安全领域建立的整体要求或技术架构，例如，OSI 安全体系结构标准、TCP/IP 安全体系结构标准、开放系统安全框架标准、高层安全模型、低层安全模型等。

2. 技术与机制标准

技术与机制标准是对网络安全产品或系统从技术方面进行的规定，是网络安全标准的核心，主要包括以下 4 个方面。

（1）标识与鉴别：对某类安全系统或事件的某项要求的标识与鉴别的规定，如识别认证安全框架标准、完整性安全框架标准等。

（2）授权与访问控制：对某类安全系统或事件的某项要求的授权与访问控制的规定，如 XML 访问控制技术标准等。

（3）实体管理：对某实体规范了实体安全的实现方式和要求，如防火墙安全要求、应用代理安全要求、路由器安全要求、数据保密设备安全要求、数据库安全标准等。

（4）物理安全：某个物理环境的安全技术要求或指南，如计算机场地安全标准等。

3．管理标准

管理标准是对信息技术安全性进行全方位管理的标准,网络安全管理不仅仅是技术方面的要求,还有管理制度和办法方面的要求,既包括安全管理的基础要求,也包括管理的具体内容、实施管理的手段等方面的规定,主要有管理基础、管理体系、管理支持技术、网络安全服务等几方面内容。如信息技术安全管理控制平台标准、安全性数据的管理标准、管理数据的安全标准、系统管理标准、网络管理标准、硬件设备管理标准等。

4．测评标准

测评标准是对计算机系统安全、通信网络安全及其信息技术安全产品等进行安全水平测定、评估的一类标准,是对各类产品和系统的安全性评估标准的规范,其内容既包括对网络安全测评的基本条件、测评的手段、方法的描述,又有对具体网络安全产品或系统的测评指标、评定级别的要求,大体分为测评基础、产品测评、系统测评等几大类。如网络安全等级和系统安全等级的划分标准、信息技术安全性评估准则、计算机系统安全评估标准、通信网络安全评估标准、密码设备安全评估标准等。

5．密码技术标准

密码技术标准是对密码实现技术、机制、管理等进行的规定,包括利用密码技术实现相关安全手段或措施的要求以及密码的管理措施要求,如密码模块保密性要求、密码模块安全性要求、数据加密机制标准、签名机制标准、密钥管理安全框架标准、公钥基础设施标准等。

6．保密技术标准

保密技术标准是对涉密系统的访问权限控制或访问条件、保密实现技术、机制、管理等进行的规定,包括保密技术实现相关的安全手段或措施的要求以及保密的管理措施要求,如保密性安全框架标准等。

3.2.2 等级保护标准体系

为推动我国网络安全等级保护工作,安标委和公安部安标委组织制定了网络安全等级保护工作需要的一系列标准,在这些标准基础上,国家税务总局、广电总局、财政部、水利部、中国人民银行、证监会、电监会等一些行业主管部门结合其行业的特殊需求和行业特点,组织制定了相应的行业标准,包括行业定级指南、行业基本要求、行业实施指南等。等级保护工作过程中所需的国家等级保护标准及行业等级保护标准共同构成了较完善的网络安全等级保护标准体系。从某种角度而言,我国网络安全等级保护是针对我国信息系统安全管理特点的国家层面的风险管理过程,整个过程及相应的配套标准如图 3-7 所示。

从图 3-7 可以看出,网络安全等级保护标准体系对应等级保护工作的 5 个规定动作,除监督检查环节外,其他环节都有相应的标准进行指导。并且,GB/T 25058—2010《信息系统安全等级保护实施指南》对信息系统运营使用单位如何开展等级保护工作进行指导。

1．定级环节

定级环节除国家标准 GB/T 22240—2008《信息系统安全等级保护定级指南》外,国家税

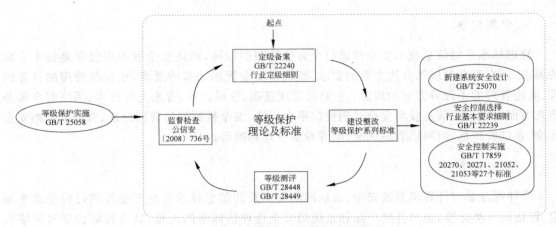

图 3-7　等级保护信息系统风险管理过程

务总局、广电总局、财政部、中科院等行业还制定了行业定级细则来指导本行业的信息系统定级工作。GB/T 22240—2008 规定了定级的依据、对象、流程和方法以及等级变更等内容,同各行业发布的定级实施细则共同指导信息系统定级工作的开展。

2. 建设整改环节

建设整改环节针对两类不同系统根据不同的标准进行指导。一类是新建系统。该类系统可以依据 GB/T 25070—2010《信息系统安全等级保护安全设计技术要求》对信息系统进行技术方面的总体规划,并依据 GB/T 22239—2008《信息安全技术 信息系统安全等级保护基本要求》选择信息系统应采取的安全控制措施;另一类是已建系统。该类系统可以依据 GB/T 28448—2012《信息安全技术 信息系统安全等级保护测评要求》开展现状评估,查找系统存在的安全隐患和与等级保护要求之间的差距,并依据 GB/T 22239—2008 选择信息系统应采取的安全控制措施。无论是新建系统还是已建系统,在选择安全控制措施后,在信息系统中实施这些安全控制措施时均可以参考已有的一些关注某方面安全或产品安全的标准,如 GB/T 20269—2006《信息安全技术 信息系统安全管理要求》、GB/T 20282—2006《信息安全技术 信息系统安全工程管理要求》、GB/Z 20985—2007《信息技术 安全技术 信息安全事件管理指南》、GB/Z 20986—2007《信息安全技术 网络安全事件分类分级指南》、GB/T 20988—2007《信息安全技术 信息系统灾难恢复规范》、GB/T 18018—2007《信息安全技术 路由器安全技术要求》、GB/T 20281—2006《信息安全技术 防火墙技术要求和测试评价方法》、GA/T 710—2007《信息安全技术 信息系统安全等级保护基本配置》、GA/T 711—2007《信息安全技术 应用软件系统安全等级保护通用技术指南》等标准。

GB/T 25058—2010《信息安全技术 信息系统安全等级保护实施指南》和 GB/T 25070—2010《信息安全技术 信息系统等级保护安全设计技术要求》为信息系统的安全建设和整改提供方法指导。前者阐述了在系统建设、运维和废止等各个生命周期阶段中如何按照网络安全等级保护政策和标准要求实施等级保护工作;后者阐述了信息系统等级保护安全设计的技术要求,包括安全计算环境、安全区域边界、安全通信网络、安全管理中心等各方面的要求。

GB/T 22239—2008 是在 GB 17859—1999《计算机信息系统安全保护等级划分准则》以及各技术类标准、管理类标准和产品类标准的基础上制定的,给出了各级信息系统应具备的安全防护能力,同各行业发布的行业基本要求标准共同构成了信息系统建设和整改的安全要求。

另外，证券、税务、广电、水利、海洋、烟草、银行等行业还参照 GB/T 22239—2008 制定了本行业的基本行业细则。

3. 等级测评环节

等级测评环节，测评机构可以依据 GB/T 28448—2012《信息安全技术 信息系统安全等级保护测评要求》和 GB/T 28449—2012《信息安全技术 信息系统安全等级保护测评过程指南》开展测评工作。

GB/T 28448—2012 和 GB/T 28449—2012 构成了指导开展等级测评的标准规范。前者阐述了等级测评的原则、测评内容、测评强度、单元测评、整体测评、测评结论的产生方法等内容；后者阐述了信息系统等级测评的过程及工作任务、分析方法和工作结果等内容。

4. 监督检查环节

监督检查环节，公安民警可以依据《公安机关信息安全等级保护检查工作规范（试行）》（公信安〔2008〕736 号）开展现场监督检查工作。

各标准体系架构图如图 3-8 所示。

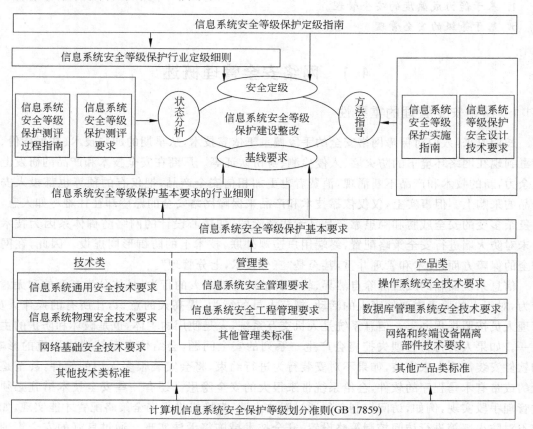

图 3-8 网络安全等级保护标准体系

上述等级保护相关标准随着云计算、移动互联、物联网、工业控制网络、大数据等新技术的发展，均有相应的改版与完善，"等级保护 2.0"标准呼之欲出，并随着新技术的出现和普及还会不断地改版和完善。

第4章

网络安全管理

本章目标

让读者了解网络安全管理基本理论、基本思想和基本方法,能领会网络安全等级保护的基本思想并按照等级保护思想进行网络安全管理工作。

本章要点

1. 管理学基本概念,网络安全管理基本概念、内容、基本思路、基本方法等
2. 基于风险的安全管理
3. 基于生命周期的安全管理
4. 基于能力成熟度的安全管理
5. 基于等级的安全管理

4.1 网络安全管理概述

4.1.1 网络安全管理的重要性

长期以来,人们对保障网络安全的手段偏重于依靠技术,从早期的加密技术、数据备份、防病毒到现在网络环境下的防火墙、入侵检测、身份认证等。厂商在安全技术和产品的研发上不遗余力,新的技术和产品不断涌现,消费者也更加相信安全产品,把仅有的预算也都投入安全产品的采购上。但事实上,仅仅依靠技术和产品来保障网络安全的愿望却往往难尽如人意,许多复杂多变的安全威胁和隐患靠产品是无法消除的,如精心设计的网络防御体系因为技术人员未对防火墙进行安全策略配置,终端用户违规外联,技术上的防御形同虚设。因此,在网络安全的保障方面,技术和管理并重,甚至是"三分技术,七分管理"。

信息系统面临的威胁源除自然界、软硬件故障外就是人的行为,具体分为有意的和无意的行为,对于人的要素需要约束人的活动、规范人员的行为,提高人的意识,让所有的操作人员、管理人员按照规程办事。信息系统是人机交互系统,人是使用的主体,也是破坏和防护的主体之一。如果人的行为管理失控将会产生一系列的安全问题,会给信息系统造成严重的影响。如软件安装需要人来安装,如果不对安装行为进行约束,将会安装很多无用的软件,甚至是盗版的或带有木马程序的软件,会给系统带来很大的安全隐患。还有一些安全技术措施必须通过管理手段实现,例如,访问控制必须通过对防火墙、交换机进行安全策略配置才能实现,如果人不对防火墙等进行访问控制策略设置,安全技术措施将无法实现。通过良好的安全管理可以尽量避免不良行为的发生,即使发生不良行为也可以通过管理将其带来的不良后果或损失降到最低。

据有关部门统计,在所有的计算机安全事件中,管理方面的原因比重高达70%,而这些安全问题中的大部分是可以通过科学的网络安全管理来避免。因此,管理已成为网络安全保障

能力的重要基础。站在较高的层次上来看信息系统安全的全貌就会发现,安全问题实际上都是人的问题,单凭技术是无法实现从"最大威胁"到"最可靠防线"转变的。理解并重视安全管理对网络安全的关键作用,对实现网络安全目标尤为重要。

4.1.2 网络安全管理的概念

1. 基本概念

管理是一种专门的活动,自有人群出现便产生了。管理是一个十分广泛的概念,有着丰富的内涵和外延,因此也没有唯一的定义。引用 ISO 9000:2005《质量管理体系 基础和术语》中关于管理的定义,具体为:在群体活动中,为了完成一定任务,实现既定目标,针对特定的对象,遵循确定的原则,按照既定的程序,运用恰当的方法,所进行的计划、组织、指挥、协调和控制等活动。计划、组织、指挥、协调和控制是管理的 5 项职能,也是实现目标的手段。

管理是一种理论,也可以说是一种方法或工具,与具体业务相结合的时候,便形成不同领域、不同门类的管理科学。例如,经济管理、项目管理、质量管理以及本文的网络安全管理等。这些不同领域、不同门类的管理科学都是将管理的理论、方法和工具在某一业务领域的具体应用。

对于网络安全管理的概念,大多数文献并未专门界定,只是采用默认的或模糊化的处理方式。无论是专门的界定还是非专门的界定,对网络安全管理内涵的理解,概括起来主要有以下观点。

(1)网络安全观,即把网络安全管理视同网络安全。

(2)技术观,即仅从技术的角度来理解网络安全管理,认为网络安全管理就是网络安全技术的运用与管理,或运用网络安全技术来保障信息的保密性、可靠性和可用性等。

(3)战略观,即从战略或目的的角度来理解网络安全管理,认为网络安全管理就是网络安全战略或目的的实现。

(4)风险观,即从风险管理的角度来界定网络安全管理。例如,网络安全管理其实是风险管理的过程,管理的基础是风险的识别与评估。

(5)活动观,即认为网络安全管理是一组活动。例如,网络安全管理是组织用于指导和管理各种控制网络安全风险的、一组相互协调的活动,是对系统中所有的安全问题和环节实行管理的活动。

(6)体系观,即认为网络安全管理是一套系统或要素,应用 PDCA 过程方法建立和实施 ISMS。网络安全管理是组织在整体或特定范围内建立网络安全方针和目标,以及完成这些目标所用方法的体系,表示为方针、原则、目标、方法、过程、核查表等要素的集合,是涉及人、程序和信息技术的系统;通过计划、组织、领导、控制等措施实现组织网络安全目标的相互关联或相互作用的一组要素。

综上所述,虽然前 4 种观点存在以偏概全,不能完全揭示网络安全管理的真正内涵,但活动观与体系观较为科学合理,更加贴切地诠释了网络安全管理的本质,因此也得到更多的认可。本书在吸取这两种观点合理因素的基础上,将网络安全管理界定为:国家、组织或个体为了实现网络安全目标,运用一定的手段或方法,对涉及网络安全的非技术因素进行系统管理的活动。该定义揭示了网络安全管理的主体(国家、组织或个体)、对象(网络安全的非技术因素)和目的(实现网络安全目标),并强调手段或技术体系的运用与系统管理的活动过程。

网络安全管理可以根据管理的主体分为国家的网络安全管理、组织的网络安全管理以及个体的网络安全管理。据此,网络安全管理具有广义和狭义之分,广义的网络安全管理是指宏观层面上的国家的网络安全管理,狭义的网络安全管理则是指微观层面上的组织或个体的网络安全管理。

2. 网络安全管理与相关概念的关系

网络安全管理不同于网络安全、网络安全技术、密码管理、网络安全保密、网络安全治理、网络安全建设、网络安全保障等概念,但与它们又密切相关。

1) 网络安全管理与网络安全、网络安全技术

当前许多文献将网络安全管理等同于网络安全,网络安全管理被网络安全代替或隐藏了。事实上,网络安全管理只是网络安全的一个方面,是实现与保证网络安全的关键活动之一。保障网络安全,不仅要依靠网络安全技术,更要依靠网络安全管理。此外,对于网络安全管理与网络安全技术的关系,少数人认为网络安全技术是网络安全管理的一部分,而多数人的基本共识是网络安全管理有别于网络安全技术,二者相辅相成,共同保障网络安全。

2) 网络安全管理与密码管理

密码是网络安全的核心,密码管理是网络安全管理的关键环节。从管理的主体来看,网络安全管理的主体更为广泛,可以是社会上各级各类的组织,而密码管理的主体范围则较为狭窄,主要是党、政、军相关部门。

3) 网络安全管理与网络安全保密、网络安全治理、网络安全建设、网络安全保障

这 5 个概念相互渗透、交叉、包容,在一定程度上是通用的,不过各自的侧重点不尽相同。网络安全保密是网络安全管理最基本、最经典的一个方面;网络安全治理是网络安全管理更高水平的一种体现,是指社会有关方面共同实施的综合性网络安全管理机制,注重统筹规划、群防群治,在治理主体、治理要素与治理措施等方面综合性特征显著;网络安全建设侧重网络安全的基础设施建设,也包括网络安全管理体系及制度体系等建设。网络安全保密、网络安全管理、网络安全治理、网络安全建设等都是网络安全保障的措施。

4.1.3　网络安全管理原则

广义的网络安全管理强调维护国家安全的需求,体现国家管理者的意志,站在国家安全、经济建设和社会秩序的角度确定安全管理的对象,即国家关键基础设施和重要网络、信息系统构建的国家网络安全保障体系。因此,做好网络安全管理应处理好“三大”关系,遵循“六大”原则。“三大”关系如下。

1) 安全与风险的关系

安全与风险在同一事物的运动中是相互对立、相互依赖而存在的。因为有风险,才需要进行安全管理,以防止风险。安全与风险并非是等量并存、平静相处。随着事物的运动变化,安全与风险每时每刻都在变化,进行着此消彼长的斗争。可见,在事物的运动中,不会存在绝对的安全或风险。

2) 保障安全与业务发展的关系

开展安全管理工作的目的是促进业务良好发展,保持业务应用在安全的状态下发展,必须采取多种措施,以预防为主,确保风险因素完全可控。业务生产可持续发展是单位发展的基础,如果业务生产在风险不可控的状态下,安全事件或事故随时可能发生,则业务生产无法顺利开展。因此,安全是业务生产的客观要求,业务生产有了安全保障,才能持续、稳定发展。业务生产活动中安全事件或事故层出不穷,业务生产势必陷入混乱甚至瘫痪状态。安全绝非是

凌驾于业务生产和发展之上的,但忽视安全也是错误的,必须确保业务生产在相对安全的状态下进行。

3)网络安全工作投入与产出的关系

网络安全无论对于国家还是组织或个人都不会带来直接的效益或经济利益,并且会增加人力、物力和财力的投入;但是重大安全事件或事故发生后,为国家、组织或个人带来的损失和影响却是显而易见的。因此,如何利用有限的资源将重大安全事故发生后带来的损失降到最低或可接受的范围内是网络安全管理工作的重点,即合理配备资源、保护重点,利用有限的资源保护国家关键的信息基础设施、重要信息系统和网络。

在网络安全管理中,投入要适度。既要保证安全业务生产,又要经济合理。单纯为了省钱而忽视安全投入,或单纯追求绝对安全而不惜资金的盲目高标准、严要求,都不可取。处理好上述关系,做好网络安全管理工作应遵循以下原则。

1)领导重视原则

网络安全是"一把手工程",即只有高层领导重视才能做好网络安全管理工作。《国家信息化领导小组关于加强信息安全保障工作的意见》(中办发〔2003〕27 号文件)提出了关于网络安全保障工作的总体要求,充分认识加强网络安全体系建设的重要性和紧迫性,高度重视网络和网络安全,这是做好网络安全保障工作的前提条件。这里强调"高度重视"首先要领导重视,只有领导重视才能把网络安全工作列入议事日程,才能及时协调解决网络安全工作所面临的诸多难题,对重大网络安全工作或事项予以决策。

2)人人参与原则

人是网络安全管理工作的执行主体,也是网络安全管理工作受众的客体。网络安全管理工作绝不是一个部门或一个人、几个人参与就可以做好的,必须做到网络安全管理工作人人参与。加强对所有人员的网络安全意识教育和培训,提高全员的网络安全意识,做到网络安全人人知晓、人人重视、人人有责,对于做好网络安全管理工作至关重要。

3)适度安全原则

网络和信息系统面临的安全威胁是客观存在的,并且随着外部环境的变化而动态变化,这种动态的变化过程导致没有绝对的网络安全,只有相对的网络安全。因此,从事网络安全管理工作不强调过度保护,不追求绝对安全。

网络安全管理应遵循适度安全原则,不强调做到完全没有风险,而是做好安全与风险在同一事物的运动中相互对立的关系。因此,安全管理的目标是达到相对的安全而非绝对的安全,只是需要通过安全管理确保安全风险可控或可接受即可。

4)全面防范保护重点原则

对于"木桶原理"人人熟知,一个木桶的容量取决于最短的那一块桶板,即系统的安全性取决于最薄弱环节。木桶原理表明要对系统进行均衡、全面的安全保护,包括要充分、全面、完整地对单位网络和信息系统的安全漏洞与安全威胁进行分析、评估和检测,提高整个系统安全性能。但对于一个国家、一个单位资源是有限的,必须利用有限的资源保护最为重要的信息系统。因此,应识别出重要信息系统或关键资产,进行重点保护。

5)动态性原则

网络安全管理的动态性原则来源于风险的动态性。网络安全风险并不是一成不变的,它随着时间、外部环境而动态变化。例如,操作系统有新的威胁的产生,物理设备随着运转时间的延长其失效的概率加大,信息系统的各组成部分的风险比重随着组织业务的变化而使总的风险构成发生变化等。风险的这些变化促使采取相应的安全管理措施,即动态的安全管理,如当业务变更和优先权变化时要进行新的风险评估等。

6) 持续性原则

网络安全管理的持续性包括网络安全管理各个环节之间的连续性和网络安全管理的持续性。各个环节之间的持续性要求安全管理的各个环节形成一个统一的整体,衔接紧密;而持续性则要求安全管理的生存周期伴随着信息系统的生命周期,双方共存共消。当新的信息系统建立运转时,随之要建立网络安全管理系统;只有当信息系统消亡时,安全管理才会随之消亡。

4.2　网络安全管理方法

4.2.1　基于风险的安全管理

1. 概述

网络安全风险管理是包括风险分析、风险评估和风险控制等一系列措施在内的工作过程。许多国外专家认为,风险管理是网络安全的基础工作和核心任务,是最有效的保护措施,是保证网络安全投资回报率优化的科学方法。在西方国家的网络安全战略计划和实施方案中,风险管理占有十分重要的地位。

美国率先推出了第一批关于信息安全风险管理标准及相关的安全标准。这些标准主要有两组,其中一组是由国家标准局(NBS)制定的,例如:

(1) FIPS PUB 31《自动数据处理系统物理安全和风险管理指南》(1974),该指南规范了美国联邦机构的计算机系统的物理安全要求和风险分析的基本要求。

(2) FIPS PUB 65《自动数据处理系统风险分析指南》(1979),该指南规范了风险分析的角色与责任、安全检验、风险分析和防护措施等有关问题。

此外,相关的安全标准有 FIPS PUB 87《自动数据处理系统应急计划》(1981)、FIPS PUB 94《自动数据处理系统设施电源指南》(1983)、NBS SP 500—85《应急计划执行指南》(1985)等。

另一组是由美国国防部国家安全局于 1983 年后陆续制定的计算机系统安全评估系列标准,主要包括《可信计算机系统评价准则》(TCSEC)、《可信网络解释》(TNI)、《特定环境下的安全需求》等,总计约 40 个标准。

"彩虹系列"标准是国际上第一代全面、系统的计算机安全评估标准,对网络安全评估理论和技术的发展产生了深远影响。该系列中《安全需求技术原理》标准指出:"评估一个计算机系统的安全级别依赖于该系统存在的风险水平,即风险因子(Risk Int)","还存在影响安全风险的其他如任务关键性、所需拒绝服务保护和威胁的严重性等因素"。

1990 年,欧洲的英、法、德、荷四国着手制定了共同的信息技术安全评估准则(ITSEC),强调要把信息系统实用环境中的威胁与风险纳入评估视野。加拿大也制定了本国的网络安全测评标准。1993 年欧美 6 个国家又启动了建立共同评测标准(即后来的 CC 准则)的计划。此期间英国自己还研发了基于风险管理的 BS 7799 网络安全管理标准,澳大利亚和新西兰制定了共同的风险管理标准 AS/NES 4360。此外,荷兰、德国、挪威等国也制定了相应的本国标准。在共同需求的驱动下,1996 年国际标准组织发布了 ISO/IEC TR 13335《信息技术安全管理指南》,1999 年发布了 ISO/IEC 15408《信息技术安全评估通用准则》(CC 准则),2000 年又发布了 ISO/IEC 177799《信息技术网络安全管理实用规则》。上述国际标准的共同特点是把风险评估和管理放在十分重要的地位。

在国内,为落实《国家信息化领导小组关于加强信息安全保障工作的意见》有关精神,全国网络安全标准化技术委员会成立后,随即成立第七工作组(WG7),负责网络安全管理标准研究与制定,并制定和引进了一批重要的网络安全管理标准。目前,WG7 在网络安全管理标准方面取得了一定的进展,包括:通过研究决定我国网络安全管理体系标准等同采用 ISMS;配合网络安全等级保护体系制定了管理要求,制定管理评估规范;自主制定了事件处理与应急灾备的相关标准;政府监管类标准和安全服务类标准也在积极研究过程中。

本书将以目前应用较为成熟和广泛使用的 GB/T 20984—2007《信息安全技术 信息安全技术网络安全风险评估规范》、NIST SP 800—30《网络安全风险评估指南》和 ISO/IEC 27005:2008《信息技术—安全技术—网络安全风险管理》为基础对网络安全风险管理的关键要素、工作流程和控制措施等方面内容进行阐述。

2. 风险评估

1) 资产识别

(1) 资产分类。资产是具有价值的信息或资源,它能够以多种形式存在,有无形的、有形的,有硬件、软件,有文档、代码,也有服务、形象等。机密性、完整性和可用性是评估资产的 3 个安全属性。风险评估中资产的价值不仅仅以资产的经济价值来衡量,而是由资产在这 3 个安全属性上的达成程度或者其安全属性未达成时所造成的影响程度来决定的。安全属性达成程度的不同将使资产具有不同的价值,而资产面临的威胁、存在的脆弱性以及已采用的安全措施都将对资产安全属性的达成程度产生影响。为此,有必要对组织中的资产进行识别。

在一个组织中,资产有多种表现形式。同样的两个资产也因属于不同的信息系统而重要性不同,而且对于提供多种业务的组织,其支持业务持续运行的系统数量可能更多。这时首先需要将信息系统及相关的资产进行恰当地分类,以此为基础进行下一步的风险评估。在实际工作中,具体的资产分类方法可以根据具体的评估对象和要求,由评估者灵活把握。根据资产的表现形式,可将资产分为数据、软件、硬件、服务、文档、人员等类型。表 4-1 列出了一种资产分类方法。

表 4-1　一种基于表现形式的资产分类方法

分类	示　　例
数据	保存在信息媒介上的各种数据资料,包括源代码、数据库数据、系统文档、运行管理规程、计划、报告、用户手册等
软件	系统软件:操作系统、语言包、工具软件、各种库等 应用软件:外部购买的应用软件,外包开发的应用软件等 源程序:各种共享源代码、自行或合作开发的各种代码等
硬件	网络设备:路由器、网关、交换机等 计算机设备:大型机、小型机、服务器、工作站、台式计算机、移动计算机等 存储设备:磁带机、磁盘阵列、磁带、光盘、软盘、移动硬盘等 传输线路:光纤、双绞线等 保障设备:动力保障设备(UPS、变电设备等)、空调、保险柜、文件柜、门禁、消防设施等 安全保障设备:防火墙、入侵检测系统、身份验证等 其他:打印机、复印机、扫描仪、传真机等

分类	示　例
服务	办公服务：为提高效率而开发的管理信息系统（MIS），包括各种内部配置管理、文件流转管理等服务 网络服务：各种网络设备、设施提供的网络连接服务 信息服务：对外依赖该系统开展的各类服务
文档	纸质的各种文件，如传真、电报、财务报告、发展计划等
人员	掌握重要信息和核心业务的人员，如主机维护主管、网络维护主管及应用项目经理等
其他	企业形象、客户关系等

（2）资产赋值。对资产的赋值不仅要考虑资产的经济价值，更重要的是要考虑资产的安全状况对系统或组织的重要性，由资产在其 3 个安全属性上的达成程度决定。为确保资产赋值时的一致性和准确性，组织应建立资产价值的评价尺度，以指导资产赋值。

资产赋值的过程也就是对资产在机密性、完整性和可用性上的达成程度进行分析，并在此基础上得出综合结果的过程。达成程度可由安全属性缺失时造成的影响来表示，这种影响可能造成某些资产的损害以至危及信息系统，还可能导致经济效益、市场份额、组织形象的损失。

① 机密性赋值。根据资产在机密性上的不同要求，将其分为 5 个不同的等级，分别对应资产在机密性上应达成的不同程度或者机密性缺失时对整个组织的影响。表 4-2 提供了一种机密性赋值的参考。

表 4-2　资产机密性赋值

赋值	标识	定　义
5	很高	包含组织最重要的秘密，关系未来发展的前途命运，对组织根本利益有着决定性的影响，如果泄露会造成灾难性的损害
4	高	包含组织的重要秘密，其泄露会使组织的安全和利益遭受严重损害
3	中等	组织的一般性秘密，其泄露会使组织的安全和利益受到损害
2	低	仅能在组织内部或在组织某一部门内部公开的信息，向外扩散有可能对组织的利益造成轻微损害
1	很低	可对社会公开的信息，公用的信息处理设备和系统资源等

② 完整性赋值。根据资产在完整性上的不同要求，将其分为 5 个不同的等级，分别对应资产在完整性上缺失时对整个组织的影响。表 4-3 提供了一种完整性赋值的参考。

表 4-3　资产完整性赋值

赋值	标识	定　义
5	很高	完整性价值非常关键，未经授权的修改或破坏会对组织造成重大的或无法接受的影响，对业务冲击重大，并可能造成严重的业务中断，难以弥补
4	高	完整性价值较高，未经授权的修改或破坏会对组织造成重大影响，对业务冲击严重，较难弥补
3	中等	完整性价值中等，未经授权的修改或破坏会对组织造成影响，对业务冲击明显，但可以弥补
2	低	完整性价值较低，未经授权的修改或破坏会对组织造成轻微影响，对业务冲击轻微，容易弥补
1	很低	完整性价值非常低，未经授权的修改或破坏对组织造成的影响可以忽略，对业务冲击可以忽略

③ 可用性赋值。根据资产在可用性上的不同要求，将其分为 5 个不同的等级，分别对应

资产在可用性上的达成的不同程度。表4-4提供了一种可用性赋值的参考。

表4-4　资产可用性赋值

赋值	标识	定　义
5	很高	可用性价值非常高,合法使用者对信息及信息系统的可用度达到年度99.9%以上,或系统不允许中断
4	高	可用性价值较高,合法使用者对信息及信息系统的可用度达到每天90%以上,或系统允许中断时间小于10分钟
3	中等	可用性价值中等,合法使用者对信息及信息系统的可用度在正常工作时间达到70%以上,或系统允许中断时间小于30分钟
2	低	可用性价值较低,合法使用者对信息及信息系统的可用度在正常工作时间达到25%以上,或系统允许中断时间小于60分钟
1	很低	可用性价值可以忽略,合法使用者对信息及信息系统的可用度在正常工作时间低于25%

④ 资产重要性等级。资产价值应依据资产在机密性、完整性和可用性上的赋值等级,经过综合评定得出。综合评定方法可以根据自身的特点,选择对资产机密性、完整性和可用性最为重要的一个属性的赋值等级作为资产的最终赋值结果;也可以根据资产机密性、完整性和可用性的不同等级对其赋值进行加权计算得到资产的最终赋值结果。加权方法可根据组织的业务特点确定。

为与上述安全属性的赋值相对应,根据最终赋值将资产划分为5级,级别越高表示资产越重要,也可以根据组织的实际情况确定资产识别中的赋值依据和等级。表4-5中的资产等级划分表明了不同等级的重要性的综合描述。评估者可根据资产赋值结果,确定重要资产的范围,并主要围绕重要资产进行下一步的风险评估。

表4-5　资产等级及含义描述

等级	标识	描　述
5	很高	非常重要,其安全属性破坏后可能对组织造成非常严重的损失
4	高	重要,其安全属性破坏后可能对组织造成比较严重的损失
3	中等	比较重要,其安全属性破坏后可能对组织造成中等程度的损失
2	低	不太重要,其安全属性破坏后可能对组织造成较低的损失
1	很低	不重要,其安全属性破坏后对组织造成很小的损失,甚至忽略不计

2) 威胁识别

(1) 威胁分类。威胁是一种对组织及其资产构成潜在破坏的可能性因素,是客观存在的。威胁可以通过威胁主体、资源、动机、途径等多种属性来描述。造成威胁的因素可分为人为因素和环境因素。根据威胁的动机,人为因素又可分为恶意和非恶意两种。环境因素包括自然界不可抗的因素和其他物理因素。威胁作用形式可以是对信息系统直接或间接的攻击,在机密性、完整性或可用性等方面造成损害;也可能是偶发的或蓄意的事件。

在对威胁进行分类前,应考虑威胁的来源。表4-6提供了一种威胁来源的分类方法。

表4-6　威胁来源

来　源	描　述
环境因素	由于断电、静电、灰尘、潮湿、温度、鼠蚁虫害、电磁干扰、洪灾、火灾、地震等环境问题或自然灾害,意外事故或软件、硬件、数据、通信线路方面的故障

来　源		描　述
人为因素	恶意人员	不满的或有预谋的内部人员对信息系统进行恶意破坏;采用自主或内外勾结的方式盗窃机密信息或进行篡改,获取利益 外部人员利用信息系统的脆弱性,对网络或系统的机密性、完整性和可用性进行破坏,以获取利益或炫耀能力
	非恶意人员	内部人员由于缺乏责任心,或者由于不关心和不专注,或者没有遵循规章制度和操作流程而导致故障或信息损坏;内部人员由于缺乏培训、专业技能不足、不具备岗位技能要求而导致信息系统故障或被攻击

　　对威胁进行分类的方式有多种,针对威胁来源,可以根据其表现形式将威胁分为几类。表 4-7 提供了一种基于表现形式的威胁分类方法。

表 4-7　一种基于表现形式的威胁分类

种　类	描　述	威胁子类
软硬件故障	由于设备硬件故障、通信链路中断、系统本身或软件缺陷造成对业务实施、系统稳定运行的影响	设备硬件故障、传输设备故障、存储媒体故障、系统软件故障、应用软件故障、数据库软件故障、开发环境故障
物理环境影响	断电、静电、灰尘、潮湿、温度、鼠蚁虫害、电磁干扰、洪灾、火灾、地震等环境问题或自然灾害	
无作为或操作失误	由于应该执行而没有执行相应的操作,或无意地执行了错误的操作,对系统造成的影响	维护错误、操作失误
管理不到位	安全管理无法落实,不到位,造成安全管理不规范,或者管理混乱,从而破坏信息系统正常有序运行	
恶意代码和病毒	具有自我复制、自我传播能力,对信息系统构成破坏的程序代码	恶意代码、木马后门、网络病毒、间谍软件、窃听软件
越权或滥用	通过采用一些措施,超越自己的权限访问了本来无权访问的资源,或者滥用自己的职权,做出破坏信息系统的行为	未授权访问网络资源、未授权访问系统资源、滥用权限非正常修改系统配置或数据、滥用权限泄露秘密信息
网络攻击	利用工具和技术,如侦查、密码破译、安装后门、嗅探、伪造和欺骗、拒绝服务等手段,对信息系统进行攻击和入侵	网络探测和信息采集、漏洞探测、嗅探(账户、口令、权限等)、用户身份伪造和欺骗、用户或业务数据的窃取和破坏、系统运行的控制和破坏
物理攻击	通过物理的接触造成对软件、硬件、数据的破坏	物理接触、物理破坏、盗窃
泄密	信息泄露给不太了解的他人	内部信息泄露、外部信息泄露
篡改	非法修改信息,破坏信息的完整性使系统的安全性降低或信息不可用	篡改网络配置信息、篡改系统配置信息、篡改安全配置信息、篡改用户身份信息或业务数据信息
抵赖	不承认收到的信息和所做的操作与交易	原发抵赖、接收抵赖、第三方抵赖

　　(2)威胁赋值。判断威胁出现的频率是威胁识别的重要内容,评估者应根据经验和(或)有关的统计数据来进行判断。在评估中,需要综合考虑以下 3 个方面,以判断在某种评估环境中各种威胁出现的频率。

① 以往安全事件报告中出现过的威胁及其频率的统计。

② 实际环境中通过检测工具以及各种日志发现的威胁及其频率的统计。

③ 近一两年来国际组织发布的对于整个社会或特定行业的威胁及其频率统计,以及发布的威胁预警。

可以对威胁出现的频率进行等级化处理,不同等级分别代表威胁出现的频率的高低。等级数值越高,威胁出现的频率越高。表 4-8 提供了威胁出现频率的一种赋值方法。在实际的评估中,威胁频率的判断依据应在评估准备阶段根据历史统计或行业判断予以确定,并得到被评估方的认可。

表 4-8　威胁赋值

等级	标识	定　义
5	很高	出现的频率很高(或≥1 次/周),或在大多数情况下几乎不可避免,或可以被证实经常发生过
4	高	出现的频率较高(或≥ 1 次/月),或在大多数情况下很有可能会发生,或可以被证实多次发生过
3	中等	出现的频率中等(或＞ 1 次/半年),或在某种情况下可能会发生,或可以被证实曾经发生过
2	低	出现的频率较小,或一般不太可能发生,或没有被证实发生过
1	很低	威胁几乎不可能发生,仅可能在非常罕见和例外的情况下发生

3) 脆弱性识别

(1) 脆弱性识别内容。脆弱性是对一个或多个资产弱点的总称。脆弱性识别也称为弱点识别,弱点是资产本身存在的,如果没有被相应的威胁利用,单纯的弱点本身不会对资产造成损害。并且如果系统足够强健,严重的威胁也不会导致安全事件发生,或造成损失。威胁总是要利用资产的弱点才可能造成危害。

资产的脆弱性具有隐蔽性,有些弱点只有在一定条件和环境下才能显现,这是脆弱性识别中最为困难的部分。不正确的、起不到应有作用的或没有正确实施的安全措施本身就可能是一个弱点。

脆弱性识别是风险评估中最重要的一个环节。脆弱性识别可以以资产为核心,针对每一项需要保护的资产,识别可能被威胁利用的弱点,并对脆弱性的严重程度进行评估;也可以从物理、网络、系统、应用等层次进行识别,与资产、威胁对应。脆弱性识别的依据可以是国际或国家安全标准,也可以是行业规范、应用流程的安全要求。对应用在不同环境中的相同弱点,其脆弱性严重程度是不同的,评估者应从组织安全策略的角度考虑、判断资产的脆弱性及其严重程度。信息系统所采用的协议、应用流程的完备性、与其他网络的互联等也应考虑在内。

脆弱性识别时的数据应来自资产的所有者、使用者以及相关业务领域和软硬件方面的专业人员等。脆弱性识别所采用的方法主要有问卷调查、工具检测、人工核查、文档查阅、渗透性测试等。脆弱性识别主要从技术和管理两个方面进行,技术脆弱性涉及物理层、网络层、系统层、应用层等各个层面的安全问题。管理脆弱性又可分为技术管理脆弱性和组织管理脆弱性两方面,前者与具体技术活动相关,后者与管理环境相关。

对于不同的识别对象,脆弱性识别的具体要求应参照相应的技术或管理标准实施。例如,对物理环境的脆弱性识别可以参照 GB/T 9361—2000《计算机场地安全要求》中的技术指标实施;管理脆弱性识别方面可以参照 GB/T 22081—2008《信息技术 安全技术 安全管理实用规则》的要求对安全管理制度及其执行情况进行检查,发现管理漏洞和不足。表 4-9 提供了一种脆弱性识别内容的参考。

表 4-9　脆弱性识别内容

类　型	识别对象	识　别　内　容
技术脆弱性	物理环境	从机房场地、机房防火、机房供配电、机房防静电、机房接地与防雷、电磁防护、通信线路的保护、机房区域防护、机房设备管理等方面进行识别
	网络结构	从网络结构设计、边界保护、外部访问控制策略、内部访问控制策略、网络设备安全配置等方面进行识别
	系统软件（含操作系统及系统服务）	从补丁安装、物理保护、用户账号、口令策略、资源共享、事件审计、访问控制、新系统配置（初始化）、注册表加固、网络安全、系统管理等方面进行识别
	数据库软件	从补丁安装、鉴别机制、口令机制、访问控制、网络和服务设置、备份恢复机制、审计机制等方面进行识别
	应用中间件	从协议安全、交易完整性、数据完整性等方面进行识别
	应用系统	从审计机制、审计存储、访问控制策略、数据完整性、通信、鉴别机制、密码保护等方面进行识别
管理脆弱性	技术管理	从物理和环境安全、通信与操作管理、访问控制、系统开发与维护、业务连续性等方面进行识别
	组织管理	从安全策略、组织安全、资产分类与控制、人员安全、符合性等方面进行识别

（2）脆弱性赋值。可以根据对资产的损害程度、技术实现的难易程度、弱点的流行程度，采用等级方式对已识别的脆弱性的严重程度进行赋值。由于很多弱点反映的是同一方面的问题或可能造成相似的后果，赋值时应综合考虑，以确定这一方面脆弱性的严重程度。

对某个资产，其技术脆弱性的严重程度还受到组织管理脆弱性的影响。因此，资产的脆弱性赋值还应参考技术管理脆弱性和组织管理脆弱性的严重程度。脆弱性严重程度可以进行等级化处理，不同的等级代表资产脆弱性的严重程度。等级数值越高，脆弱性程度越高。表 4-10 提供了脆弱性严重程度的一种赋值方法。此外，CVE 提供的漏洞分级也可以作为脆弱性严重程度赋值的参考。

表 4-10　脆弱性严重程度赋值

等级	标识	定　　义
5	很高	如果被威胁利用，将对资产造成完全损害
4	高	如果被威胁利用，将对资产造成重大损害
3	中等	如果被威胁利用，将对资产造成一般损害
2	低	如果被威胁利用，将对资产造成较小损害
1	很低	如果被威胁利用，将对资产造成的损害可以忽略

4）风险计算与分析

（1）风险计算原理。在完成了资产识别、威胁识别、脆弱性识别以及对已有安全措施确认后，将采用适当的方法与工具确定威胁利用脆弱性导致安全事件发生的可能性。综合安全事件所作用的资产价值及脆弱性的严重程度，判断安全事件造成的损失对组织的影响，即安全风险。风险计算原理以下面的范式形式化加以说明。

$$风险值 = R(A, T, V) = R[L(T, V), F(I_a, V_a)]$$

其中，R 表示安全风险计算函数，A 表示资产，T 表示威胁，V 表示脆弱性，I_a 表示安全事件所作用的资产价值,V_a 表示脆弱性严重程度,L 表示威胁利用资产的脆弱性导致安全事件发生的可能性,F 表示安全事件发生后产生的损失。有以下 3 个关键计算环节。

① 计算安全事件发生的可能性。根据威胁出现频率及弱点的状况,计算威胁利用脆弱性导致安全事件发生的可能性,即

$$安全事件发生的可能性 = L(威胁出现频率,脆弱性) = L(T,V)$$

在具体评估中,应综合攻击者技术能力(专业技术程度、攻击设备等)、脆弱性被利用的难易程度(可访问时间、设计和操作知识公开程度等)、资产吸引力等因素来判断安全事件发生的可能性。

② 计算安全事件发生后的损失。根据资产价值及脆弱性严重程度,计算安全事件一旦发生后的损失,即

$$安全事件的损失 = F(资产价值,脆弱性严重程度) = F(I_a,V_a)$$

部分安全事件的发生造成的损失不仅仅是针对该资产本身,还可能影响业务的连续性;不同安全事件的发生对组织造成的影响也是不同的。在计算某个安全事件的损失时,应将对组织的影响也考虑在内。部分安全事件损失的判断还应参照安全事件发生可能性的结果,对发生可能性极小的安全事件,如处于非地震带的地震威胁、在采取完备供电措施状况下的电力故障威胁等,可以不计算其损失。

③ 计算风险值。根据计算出的安全事件发生的可能性以及安全事件的损失,计算风险值,即

$$风险值 = R(安全事件发生的可能性,安全事件的损失) = R[L(T,V),F(I_a,V_a)]$$

评估者可根据自身情况选择相应的风险计算方法计算风险值,如矩阵法或相乘法。矩阵法通过构造一个二维矩阵,形成安全事件发生的可能性与安全事件的损失之间的二维关系;相乘法通过构造经验函数,将安全事件发生的可能性与安全事件的损失进行运算得到风险值。

(2) 风险结果判定。为实现对风险的控制与管理,可以对风险评估的结果进行等级化处理。可以将风险划分为一定的级别,如划分为 5 级或 3 级,等级越高,风险越高。

评估者应根据所采用的风险计算方法,计算每种资产面临的风险值,根据风险值的分布状况为每个等级设定风险值范围,并对所有风险计算结果进行等级处理。每个等级代表了相应风险的严重程度。表 4-11 提供了一种风险等级划分方法。

表 4-11 风险等级划分

等级	标识	描述
5	很高	一旦发生将产生非常严重的经济或社会影响,如组织信誉严重破坏、严重影响组织的正常经营,经济损失重大、社会影响恶劣
4	高	一旦发生将产生较大的经济或社会影响,在一定范围内给组织的经营和组织信誉造成损害
3	中等	一旦发生会造成一定的经济、社会或生产经营影响,但影响面和影响程度不大
2	低	一旦发生造成的影响程度较低,一般仅限于组织内部,通过一定手段很快能解决
1	很低	一旦发生造成的影响几乎不存在,通过简单的措施就能弥补

风险等级处理的目的是风险管理过程中对不同风险进行直观比较,以确定组织安全策略。组织应当综合考虑风险控制成本与风险造成的影响,提出一个可接受的风险范围。对某些资产的风险,如果风险计算值在可接受的范围内,则该风险是可接受的风险,应保持已有的安全措施;如果风险计算值在可接受的范围外,即风险计算值高于可接受范围的上限值,是不可接

受的风险,需要采取安全措施以降低和控制风险。另一种确定不可接受的风险的办法是:根据等级化处理的结果,不设定可接受风险计算值的基准,达到相应等级的风险都进行处理。

3. 风险处置

风险处置有 4 个选项:风险降低、风险保持、风险回避和风险转移。应该基于风险评估的结果、实施这些选项的预计成本及预期收益来选择风险处置选项。如果某一选项可以通过相对较低的成本大幅度降低风险,则应该实施该选项。如果下一步的改进选项可能是不够经济的,则需要判断是否合理。图 4-1 描述了在网络安全风险管理过程中风险处置活动的流程。

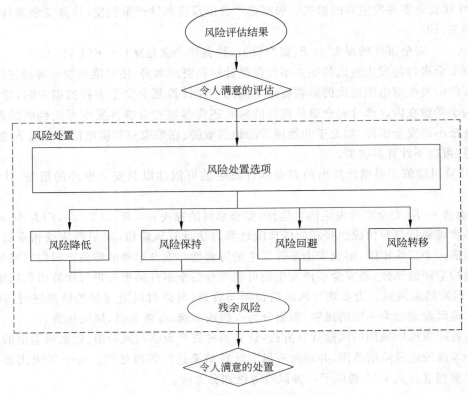

图 4-1　风险处置活动流程

一般而言,不论任何绝对准则,都应该在切实可行的范围内降低风险的负面后果。管理者应该考虑罕见但严重的风险,在这种情形下,可能需要实施控制措施,而不会严格按经济性进行判断(例如,为应对特定的高风险而考虑业务连续性控制措施)。

风险处置的 4 个选项并不互斥。有时组织可以通过选项的组合充分获益,如降低风险的可能性、降低风险的后果,并转移或保持残余风险。某些风险处置可能有效处理多个风险(如网络安全培训和意识教育)。风险处置计划应该清晰定义所列出的单个需要实施的风险处置项的优先级以及实施的时间框架。可以用不同的技术来确定优先级,包括风险级别和成本效益分析。平衡实施控制措施的成本和预算安排是组织管理者的职责。

4. 风险接受

风险处置计划应该描述怎样处置被评估的风险,以满足风险接受准则。承担责任的管理者对被提议的风险处置计划和随之而来的残余风险的评审与批准,并记录与批准相关的任何先决条件,这是很重要的。

风险接受准则可能会很复杂,而不仅是判断残余风险在门槛之上还是之下。在某些情形中,残余风险的级别可能不满足风险接受准则,因为目前适用的准则没有考虑到当前的情形。例如,可以认为有必要接受风险,因为伴随风险的收益可能是非常有吸引力的,或降低风险的成本太高。这些情形表明,风险接受准则可能是不合适的,如果可能应该进行修订。然而,不太可能总能及时地修订风险接受准则。

在这些情形下,决策者可能必须接受不满足正常风险接受准则的风险。如果必须如此,决策者应该明确说明风险,包括跳过正常风险接受准则的决策理由。

5. 风险沟通

风险沟通是通过在决策者或其他相关利益方之间交换和(或)共享风险信息以达成协议的活动。这些信息包括但不限于:风险的存在、性质、形式、可能性、严重性、处置和可接受性等。利益相关方之间有效沟通是重要的,因为这将对必须做出的决策有很大的影响。沟通将确保实施风险管理的责任人以及重大利益相关方理解决策出台的基础和为什么需要特定的活动,沟通应是双向的。

因风险或讨论议题相关的假设、概念、需求、问题以及利益相关方关注点的不同,对风险的认知可能会不同。利益相关方可能会基于他们对风险的理解来判断风险的可接受性。确保能够识别利益相关方的风险以及他们对收益的认知,并形成文件,以及深层的原因得到理解和处理,这是非常重要的。

进行风险沟通以满足以下几点。

(1)为组织的风险管理成果提供信心。

(2)收集风险信息。

(3)分享风险评估的结果和展示风险处置计划。

(4)为避免或减少由于决策者和利益相关方之间缺乏相互理解,而导致的违背网络安全事件的发生。

(5)为决策提供支持。

(6)获得新的网络安全知识。

(7)与其他各方进行协调,并计划应对措施以降低任何事件的可能性。

(8)为了让决策者和利益相关方意识到风险的责任。

(9)增强意识。

组织应该为正常的运行和紧急情形制订风险沟通计划。因此,风险沟通活动应该持续进行。可以通过成立讨论风险、风险优先次序、合适的处置方式和接受可能性的委员会完成主要决策者与利益相关方之间的协调。重要的是要配合适当的公共关系或组织内部的沟通部门,协调所有有关的风险沟通任务。这对危机时的沟通活动是至关重要的,如如何应对特定的事件。

6. 风险管理的评审与改进

风险不是静态的。威胁、脆弱点、可能性或后果可能发生时没有任何迹象的突变,因此必须持续进行监视以发现这些变化。也可以通过外部服务提供的有关新的威胁或脆弱点来获得对监视活动的支持。

组织应该确保对以下方面的持续监视。

(1) 新的资产被包含到风险管理范围内。

(2) 资产价值的必要变更,如因业务要求的变化。

(3) 未被评估的、能够在组织内部和外部发生作用的新的威胁。

(4) 新的或增加的脆弱点,以及允许威胁利用这些新的或增加的脆弱点的可能性。

(5) 确定被新的或再现的威胁所利用的已识别的脆弱点。

(6) 已评估威胁、脆弱点的影响或后果的增大和风险的聚集,形成令人无法接受的风险级别。

(7) 网络安全事件。

新的威胁、脆弱点、可能性或后果的变化,可能增大以前被评估为低风险的风险。对低风险或已接受风险的评审应该考虑针对每一种风险单独进行评估,并将这类风险作为一个整体进行考虑,以评估潜在的累积风险。如果风险没有降到低风险或可接受风险级别,则应该考虑风险处置的一个或多个选项进行处理。影响威胁发生的可能性和后果的因素可能发生变化,并可能影响处置选项的适宜性或成本。应该查找影响组织的主要变化的原因,以进行更具体的评审。因此,风险监视活动应该定期重复进行,并周期性评审风险处置的选项。

为确保范畴、风险评估和风险处置的结果,以及管理计划保持对当前环境的相关性和适宜性,持续进行监视和评审是必要的。组织应该确保网络安全管理过程和相关活动对当前环境的适宜性,并得到跟踪管理。任何商定的过程改进或更好地遵循这一过程所需要的活动,应该通知到合适的管理者,以确保没有风险或排除风险要素被忽视或低估的可能性,并且必要的行动被执行和决策得以出台,以提供现实的风险理解和应对能力。

此外,该组织应该定期评审用来测量风险及风险要素的准则,确保其仍然是有效的,并符合业务目标、战略和方针,并在网络安全管理过程中考虑业务范畴的变更。监视和评审活动应该处理以下内容(但不限于)。

(1) 法律和环境范畴。

(2) 竞争范畴。

(3) 风险评估方法。

(4) 资产价值和分类。

(5) 影响准则。

(6) 风险评价准则。

(7) 风险接受准则。

(8) 整体拥有成本。

(9) 所需要的资源。

组织应该确保风险评估和风险处理的资源持续可用,以进行风险评审、解决新的或变更的威胁或脆弱点,并提议进行相应的管理。风险管理监视可以根据以下内容修改或增加所使用的方法、办法或工具。

(1) 所识别的变化。

(2) 风险评估循环。

(3) 风险管理过程的目的(如业务连续性、应对事件的健壮性、符合性)。

(4) 网络安全风险管理过程的目标(如组织结构、业务部门、信息过程、技术实现、应用、与

Internet 的连接）。

4.2.2 基于生命周期的安全管理

1. 概述

为了保障企业的网络安全,需要建立可靠的网络安全管理体系。而技术是不断发展的,并且机构的业务也经常会发生变化,因此,为保障网络安全所使用的管理制度和技术措施也必须发生相应的调整与变化。现在关于网络安全建设已经达成一个共识:它是一个动态的、整体的、持续性的过程,企业不但要进行安全建设,而且要根据技术的发展和业务的变更不断地进行评估,并在此基础上对已有的安全措施和设施进行调整与完善。

目前网络安全管理体系的调查研究表明,一般网络安全建设和管理的生命周期分为 5 个阶段:起始阶段、设计阶段、建设阶段、运行和维护阶段、废弃阶段。因此,将企业的业务特点与网络安全建设管理的生命周期中的每个环节紧密结合起来,才能构建适合企业的网络安全管理体系。

2. 起始阶段

起始阶段,在对环境完成调研、确定安全策略的基础上进行中长期规划、项目立项、方案的初步确立、需求分析等。

1) 中长期规划

信息系统的需求方应根据市场要求,结合自身的应用目标、需求程度以及建设规划的具体要求,以市场发展总体规划为主要依据,编制信息系统安全工程的中长期规划。中长期规划应作为具体建设项目立项的主要依据,应指出信息系统建设中安全工程所要具备的能力。规划可以由投资者选定开发者或委托专家协助完成,并经过专家组认证,以确保其适合市场和技术的发展,与需求方的切实需求相符合。

2) 项目立项

需求方应根据系统构建情况,对信息系统安全风险进行分析,得出清晰明确的安全需求。需求方应根据安全需求,结合工程建设总投资和资金来源、质量、人力资源和对业务成功起重要作用等考虑,经过可行性研究之后,向主管部门或者投资者申报信息系统安全工程的立项。可委托专家组对项目立项报告进行评审。立项项目应作为将来系统建设流程生成的要求文档和规范的出发点。在本阶段需要考虑的其他问题还包括安全政策法规、确定工程实施者、安全问题解决的进度等。

3) 方案的初步确立

在方案的初步确立中,需求方应该确定安全保证目标,并为所有保证目标定义一个安全保证策略;识别并控制安全保证证据和对安全保证证据进行分析;确定的草案必须能提供证明顾客安全需求得到满足的安全保证性论据。具体操作上,投资方可利用招投标的形式,借助应标者和开发者的方案来丰富备选方案,进而初步确定建设方案。

初步方案应调研与系统工程有关的所有问题,如系统开发、生产、运行、支持、认证等,如果有问题都需要解决。在方案初步确立后,投资者应基本选定开发者,并得到初步的系统技术、成本、风险方面的情况以及系统获取和工程管理战略。

4）需求分析

在需求分析中，各方应进一步发展上一阶段得出的系统需求和概念，总结出一份正式的系统需求报告，为系统的设计和测试做好准备。该报告应包括系统所有的需求指标，包括针对信息系统的风险威胁进行相应的安全防护措施需求列表。风险分析是确定信息系统具体安全需求的重要手段，在需求分析中应突出对信息系统的安全风险评估。

需求分析应由需求方和开发者共同完成，各方应就系统的安全要求形成一致的理解，对系统需求达成共识。需求分析通常在信息系统建设中出现，也有可能在重大的系统修改中出现。

需求分析中应周全地考虑法律、策略、标准、外部影响和约束等因素，识别系统的用途以确定其安全的关联性，明确系统运行的面向安全的总体指导思想，获取安全的高层目标定义和与系统安全相关的需求，并保证需求的完备性和一致性，最终达成满足顾客要求的安全协议。需求分析中，各方应对所选中的系统方案继续论证，得到更为具体的系统建设方案。系统工程有关的所有问题都应考虑到，且各问题间的关系也应理顺。需求分析应完成一份功能需求草案。草案应得到各方初步认可，应对系统的功能、性能、互操作性、接口要求做出描述，还应给出系统是否达到这些要求的检验手段。应建立起需求管理机制，以处理未来的要求，并对相关设计和测试资料进行确认。

3. 设计阶段

在设计阶段中，应针对本信息系统的安全需求设计安全防护解决方案，建立全新信息系统安全机制。本阶段的目的：完成系统的顶层设计、初步设计和详细设计，决定组成系统的配置项，定下系统指标。本阶段应由开发者委托设计者或由开发者自己完成，设计方案应经过投资方以及专家组的评审。

设计方案应能深刻理解网络现状并能提供直接的解决方案，应从技术和管理两个方面进行考虑。按照业务系统构建和信息流动的特点，可从5个层次对信息系统进行安全工程设计：物理安全、网络安全、系统安全、应用安全、管理安全。

设计者、开发者和需求方应一起确保相应部门对安全输入有一个共同的理解，做出有科学依据的工程决策所需的所有安全约束和考虑，标识出与安全相关的工程问题替换解决方法。利用安全约束和考虑因素对工程的比较方案进行分析并区分优先级，并提供安全工程指南和安全运行指南供建设及其后阶段其他工程组参考。

本阶段的任务还包括挑选合适的供货商。首先，需求方和设计者应先确定由其他外部组织提供的系统组件或服务；其次，标识在特定领域中具有专门技术的供应商，供应商能力应该包括具备资质条件，胜任开发过程、制造过程、验证责任、及时交付、生命周期支持过程以及远程有效通信能力。上述能力应符合本组织的各项要求，最后以合乎逻辑和公平的方式选择供应商以满足产品的目标。

面对众多的硬件商、系统软件商、数据库厂商、应用软件商，其产品和服务的开放性、兼容性、可扩展性和可维护性是考察的一个重要标准。安全产品和供应商的正确选择需要考虑技术方案的正常实施，安全功能的正确实现，安全目标的如期达到。在安全产品选择和采购等方面要采取资质保证的方法，选择时要求其产品必须符合国家各方面的相关规定，拥有相应的证书。同时安全产品的后期服务与升级也应是考虑安全产品的一个重要因素。

在此阶段，需求方还应清楚地指明它的要求和期望，并排出优先顺序，并应指明对供应商方面的所有限制，使供应商充分了解产品需达到的要求和要承担的责任。在工程的进展中，需求方和开发者还应保持与供应商保持及时的双向沟通。

4. 建设阶段

建设阶段应完成以下工作：工程建设和系统开发、测试、验收。

1) 工程建设和系统开发

在本阶段中，应根据详细设计方案对信息系统进行工程建设实施和系统开发。

在开始工程实施前后，实施方应向需求方提交相应文档资料，直到工程移交。这些文档主要包括：工程实施计划、工程进度安排、工程进展状况、工程问题报告、工程解决方案等工程资料。

工程应该按详细设计进行建设。在建设期间，应确保项目是按照所定义的系统工程过程来执行的。应按适当的时间间隔来检查一致情况。应将与所定义的过程相偏离以及该偏离所带来的影响记录下来，确保所定义的系统工程过程在系统生命周期中是稳定的。如果工程的实际建设与原详细设计有差别或变更的，应提交实施方通过；如遇重大改动，还应提请专家组重新审议，并经通过后方可进行。

2) 测试

信息系统安全工程在建设中和建成之后都应通过各种相关测试与质量测量。

（1）建设中的测试。系统工程建设中，实施者应对工程进展中安装的设备或产品"边建设边测试"，以评估产品是否能符合需求方或工程的要求；项目所使用的系统工程过程的质量同样也应进行测量。测试和测量的内容应做详细的工作文档记录，这些文档包括工程测试方法、测试结果、测试指标结果等。

应对产品、过程和项目执行所获得的测试与测量数据进行仔细检查进而找到问题的原因，并将这些信息用于改进产品和过程的质量；应分析质量测量结果，以对质量改进或操作改进方面提出适当的开发性建议；在确定和报告质量问题时应得到所有相关人员的参与，发起指出已确定的质量问题或质量改进机会的有关活动，并建立一种或一套机制来检测过程或产品中的修正行为。产品测试过程可由供货商和承建者共同完成，对于产品质量上的问题，应由承建者和设备销售人员双方全面负责，并及时加以解决。

（2）移交测试。在系统建设完成之后，在开通和交付需求方验收、使用之前，应进行总体测试。

承建者应做好各项准备工作，包括用户设置、网络配置、操作注意事项等；需求方则应提供行政上的支持，包括召集相关单位技术人员配合工作，传输通道管理技术人员协同实施等。

在移交测试中，应由开发者和承建者共同拟定测试内容、测试指标、测试结果说明、测试仪器及方法等内容，并报告给需求方和投资者审查通过。

移交测试的结果应经过需求方审查，若其中有未达到要求之项目，应按相关合同条款检查，按双方商定的结果执行下一步解决办法。

（3）试运转测试。试运转测试期间，承建者应观察记录产品的各项功能实施情况，并主要对以下问题进行测试及观察。

① 交换机等核心设备各项功能在运转时的情况。

② 服务器各项功能在运转时的情况。

③ 对各终端运行情况记录，了解各终端在使用时是否有障碍及发生障碍的概率。

3）验收

系统验收前应先进行系统的测试和试运行，并且有详细的文档记录。

验收应该根据详细设计书及相关部门颁发的有关文件、各专业的设计规范、建设规范和验收规范。

信息系统安全工程的验收应在主管部门的主持下，按照以下程序完成。

（1）需求方向相应的主管部门提出验收申请。

（2）主管部门委托国家授权的网络安全测评机构对申请验收的信息系统实施系统安全性测评并提出测评结论。

（3）在主管部门主持下，召开系统验收会议，参加单位一般包括需求方、投资者、承建者、安全工程监理方等。

在工程验收中，还应确保解决安全问题的办法已被验证。首先应确定验证的目标并确定解决办法，定义验证每种解决方案的方法和严密等级，验证解决办法实现了与上一抽象层相关的要求，最后执行验证并提供验证的结果。

5. 运行和维护阶段

在运行和维护阶段，信息系统开始投入使用，直到信息系统被最终废弃。

在本阶段中，应保持安全工程照常发挥作用，确保系统安全得到维护，包括处理系统在现场运行时的安全问题，以及采取措施保证系统的安全水平在系统运行期间不会下降。

转入运行和维护阶段的系统应在安全运行维护、安全管理执行、应急响应体系、专业安全服务等主要方面保证信息系统的安全功能正确实现。

建立配置的管理方法是安全运行维护的主要内容。首先应确定构成基线的配置单元，并建立和维护一个关于工作产品配置的信息库，对已建立的配置项的变化进行控制，包括跟踪每个配置项的配置（如需要批准新的配置，应更新系统的基线）；配置管理中应为开发者、需求方和其他受影响的团体提供配置数据与状况的访问权利，在状况发生变化时，应将配置数据状况告诉相关的部门或工作人员。

应通过预防措施和恢复控制相结合的方式，建立信息系统安全应急响应体系，使由意外事故（如自然灾害、事故、设备故障和故意行为）引起的破坏减少至可接受的水平。

在安全服务方面，可考虑构建外部服务体系，由拥有国家相应安全服务资质的专业安全服务公司为需求方提供包括相关制度支撑体系、安全咨询服务体系、安全应急响应体系、安全培训体系等在内的一套专业的安全服务。

6. 废弃阶段

计算机系统生命周期的废弃阶段涉及信息、硬件和软件的处置。信息可转移到其他系统、存档、丢弃或销毁。当存档信息时，应考虑未来取回信息的方法。

硬件和软件可被出售、赠送或丢弃。除了一些包含保密信息的存储介质只有用销毁的方式清除以外，很少有硬件需要被销毁。如果有必要的话，软件的处置应遵循许可证和其他与开发商的协议，也可能要采取措施对数据进行加密以便将来使用。

4.2.3 基于能力成熟度的安全管理

1. 概述

能力成熟度模型已经被广泛应用于各领域,其中在安全工程领域,形成了信息系统安全工程能力成熟模型(Systems Security Engineering Capability Maturity Model, SSE-CMM),它是评估安全工程实施的框架,描述了一个组织的安全工程过程必须包含的本质特征,这些特征是安全工程保证,也是系统安全工程实施的度量标准。

SSE-CMM 规定了整个可信产品或安全系统生命周期的工程活动,包括概念、需求风险、设计、开发、集成、安装、运行、维护及淘汰等。SSE-CMM 可用于安全产品开发商、安全系统开发商和集成商,以及提供安全服务和安全工程的组织机构,如金融、政府、学术等机构。这些机构通过 SSE-CMM 以更成熟的方式来实施安全工程,达到提高安全系统、安全产品和安全工程服务的质量与可用性并降低成本的目的。

2. SSE-CMM 总体框架

SSE-CMM 将安全工程过程划分为 3 个基本的过程区域:风险、工程、保证。这 3 个部分共同达到安全工程过程的安全目标,如图 4-2 所示。

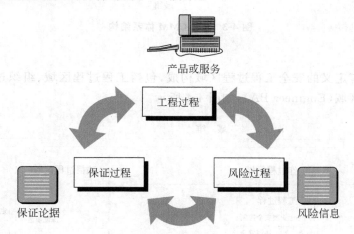

图 4-2 SSE-CMM 3 个基本过程区域

在风险过程中,预测某种情况下可能存在的有害事件,对有害事件进行调查和量化风险,判断组织对风险的承受级别。采取安全措施减轻风险,由于不可能完全消除风险,必须接受残留风险。

工程过程与其他科目一样,也包括概念、设计、实现、测试、部署、运行、维护、退出的完整过程。根据安全风险和政策法规的约束来制订系统的安全解决方案,进行安全控制管理,确保安全控制措施在系统运行过程中发挥安全功能。同时对发现的安全事件进行适当处置,及时根据风险适当地更改系统配置以确保新的风险不会造成不安全状态。

在保证过程中,通过观察、论证、分析和测试来验证解决方案满足安全需求,并通过一系列证据建立对系统安全的信心。

SSE-CMM 体系结构的设计是在整个安全工程范围内决定安全工程组织的成熟性。这个体系结构的目标是清晰地从管理和制度化特征中分离出安全工程的基本特征。为了保证这种分离,这个模型是二维的,分别称为"域维"和"能力维",SSE-CMM 体系结构如图 4-3 所示。

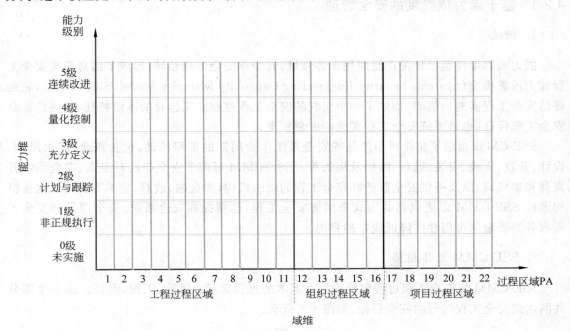

图 4-3　SSE-CMM 体系结构

1）域维

"域维"由所有定义的安全工程过程区域构成,包括工程过程区域、组织过程区域、项目过程区域 3 类过程区域（Engineer PA）,如图 4-4 所示。

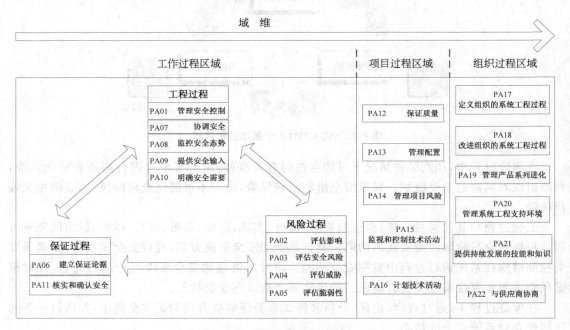

图 4-4　SSE-CMM 域维

工程过程区域内是系统安全工程中与安全直接相关的实施内容,项目过程区域和组织过程区域的实施内容协助工程过程区域的活动保证系统工程安全。在 SSE-CMM 中,用以上 3 部分活动的完成能力共同来度量系统安全队伍的过程能力成熟度。

PA 并不是工程过程区域中的最小单位,各 PA 由多个基本实施(Base Practice,BP),即域维的最小单位组成。如果选择执行某个 PA,则必须执行其下对应的一系列 BP。

2) 能力维

"能力维"代表组织实施某过程的能力,由过程管理和制度化能力构成。实施过程进行的活动被称作"公共特征",根据公共特征对过程能力水平进行级别划分,共分为 6 个能力级别。

(1) 0 级:未实施。通常不能成功实施过程区域中的基本实施。

(2) 1 级:非正规执行。此级别注重一个组织或项目执行了包含基本实施的过程。完成执行过程区域中的基本实施,但未经过严格的计划和跟踪,而是基于个人的知识和努力。该级别的特点可描述为"你必须首先做它,然后你才能管理它"。

(3) 2 级:计划与跟踪。此级别注重项目层面的定义、计划和执行问题。对过程区域的执行进行规划并跟踪,该级别的特点可描述为"在定义组织层面的过程之前,先要弄清楚项目相关的事项"。

(4) 3 级:充分定义。此级别注重规范化地裁剪组织层面的过程定义。该级别的特点可描述为"用项目中学到的最好的东西来定义组织层面的过程"。

(5) 4 级:量化控制。此级别注重测量。测量与组织业务目标紧密联系在一起。尽管以前级别数据收集和使用项目测量是基本的活动,但只有到达高级别时,数据才能在组织层面上应用。该级别的特点可以描述为"只有你知道它是什么,你才能测量它"和"当你测量的对象正确时,基于测量的管理才有意义"。

(6) 5 级:连续改进。此级别从前面各级的所有管理活动中获得发展的力量,并通过加强组织文化,来保持这个力量。这个方法强调文化的转变,这种转变又将使方法更有效。该级别的特点可以描述为"一个连续改进的文化需要以完备的管理实施、已定义的过程和可测量的目标作为基础"。

表 4-12 列出了这些能力级别和它们的公共特征。

表 4-12　能力级别及公共特征

能 力 级 别	公 共 特 征
0 级:未实施	无公共特征
1 级:非正规执行	执行基本实施
2 级:计划与跟踪	规划执行 规范化执行 验证执行 跟踪执行
3 级:充分定义	定义标准化过程 执行已定义过程 协调安全实施
4 级:量化控制	建立可测量的质量目标 客观地管理过程的执行
5 级:连续改进	改进组织能力 改进过程的有效性

3. SSE-CMM 应用

SSE-CMM 适用于所有从事某种形式安全工程的组织,通常以下述 3 种方式来应用。

(1)"过程改善":可以使一个安全工程组织对其安全工程能力的级别有一个认知,于是可设计出改善的安全工程过程,这样可以提高组织的安全工程能力。

(2)"能力评估":使一个客户组织可以了解其提供商的安全工程过程能力。

(3)"保证":通过声明提供一个成熟过程所应具有的各种依据,使得产品、系统、服务更具可信性。

1) SSE-CMM 实现过程改进

SSE-CMM 推荐 IDEAL 方法实现组织的安全工程过程改进,IDEAL 方法包括以下阶段。

(1)启动阶段:为安全工程过程的成功改进奠定基础。在此阶段中,确定改进动机和业务目标,争取有效和持续的支持,建立工程改进的实现机制,保证项目管理基础设施的支撑。

(2)诊断阶段:判断当前的工程过程能力状况。在此阶段中,了解组织当前以及未来期望的工程过程成熟度,分析当前和未来成熟度的差异,提出如何改进该组织过程的建议。

(3)建立阶段:建立详细的行动计划,为实现目标做出规划。在此阶段中,根据改进目标和形成的建议制订详细的行动计划,包括设置优先级、制定改进方法、对行动作计划。

(4)行动阶段:根据计划展开行动。此阶段需要充分的时间和资源支持,包括创建解决方案、测试解决方案、完善解决方案和实施解决方案等步骤。

(5)学习阶段:吸取经验,改进过程能力。此阶段是本过程改进工作的终结,也是下一次过程改进的初始阶段,包括对过程改进效果的验证,并对改进工作进行分析,将所学习的内容转换成完善下一步改进工作的行动建议。

2) SSE-CMM 能力评估

SSE-CMM 不仅可以用于内部过程改进,还可以用于评估一个组织执行安全工程的能力。SSE-CMM 专门设计了一个评估方法 SSAM(SSE-CMM Appraisal Method)用于指导评估,SSAM 是一种组织级或项目级的评估方法,为满足组织或项目的具体需要,可以被裁减。它是根据 SSE-CMM 中的标准获得实际实施的基线或基准的过程。

(1)SSAM 评估参与者

SSAM 评估参与者分为 3 类:发起者、评估者和被评估者。

(2)SSAM 评估方法过程

SSAM 评估方法过程包括规划阶段、准备阶段、现场阶段和报告阶段,如图 4-5 所示。

① 规划阶段:为引导评估建立框架,并为现场评估做好后勤准备。

② 准备阶段:为现场工作筹备工作小组,并通过调查问卷进行初步的数据采集和分析。

③ 现场阶段:研究前期数据分析的结果,并为评估人员提供参与数据收集和确认过程的机会。

④ 报告阶段:评估组对以上 3 个阶段的所有数据进行最终分析,并将意见提交给评估发起者。

3) SSE-CMM 实现安全保证

SSE-CMM 不仅可以提高安全工程组织的能力,还可以用来评估组织系统或产品的安全信任度。

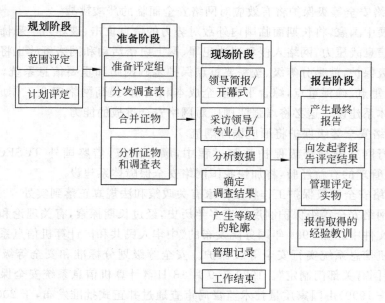

图 4-5　SSAM 评估方法过程

(1) 信任度目标。对客户而言,需要检验某组织生产出的系统或产品是否满足他们的安全要求,而 SSE-CMM 包含了实现这些目标的过程。

① 将客户的安全要求转化为安全工程的可测量、可改进的方法,以有效地生产出满足要求的产品。

② 为不需要正式安全保证的顾客提供了一个可选择的方法。正式的安全保证一般通过全面的评价、认证和认可活动来实现。

③ 为客户确信其安全要求被充分满足的信心标准。

(2) 过程证据的角色。因为不成熟的组织可能会生产出高安全保证的产品。一个非常成熟的组织可能由于市场不支持高成本的高安全保证产品而决定生产低安全保证产品。

SSE-CMM 表示产品或系统的生命周期遵循特定的过程,这种"过程证据"可被用于证明产品的可信度,与传统的证据共同创建一个综合性的论据集,使人们相信系统或产品是完全可以信赖的。

4.2.4　基于等级的安全管理

1. 概述

按信息系统及其所载信息的重要程度来分级采取防护措施是欧美等发达国家几十年来的通行做法,已经形成了国际潮流,并形成了一系列的标准或最佳实践,如 TCSEC、ITSEC、CC 和 FISMA 199 等。前文法规标准部分有介绍,在此不再赘述。

我国的网络安全保障工作尚处于起步阶段,基础薄弱,水平不高,存在网络安全意识和安全防范能力薄弱,网络安全滞后于信息化发展等问题。保障网络安全,维护国家安全、公共利益和社会稳定,是当前信息化发展中迫切需要解决的重大问题。在这种形势下,党中央、国务院高瞻远瞩,确定将网络安全等级保护作为国家提高网络安全保障能力,维护国家安全、社会稳定和公共利益,促进信息化建设健康发展的一项基本制度。其意义主要体现以下几个方面。

1) 实行网络安全等级保护将有效应对网络安全面临的严峻挑战

我国是发展中国家,将长期面临国内外敌对势力的信息攻击、破坏乃至恐怖活动带来的网络安全威胁和信息战压力,网络入侵和违法犯罪、网上窃密活动和网络事故也将日益频发。实行网络安全等级保护,就是分等级、按需要重点保护基础网络和重要信息系统,优化网络安全资源配置,突出重点、确保重点,综合平衡安全成本和风险,提高网络安全工作成效,加快我国网络安全保障体系建设。这必将增强我国应对网络安全挑战的能力。

2) 实行网络安全等级保护将顺应国际潮流

我国在实行网络安全等级保护政策过程中,顺应潮流,借鉴国外 TCSEC、ITSEC、CC、FISMA 等分级管理的有益经验,将加快我国网络安全保障体系建设。

3) 开展网络安全等级保护工作将使国家有关政策和法规真正落到实处

我国提出网络安全等级保护制度已有多年历史,经过长期探索,有关理论和政策反映在许多法规和政策文件中。如 1994 年国务院发布的《中华人民共和国计算机信息系统安全保护条例》规定"计算机信息系统实行安全等级保护。安全等级划分标准和安全等级保护的具体办法,由公安部会同有关部门制定"。1999 年 9 月 13 日,《计算机信息系统安全保护等级划分准则》(GB 17859—1999)由国家质量技术监督局审查通过并正式批准发布,于 2001 年 1 月 1 日执行,这是我国出台的第一个信息系统等级保护的国家强制标准。该准则的发布为计算机信息系统等级保护的第一步——等级划分,提供了配套标准和技术支持,为安全系统的建设和管理提供了技术指导,是我国计算机信息系统安全等级保护工作的基础。

为弥补 GB 17859 标准的不足,2002 年,公安部又出台了 6 套有关网络安全等级保护的部标,从操作系统、数据库、网络、终端、管理和工程等方面提出了对信息系统安全等级保护相应的技术要求,为等级保护的实施提供了较为全面的法规要求和技术依据。

2003 年,中办发 27 号文件要求"抓紧建立网络安全等级保护制度,制定网络安全等级保护的管理办法和技术指南"。2004 年,公通字 66 号文件指出"网络安全等级保护是保障和促进信息化建设健康发展的一项基本制度",并且在 66 号文中明确网络安全等级保护包括信息系统、网络安全事件和网络安全产品分等级管理。2006 年 1 月 17 日,公安部、国家保密局、国家密码管理局、原国务院信息工作办公室联合发文,颁发了《信息安全等级保护管理办法(试行)》(公通字〔2006〕7 号),标志着我国等级保护制度的初步形成。

2007 年,公安部等四部委发布的《信息安全等级保护管理办法》对等级划分、保护、实施与管理,涉密信息系统分级保护管理,密码管理、法制责任等问题做出规定。目前,全国网络安全等级保护工作已进入一个蓬勃发展时期,中央、国务院有关政策和国家有关法规必将逐步得到贯彻和落实。

2. 总体框架

等级保护制度的提出借鉴了风险管理的思想。不确定性既代表风险也代表机遇,不确定性可能会影响目标的实现,这些目标可能关系到从战略决策到社会运行的各种活动。信息化进程中的网络安全风险管理不能"因噎废食",而是要构建网络安全保障体系来规避风险,保障信息系统所承载应用的安全以及控制该应用损毁后带来的影响(危害程度)。风险管理的目的并不是保证没有风险,而是要将风险控制在可接受的范围内。借鉴国际已有的网络安全风险管理理论和方法,结合我国网络安全管理的特点,走出一条中国特色的网络安全等级保护工作之路。网络安全等级保护是建立国家网络安全保障体系的一个重要环节,是保障国家网络安全的一项基本制度。等级保护制度是根据信息系统在国家安全、经济建设、社会生活中的重要程度和遭到破坏后对国家安全、社会秩序、公共利益以及公民、法人和其他组织的合法权益的危害程度,将信息系统划分为不同的安全保护等级并对其实施不同程度的保护和监管。

2004 年,公通字 66 号文件《关于信息安全等级保护工作的实施意见》中明确指出"信息安全等级保护是指对国家秘密信息、法人和其他组织及公民的专有信息以及公开信息和存储、传输、处理这些信息的信息系统分等级实行安全保护,对信息系统中使用的网络安全产品实行按等级管理,对信息系统中发生的网络安全事件分等级响应、处置"。2010 年,公信安 303 号文《关于推动信息安全等级保护测评体系建设和开展等级测评工作的通知》颁布以后,全国范围内建立测评结构,测评机构的测评师也分等级管理。

等级保护制度借鉴风险管理的实施过程,规定了"五个动作",即定级、备案、建设整改、等级测评和监督检查。各单位、各部门按照"准确定级、严格审批、及时备案、认真整改、科学测评"的要求开展等级保护工作。

结合等级保护制度的主要内容和规定的 5 个动作,基于等级的网络安全管理框架如图 4-6所示。

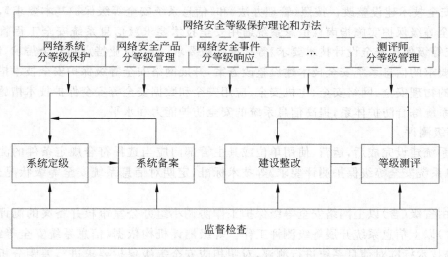

图 4-6 网络安全等级等级保护理论和方法

1)定级

各行业主管部门、运营使用单位要全面掌握信息系统的数量、分布、业务类型、应用或服务范围、系统结构等基本情况,按照《管理办法》和《信息系统安全等级保护定级指南》的要求,确定定级对象,进而确定定级对象的安全等级保护,起草定级报告。跨省或全国统一联网运行的信息系统可由主管部门统一确定安全等级保护。涉密信息系统的等级确定按照国家保密局的有关规定和标准执行。

2)备案

根据《管理办法》,信息系统安全等级保护为第二级以上的信息系统运营使用单位或主管部门到公安部网站下载《信息系统安全等级保护备案表》和辅助备案工具,持填写的备案表和利用辅助备案工具生成的备案电子数据,到公安机关办理备案手续,提交有关备案材料及电子数据文件。隶属于中央的在京单位,其跨省或者全国统一联网运行并由主管部门统一定级的信息系统,由主管部门向公安部办理备案手续。跨省或者全国统一联网运行的信息系统在各地运行、应用的分支系统,向当地设区的市级以上公安机关备案。

3) 建设整改

信息系统的安全等级保护确定后,运营、使用单位应当按照国家网络安全等级保护管理规范和技术标准,使用符合国家有关规定、满足信息系统安全等级保护需求的信息技术产品,开展信息系统安全建设或者改建工作。

(1) 安全管理建设整改。按照《管理办法》和《信息系统安全等级保护基本要求》,参照《信息系统安全管理要求》和《信息系统安全工程管理要求》等标准规范要求,建立、健全并落实符合相应等级要求的安全管理制度:一是网络安全责任制,明确网络安全工作的主管领导、责任部门、人员及有关岗位的网络安全责任;二是人员安全管理制度,明确人员录用、离岗、考核、教育培训等管理内容;三是系统建设管理制度,明确系统定级备案、方案设计、产品采购使用、密码使用、软件开发、工程实施、验收交付、等级测评、安全服务等管理内容;四是系统运维管理制度,明确机房环境安全、存储介质安全、设备设施安全、安全监控、网络安全、系统安全、恶意代码防范、密码保护、备份与恢复、事件处置、应急预案等管理内容。建立并落实监督检查机制,定期对各项制度的落实情况进行自查和监督检查。

(2) 安全技术建设整改。按照《管理办法》和《信息系统安全等级保护基本要求》,参照《信息系统安全等级保护实施指南》《信息系统通用安全技术要求》《信息系统安全工程管理要求》《信息系统等级保护安全设计技术要求》等标准规范要求,结合行业特点和安全需求,制订符合相应等级要求的信息系统安全技术建设整改方案,开展网络安全等级保护安全技术措施建设,落实相应的物理安全、网络安全、主机安全、应用安全和数据安全等安全保护技术措施,建立并完善信息系统综合防护体系,提高信息系统的安全防护能力和水平。

4) 等级测评

信息系统建设完成后,运营、使用单位或其主管部门应当选择符合规定条件的测评机构,依据《信息系统安全等级保护测评要求》等技术标准,定期对信息系统安全等级状况开展等级测评。

选择由省级(含)以上网络安全等级保护工作协调小组办公室审核并备案的测评机构,对第三级(含)以上信息系统开展等级测评工作。等级测评机构依据《信息系统安全等级保护测评要求》等技术标准对信息系统进行测评,对照相应安全等级保护要求进行差距分析,排查系统安全漏洞和隐患并分析其风险,提出改进建议,按照公安部制定的信息系统安全等级测评报告格式编制等级测评报告。

经测评未达到安全等级保护要求的,要根据测评报告中的改进建议,制订整改方案并进一步进行整改。各部门要及时向受理备案的公安机关提交等级测评报告。对于重要部门的第二级信息系统,可以参照上述要求开展等级测评工作。

5) 监督检查

信息系统运营、使用单位及其主管部门应当定期对信息系统的安全状况、安全保护制度及措施的落实情况进行自查。第三级信息系统应当每年至少进行一次自查,第四级信息系统应当每半年至少进行一次自查,第五级信息系统应当依据特殊安全需求进行自查。经自查,信息系统安全状况未达到安全等级保护要求的,运营、使用单位应当制订方案进行整改。

受理备案的公安机关应当对第三、第四级信息系统的运营、使用单位的网络安全等级保护工作情况进行检查。对第三级信息系统每年至少检查一次,对第四级信息系统每半年至少检查一次。对跨省或者全国统一联网运行的信息系统的检查,应当会同其主管部门进行。对第五级信息系统,应当由国家指定的专门部门进行检查。

3. 信息系统分等级保护

2004 年,公通字 66 号文《关于信息安全等级保护工作的实施意见》指出,"网络安全等级保护是指对国家秘密信息、法人和其他组织及公民的专有信息以及公开信息和存储、传输、处理这些信息的信息系统分等级实行安全保护,对信息系统中使用的网络安全产品实行按等级管理,对信息系统中发生的网络安全事件分等级响应、处置"。其中信息系统是指由计算机及其相关和配套的设备、设施构成的,按照一定的应用目标和规则对信息进行存储、传输、处理的系统或者网络;信息是指在信息系统中存储、传输、处理的数字化信息。

1) 信息系统重要性等级

2007 年,公通字 43 号文《管理办法》中,明确了"信息系统的安全等级保护应当根据信息系统在国家安全、经济建设、社会生活中的重要程度,信息系统遭到破坏后对国家安全、社会秩序、公共利益以及公民、法人和其他组织的合法权益的危害程度等因素确定"。《管理办法》从信息系统重要程度及其社会属性考虑,给出了信息系统 5 个级别的定义,具体参见 2.2.2 小节的内容。

2) 信息系统安全保护能力等级

在《管理办法》给出信息系统重要程度等级概念之前,早在 1999 年,国家标准 GB 17859《信息安全等级保护划分准则》(以下简称《划分准则》)中就提出信息系统的 5 个等级。《划分准则》在系统、科学地分析了国外网络安全标准的基础上,结合我国信息系统建设的实际情况,从安全保护能力角度,根据安全功能的实现情况,将计算机信息系统安全保护能力划分为 5 个级别,即用户自主保护级、系统审计保护级、安全标记保护级、结构化保护级、访问验证保护级。这 5 个级别包含不同要素和不同强度的安全要求。《划分准则》是指导网络安全等级保护工作的重要基础性技术标准。为了保证不同级别的系统通过安全保护具有《划分准则》提出的安全保护能力,考虑到《划分准则》对安全保护能力描述的抽象性和概括性,GB/T 22239—2008《信息系统安全等级保护基本要求》(以下简称《基本要求》)重新诠释了安全保护能力。

(1) 一级安全保护能力,应具有能够对抗来自个人的、拥有很少资源(如利用公开可获取的工具等)的威胁源发起的恶意攻击、一般的自然灾难(灾难发生的强度弱、持续时间很短、系统局部范围等)以及其他相当危害程度威胁的能力,并在威胁发生后,能够恢复部分功能。

(2) 二级安全保护能力,应具有能够对抗来自小型组织的(如自发的两三人组成的黑客组织)、拥有少量资源(如个别人员能力、公开可获或特定开发的工具等)的威胁源发起的恶意攻击、一般的自然灾难(灾难发生的强度一般、持续时间短、覆盖范围小(局部性)等)以及其他相当危害程度(无意失误、设备故障等)威胁的能力,并在威胁发生后,能够在一段时间内恢复部分功能。

(3) 三级安全保护能力,应具有能够对抗来自大型的、有组织的团体(如一个商业情报组织或犯罪组织等)、拥有较为丰富资源(包括人员能力、计算能力等)的威胁源发起的恶意攻击、较为严重的自然灾难(灾难发生的强度较大、持续时间较长、覆盖范围较大(地区性)等)以及其他相当危害程度(内部人员的恶意威胁、设备的较严重故障等)威胁的能力,并在威胁发生后,能够较快恢复绝大部分功能。

(4) 四级安全保护能力,应具有能够对抗来自敌对组织的、拥有丰富资源的威胁源发起的恶意攻击、严重的自然灾难(灾难发生的强度大、持续时间长、覆盖范围大(多地区性)等)以及其他相当危害程度(内部人员的恶意威胁、设备的严重故障等)威胁的能力,并在威胁发生后,能够迅速恢复所有功能。

上述安全保护能力从正面,即能够对抗的威胁、具有的恢复和响应能力描述了信息系统的安全保护能力。

为了便于指导信息系统的安全建设整改工作,落实各项安全管理和技术措施,在有关信息系统建设整改的工作指南中,对上述安全保护能力给出了更加通俗的描述。

(1) 第一级信息系统具有以下能力:抵御一般性攻击;防范常见计算机病毒和恶意代码危害;系统遭到损害后,具有恢复系统主要功能的能力。

(2) 第二级信息系统具有以下能力:抵御小规模、较弱强度恶意攻击;抵抗一般的自然灾害;防范一般性计算机病毒和恶意代码危害;检测常见的攻击行为,并对安全事件进行记录;系统遭到损害后,具有恢复系统正常运行状态的能力。

(3) 第三级信息系统在统一的安全保护策略下具有以下能力:抵御大规模、较强恶意攻击;抵抗较为严重的自然灾害;防范计算机病毒和恶意代码危害;检测、发现、报警、记录入侵行为;对安全事件进行响应处置,并能够追踪安全责任;在系统遭到损害后,能够较快恢复正常运行状态;对于服务保障性要求高的系统,应能快速恢复正常运行状态;对系统资源、用户、安全机制等进行集中控管。

(4) 第四级信息系统在统一的安全保护策略下具有以下能力:抵御敌对势力有组织的大规模攻击;抵抗严重的自然灾害;防范计算机病毒和恶意代码危害;检测、发现、报警、记录入侵行为;对安全事件进行快速响应处置,并能够追踪安全责任;在系统遭到损害后,能够较快恢复正常运行状态;对于服务保障性要求高的系统,能立即恢复正常运行状态;对系统资源、用户、安全机制等进行集中控管。

3) 网络安全等级保护监督管理强度的等级

为便于国家有关网络安全职能部门对网络安全等级保护工作进行监督管理,《管理办法》同时提出了对不同级别信息系统的监督管理要求。

(1) 第一级信息系统运营、使用单位应当依据国家有关管理规范和技术标准进行保护。

(2) 第二级信息系统运营、使用单位应当依据国家有关管理规范和技术标准进行保护,国家网络安全监管部门对该级信息系统网络安全等级保护工作进行指导。

(3) 第三级信息系统运营、使用单位应当依据国家有关管理规范和技术标准进行保护,国家网络安全监管部门对该级信息系统网络安全等级保护工作进行监督、检查。

(4) 第四级信息系统运营、使用单位应当依据国家有关管理规范、技术标准和业务专门需求进行保护,国家网络安全监管部门对该级信息系统网络安全等级保护工作进行强制监督、检查。

(5) 第五级信息系统运营、使用单位应当依据国家有关管理规范、技术标准和业务特殊安全需求进行保护,国家指定专门部门对该级信息系统网络安全等级保护工作进行专门监督、检查。

4) 等级概念的相互关系

根据信息系统重要程度等级的不同,安全保护能力等级不同,公安机关实施不同强度的监督管理。信息系统重要程度等级、安全保护能力等级与公安机关对网络安全等级保护监督管理强度等级的关系见表 4-13。

表 4-13 三类等级概念之间的关系对应表

序号	信息系统级别	信息系统重要性	安全保护能力等级	监督管理强度等级
1	第一级	一般信息系统	一级安全保护能力	自主保护级
2	第二级	一般信息系统	二级安全保护能力	指导保护级
3	第三级	重要信息系统	三级安全保护能力	监督保护级
4	第四级	重要信息系统	四级安全保护能力	强制保护级
5	第五级	重要信息系统	未公布	专控保护级

为实现相应等级的安全保护能力,GB/T 22239—2008《基本要求》从安全技术和安全管理两大方面设计安全保护策略。在技术方面从物理安全、网络安全、主机安全、应用安全、数据安全五大层面提出安全技术要求,并且借鉴 PDRR 模型提出具体的各级技术措施的特点,具体如图 4-7 所示。

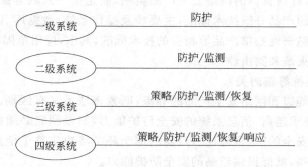

图 4-7 技术措施特点

在管理方面从安全管理制度、安全管理机构、人员安全管理、系统建设管理和系统运维管理五大角度提出安全要求,既涉及安全管理的基本要素(人员、组织和制度),也涵盖了对信息系统生命周期中关键活动的安全管理,并且借鉴 SSE-CMM 提出各级具体的管理措施的特点,具体如图 4-8 所示。

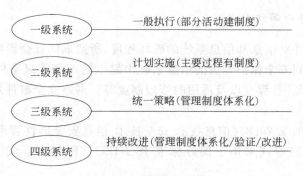

图 4-8 管理措施特点

4. 网络安全产品分等级管理

2004 年公通字 66 号文和 2007 年公通字 43 号文都对网络安全产品等级保护工作提出了要求和思路,其中,66 号文中要求对信息系统中使用的网络安全产品实行按等级管理,43 号文中明确要求"使用符合国家有关规定,满足信息系统安全保护等级需求的信息技术产品"。

1）产品分级管理的必要性

开展网络安全产品等级保护分级管理是网络安全产品等级保护工作的重要组成部分,是国家网络安全的基础,它配合信息系统实现有效的安全防护。应该说信息系统安全建设离不开网络安全产品的支持,但是系统安全建设不一定完全通过网络安全产品实现或某种网络安全产品实现,即系统安全建设可以通过管理或多种网络安全产品互补来辅助实现。

2）网络安全产品等级

1993 年 6 月,美国同加拿大及欧共体共同起草单一的通用准则(CC)并将其推进到国际标准。CC 从安全功能和安全保证两方面对信息技术的安全技术要求进行了详细描述,并依据安全保证要求的不断递增,将评估对象的安全保证能力由低到高划分为 7 个安全保证级,即EAL1～EAL7。

随着网络安全技术的发展,公安部组织业内专家在 GB 17859 的基础上,吸收国外最新的应用成果和有益经验,针对具体的网络安全产品类别,制定了一系列等级保护标准。目前,我国已经颁布了一系列的产品分级技术标准,主要涉及操作系统、数据库、防火墙、路由器、入侵检测、隔离部件、网络脆弱性扫描产品等相应的技术标准,其中,应用范围较多的产品主要包括操作系统、数据库、防火墙和路由器。

3）产品等级与系统等级的关系

信息系统的安全等级和网络安全产品的等级,既紧密联系又有区别。信息系统的等级越高,安全防护能力的要求越高,信息系统的安全防护能力,归根到底必须由具体的网络安全产品来实现。根据网络安全的"木桶理论",最弱的那个环节将决定整个信息系统的安全。而网络安全产品的等级越高,就能提供越高的安全防护能力。

虽然信息系统和网络安全产品的等级都分为 5 个等级,但是信息系统的等级是从管理的角度,根据信息系统的重要程度和遭到破坏后的危害程度,分为 5 个安全等级。网络安全产品的等级则是从网络安全技术的角度,在安全功能要求和安全保证要求两个方面,分为 5 个等级。两者在安全防护能力的目标和要求上是一致的,但是两者的安全等级有着本质上的不同。信息系统的等级强调的是安全的最终结果,网络安全产品的等级强调的是安全技术本身。

5. 网络安全事件分等级处置

根据网络安全事件对信息和信息系统的破坏程度、所造成的社会影响以及涉及的范围,确定事件等级。根据不同安全保护等级的信息系统中发生的不同等级事件制定相应的预案,确定事件响应和处置的范围、程度以及适用的管理制度等。网络安全事件发生后,分等级按照预案响应和处置。

2007 年颁布的 GB/Z 20985《信息技术 安全技术 信息安全事件管理指南》(以下简称《信息安全事件管理指南》)等同采用了国际标准 ISO/IEC TR 18044,该标准定义了网络安全事件。

网络安全事件级别的确定是网络安全应急管理工作的重要前提。在网络与网络安全事件应急预案中,事件报告、分级响应、事件总结等应急管理工作均与网络安全事件的级别有着密切的关系。例如,对于事件报告和总结工作,规定了什么级别的事件应上报至哪级主管部门;对于分级响应工作,规定了什么级别事件的应急指挥应由哪级政府负责指挥;另外,事件的级别也与可投入的应急资源有紧密的联系,即对于一定级别的网络安全事件应花费适度的人力和物力资源。从网络安全事件应急管理的实际工作中可知,网络安全应急工作能否真正按照预案的规定有效开展,与能否快速、准确地对网络安全事件进行定级密不可分。

2007年发布的GB/Z 20986《信息安全技术 信息安全事件分类分级指南》(以下简称《信息安全事件分类分级指南》)借鉴风险管理的思想对网络安全事件进行分类、分级管理的方法。用于网络安全事件的防范与处置,为事前准备、事中应对、事后处理提供一个基础指南,可供信息系统和基础信息传输网络的运营与使用单位以及网络安全主管部门参考使用。该指南将网络安全事件分为7类、4级。详细内容见后文安全事件处置部分。

4.3 安全管理要点

4.3.1 管理制度

网络安全管理制度是信息系统建设、开发、运维、升级和改造等各个阶段所应遵循的行为规范,覆盖信息系统生命周期中的重要活动,因此任何一个组织机构也应该有自己的章程,即需要建立一套完整的管理制度体系。

安全管理制度的制定与正确实施对信息系统安全管理起着非常重要的作用,不但促使全体员工参与到保障网络安全的行动中来,而且能有效地降低由于人为操作失误所造成的安全损害。通过制定安全管理制度,能够使责权明确,保证工作的规范性和可操作性。将具体的操作规程制度化,例如,针对数据备份与恢复建立一套完整的数据备份操作控制流程,可以有效地避免人为操作失误所带来的安全损失。

1. 管理制度体系

一般情况下,一套全面的安全管理制度体系包括网络安全方针策略文件、安全管理制度、操作规程和安全配置规范及各类记录表单。

1) 网络安全方针策略文件

网络安全方针策略文件是高级领导层决定的一个全面的声明,是最高层的安全文件,它阐明机构网络安全工作的使命和意愿,明确安全管理的范围,定义网络安全的总体目标和安全管理框架,规定网络安全责任机构和职责,建立网络安全工作运行模式等。该策略文件中可以明确信息系统安全管理活动的责任部门或人员,也可覆盖到信息系统生命周期中所有关键的安全管理活动。其中,安全管理框架应包括组织机构及岗位职责、人员安全管理、环境和资产安全管理、系统建设安全管理、系统运行安全管理、事件处置和应急响应等方面,明确各个方面的职责分工、需要关注的管理活动、管理活动的控制方法等。

2) 安全管理制度

具体的安全管理制度则以网络安全方针策略文件为指导,对信息系统的建设、开发、运维、升级和改造等各个阶段和环节所应遵循的行为以管理要求的方式加以规范。在网络安全方针策略文件的基础上可以根据实际情况建立机房安全管理、办公环境安全管理、网络安全管理、外包管理、非涉密终端计算机安全管理、变更管理、备份和恢复管理、软件开发管理等方面的制度文件,可以在每个制度文档中明确该制度的使用范围、目的、需要规范的管理活动、具体的规范方式和要求等。

3) 操作规程和安全配置规范

安全操作规程是指各项具体活动的步骤或方法,可以是一个操作手册,一个流程表单或一个实施方法,但必须能够明确体现或执行网络安全策略或网络安全制度所要求的策略或原则。配置规范是指重要信息系统中部署的关键网络设备、安全设备、主机操作系统、数据库管理系统等的安全配置规范。

这些操作规程和安全配置规范可以应用于那些需要安装或配置计算机的用户。许多组织机构都应有书面规程规定应该如何安装操作系统,如何建立新用户账号,如何分配计算机权限,如何进行事件报告等。

4)各类记录表单

安全管理制度执行落实过程中或日常管理操作过程中涉及的各类表单,大部分表单在相应的安全管理制度中设计,部分表单是日常安全管理惯例的体现。信息系统相关管理活动的申请、审批和执行过程应该在相应的表单中进行记录并保存。

2. 制定和发布

网络安全管理制度的制定和发布,需要在一个组织机构相关部门的负责和指导下,严格按照制度制定的有关程序和方法,经过起草、论证、审定和发布等主要环节,保证制度的正式性、科学性、适用性和权威性。

3. 评审和修订

安全管理制度体系制定并实施后,需要由网络安全领导小组或委员会对其适用性定期进行评审和修订,尤其在发生重大安全事故、出现新的漏洞以及技术基础结构发生变更时,需要对部分制度进行评审修订,以适应实际环境和情况的变化。

4. 制度的实施

制度制定后并不等于管理者就可以高枕无忧了,制定制度的目的就是为了落实,如果员工不知道制度的存在,制定制度将没有任何意义。所以不仅需要去开发安全策略及相关制度条款,还需要实施这些条款,这也是制定制度的目的所在。

要使策略、制度文件有效果,员工就需要了解这些文件中说明了哪些安全问题,因此,这些文件就必须是可见的,必须让员工知道这些指示来自高级管理层,必须告知员工应该遵守的规则以及违反规则后要承担的后果。

4.3.2　组织机构

安全管理的重要实施条件就是建立一个统一指挥、协调有序、组织有力的安全管理机构,这是网络安全管理得以实施、推广的基础。通过构建从单位决策层到执行管理层以及具体业务运营层的组织体系,明确各个岗位的安全职责,为安全管理提供组织上的保证。

1. 岗位设置和人员配备

为保证安全管理工作的有效实施,形成由决策层到执行管理层再到具体的执行层的网络安全管理组织体系,应设立指导和管理网络安全工作的委员会或领导小组及网络安全管理工作的职能部门,并以文件的形式明确安全管理机构各个部门和岗位的职责、分工和技能要求。其中设置的岗位应包括安全主管、安全管理各个方面的负责人以及与网络安全管理有关的角色等,如安全管理员、系统管理员、网络管理员和机房管理员等。

为保证每项管理工作都能够顺利实施,重要信息系统的运维和安全管理方面应配备一定数量的安全管理人员,如系统管理员、网络管理员、安全管理员等,关键岗位实施 AB 角配置,并且确保安全管理员是专职人员;以文件形式明确各管理员的岗位设置及具体岗位职责。另外,由于关键岗位执行关键的系统操作,为避免人员失误或渎职现象的发生,关键岗位人员应配备多人管理。

1）网络安全工作委员会或领导小组

网络安全工作委员会或领导小组是网络安全管理的决策层,就组织内的安全战略问题做出总体决策,并且不能与业务部门有任何联系。委员会成员应由整个组织的人员组成,因此,他们不仅能够从个体而且还可以从整个组织的角度看待安全风险。小组组长由单位主管领导委任或授权,下设管理层和具体的执行层。一般情况下,小组组长负责领导和督促组织的信息系统安全工作,从组织的全局出发制定长远规划,把握安全方向等;管理层负责组织和执行组织内部的安全管理工作,监督和指导信息系统安全工作的贯彻与实施;执行层可设置系统管理员、网络管理员、安全管理员和机房管理员等具体岗位,他们了解技术和规程等详细信息,负责执行各种具体工作,保证信息系统安全、稳定的运行。该委员会或安全领导小组应定期召开会议,制定明确的议程,商讨各类网络安全问题。

2）安全主管

安全主管主要负责贯彻落实国家和组织机构关于信息系统安全管理的方针、政策和制度,检查、协调和规范信息系统的安全工作;跟踪先进的安全管理及技术,结合实际,制定信息系统安全规划;定期组织进行信息系统的安全评估和检查,提出分析报告和防范建议;负责承办保证信息系统安全的其他工作。

3）安全管理员

根据 GB/T 22239—2008《基本要求》的三级要求,安全管理员不能兼任网络管理员、系统管理员、数据库管理员等职责。安全管理员在安全主管的直接领导下,协助做好网络安全相关工作。

4）网络管理员

网络管理员主要负责组织机构信息系统的网络资源规划和配置,实施网络变更请求;并对网络设备运行状况进行例行检查、维护、日志分析以及网络系统各类故障的解决和处理等。

5）系统管理员

系统管理员主要负责信息系统主机的安装和调试,应用变更的调试;对主机系统运行状况和资源使用情况进行例行检查、维护、日志分析以及主机系统各类故障的解决和处理等。

6）数据库管理员

数据库管理员主要负责对数据库系统的运行状况进行例行检查、维护和日志分析以及数据库系统的故障解决和处理等。

2. 安全工作的落实

1）明确审批事项

信息系统生命周期的每个阶段都涉及了许多重要的环节与活动,为保证这些环节与活动的顺利实施及可控,应对这些环节与活动的实施进行授权与审批。这不仅是质量管理方面的要求,也是为了避免由于管理上的漏洞或工作失误而埋下安全隐患。为保证发生安全问题时有据可查,应以文件的形式明确授权与审批制度,明确授权审批部门、批准人、审批程序、审批范围等内容。

常见的需要审批事项,如系统变更、重要操作、物理访问和系统接入、重要管理制度的制定和发布、人员的配备和培训、产品的采购、外部人员的访问等。

2）加强内外合作

一个单位的信息系统运行可能涉及多个业务部门和外联单位,因此,为保障整个信息系统安全工作的顺利完成,需要各业务部门的共同参与和密切配合,以及与外联单位的沟通与合作渠道畅通,以便及时获取网络安全的最新发展动态,避免网络安全事件的发生或在安全事件发生时能尽快得到支持与帮助,从而在第一时间采取有效措施,将损失降到最低。其中,外联单位可能包括供应商、业界专家、专业的安全公司、安全组织、上级主管部门、兄弟单位、安全服务机构、电信运营部门、执法机关等。

3）实施安全检查

为保证网络安全方针、制度贯彻执行,及时发现现有安全措施的漏洞和系统脆弱性,机构应制定安全审核和检查制度,并定期组织实施。安全审核和检查的内容包括现有安全措施的有效性、安全配置与安全策略的一致性、安全管理制度的落实情况、用户账号情况、系统漏洞情况等。检查范围包括日常检查和机构定期的全面检查。安全检查的结果应汇总并形成检查报告,报送主管领导及相关负责人。

4.3.3　人员管理

人是网络安全中最关键的因素,信息系统整个生命周期都需要有人来参与,包括设计人员、实施人员、管理人员、维护人员和系统用户等。如果这些参与人员的安全问题没有得到很好的解决,任何一个信息系统都不可能达到真正的安全。只有对信息系统相关人员实施科学完善的管理,才有可能降低人为操作失误所带来的风险。对人员的管理包括内部人员和外部人员的管理。

1．内部人员管理

1）人员录用

对员工的安全要求应该从聘用阶段就开始实施,无论是长聘员工还是合同工、临时员工,都应在员工的聘用合同中明确说明员工在网络安全方面应遵守的规定和应承担的安全责任,并在员工的聘用期内实施监督。

聘用员工时,人事部门需要充分筛选、审查,以保证组织机构雇用到合适的人才。人员审查必须根据信息系统所规定的安全等级确定审查标准。人员应具有政治思想可靠、作风正派、技术合格等基本素质。特别是那些可能接触敏感信息的员工,需要进行包括身份、背景、专业资格和资质方面的审查与技术技能的考核等,并与其签署保密协议,保密协议内容一般包括保密范围、保密责任、违约责任、协议的有效期限和责任人的签字等。关键岗位人员还要签署岗位安全协议,信息系统的关键岗位人选如安全负责人、安全管理员、系统管理员、网络管理员、安全设备操作员、保密员等,这几类人员必须经过严格的政审并考核其业务能力,并且关键的岗位人员不得兼任其他岗位。

2）人员离岗

由于解雇、退休、辞职、合同到期或其他原因离开单位的人员在离开前都必须到单位人事部门办理严格的调离手续,包括交回其拥有的相关证件、徽章、密钥、访问控制标识、单位配给的设备等,接受根据保密协议内容进行的审查,并且承诺离开后的保密责任或者过脱密期后才能离开。相关管理职能部门则应立即中止该类人员的所有访问权限。

3) 人员考核

为保证各个岗位人员能够掌握本岗位工作所应具备的基本安全知识和技能,应当定期对信息系统所有的工作人员从政治思想、业务水平、工作表现、遵守安全规程等方面进行考核,考核内容包括安全技能、安全知识及与岗位工作相关的内容,并制定相应的奖惩办法。考核中发现有违反安全法规行为的人员或不适于接触信息系统的人员要及时调离岗位。另外,对关键岗位人员的考核则不仅包括安全技能考核,还包括对其进行安全审查。

4) 安全意识培训

安全意识培训是对人员的职责、安全意识、安全技能等方面进行教育,保证人员具有与其岗位职责相适应的安全技术能力和管理能力,以减少人为操作失误给系统带来的安全风险。培训后应当进行适当的考核,保证只有经过培训考核成绩合格的人员才能上岗。

比如,要定期对从事操作和维护信息系统的工作人员进行培训,培训内容可以包括计算机操作维护培训、应用软件操作培训、信息系统安全培训等;对于涉及安全设备操作和管理的人员,除进行上述培训外,还应由相应部门进行专门的安全保密培训,上岗后仍需不定期接受安全保密教育和培训。

2. 外部人员管理

外部人员包括向单位提供服务的外来人员,外部人员管理的范畴包括临时第三方人员和长期第三方人员,如软硬件维护和支持人员、贸易伙伴或合资伙伴、清洁人员、送餐人员、保安、外包支持人员、学生、短期临时工作人员和安全顾问等。若安全管理不到位,外部人员的访问将给信息系统带来风险。因此,应当根据安全风险,对外部人员采取适当的管理措施,如严格控制其访问路径、由专人全程陪同或监督其访问过程,进出单位均需登记,工作时间内机房必须有当班、值班人员,对外部人员进入机房内部一律进行登记备案等。例如,根据 GB/T 20269 要求,在重要区域,第三方人员进入或进行逻辑访问时(包括近程访问和远程访问等)均应有书面申请、批准和过程记录,并由专人全程监督或陪同;进行逻辑访问应使用专门设置的临时用户,并进行审计。

4.3.4 项目工程管理

1. 概述

安全工程管理的目标是理解需求方的安全风险,根据已标识的安全风险建立合理的安全要求,将安全要求转换成安全指南,这些安全指南指导项目实施的其他活动,在正确有效的安全机制下建立对网络安全的信心和保证;判断系统中和系统运行时残留的安全脆弱性,及其对运行的影响是否可容忍(即可接受的风险),使安全工程成为一个可信的工程活动,能够满足相应等级信息系统设计的要求。

在整个工程范围内确定了不同等级工程的具体要求,构成了安全工程管理要求体系。通过这个体系从安全工程中分离出实施和保证的基本特征,建立信息系统安全分级保护要求与工程管理的关系。

安全工程由安全等级、保证与实施要求两个维度组成,不同等级要求的安全工程对应不同的保证与实施要求。其中,保证是由资格保证要求和组织保证要求构成,实施是由工程实施要求和项目实施要求构成。资格保证要求表示网络安全工程中对应具备一定能力级别的实施或与工程相关第三方资质的要求;组织保证要求表示网络安全工程过程要求中对需求方组织保证的要求;工程实施要求表示网络安全工程中对安全实施过程的要求;项目实施要求表示网络安全工程中对项目实施过程的要求。

2. 主要管理措施

1) 规划和立项管理

(1) 系统规划要求。对系统规划要求,应从以下几个方面进行管理。

① 系统建设和发展计划。组织机构信息系统的管理者应对信息系统的建设和改造,以及近期和远期的发展制订工作计划,并应得到组织机构管理层的批准。

② 信息系统安全策略规划。组织机构应制定安全策略规划并得到管理层的批准;安全策略规划主要包括信息系统的总体安全策略、安全保障体系的安全技术框架和安全管理策略等;能够为信息系统安全保障体系的规划、建设和改造提供依据,使管理者和使用者都了解信息系统安全防护的基本原则与策略,知道应采用的各种技术和管理措施对抗各种威胁。

③ 信息系统安全建设规划。在安全策略规划的指导下,制定安全建设和安全改造的规划,并应得到组织机构管理层的批准;在统一规划引导下,通过调整网络结构、添加保护措施和改造应用系统等,达到网络安全保障系统建设的要求,保证信息系统的正常运行和组织机构的业务稳定发展。

(2) 系统需求的提出。对系统需求的提出,应从以下几个方面进行管理。

① 业务应用的需求。信息系统应用部门或业务部门需要开发新的业务应用系统或更改已运行的业务应用系统时,应分析该新业务将会产生的经济效益和社会效益,确定其重要性,并以书面形式提出申请。

② 系统安全的需求。信息系统的安全管理职能部门应根据信息系统的安全状况和存在隐患的分析,以及网络安全评估结果等提出加强系统安全的具体需求,并以书面形式提出申请。安全需求的分析和说明包括(但不限于)以下内容。

- 组织机构的业务特点和需求。
- 威胁、脆弱性和风险的说明。
- 安全的要求和保护目标。

③ 信息系统的管理者应根据信息系统安全建设规划的要求,提出当前应进行安全建设和安全改造的具体需求,并以书面形式提出申请。

(3) 系统开发的立项。对系统开发的立项,应从以下几个方面进行管理。

① 系统开发立项的基本要求。接到系统需求的书面申请,必须经过主管领导的审批,或者经过管理层的讨论批准,才能正式立项。

② 可行性论证要求。对于规模较大的项目,接到系统需求的书面申请,必须组织有关部门负责人和有关安全技术专家进行可行性论证,通过论证后由主管领导审批,或者经过管理层的讨论批准,才能正式立项。

③ 系统安全性评价要求。对于重要的项目,接到系统需求的书面申请,必须组织有关部门负责人和有关安全技术专家进行项目安全性评价,在确认项目安全性符合要求后由主管领导审批,或者经过管理层的讨论批准,才能正式立项。

2）建设过程管理

（1）建设项目准备。对建设项目准备，应从以下几个方面进行管理。

① 确定项目负责人。对信息系统建设和改造项目应明确指定项目负责人，监督和管理项目的全过程。

② 制订项目实施计划。应制订详细的项目实施计划，作为项目管理过程的依据。

③ 制定监理管理制度。要求将安全工程项目过程有效程序化，建立工程实施监理管理制度，应明确指定项目实施监理负责人。

（2）工程项目外包要求。对工程项目外包要求，应从以下几个方面进行管理。

① 具有服务资质的厂商。对信息系统工程项目外包，应选择具有服务资质的信誉较好的厂商，要求其已获得国家主管部门的资质认证并取得许可证书、能有效实施安全工程过程、有成功的实施案例。

② 可信的具有服务资质的厂商。对重要的信息系统工程项目外包，应在主管部门指定或特定范围内选择具有服务资质的信誉较好的厂商，并应经实践证明是安全可靠的厂商。

③ 对项目的保护和控制程序。对应废止和暂停的项目，要确保相关的系统设计、文档、代码等的安全；对应销毁过程要进行安全控制；还应制定控制程序对项目进行保护，包括代码的所有权和知识产权；软件开发过程的质量控制要求；代码质量检测要求；在安装之前进行测试以检测特洛伊木马。

④ 工程项目外包的限制。对于安全等级保护较高的信息系统工程项目，一般不应采取工程项目外包方式。

（3）自行开发环境控制。对自行开发环境控制，应从以下几个方面进行管理。

① 开发环境与实际运行环境物理分开。对自行开发信息系统的建设和改造项目时，应明确要求开发环境与实际运行环境做到物理分开，建立完全独立的两个环境；开发及测试活动也应尽可能分开。

② 系统开发文档与软件包的控制。系统开发文档应当受到保护和控制；必要时，经管理层的批准，才允许使用系统开发文档；系统开发文档的访问在物理或逻辑上应当给予控制；一般不鼓励对非自行开发的软件包进行修改，必须改动时应注意以下几点。

- 内置的控制措施和整合过程被损害的风险。
- 由于软件的改动对将来的维护带来影响。
- 应保留原始软件，并在完全一样的复制件上进行改动。
- 所有的改动应经过充分的测试并形成文件，以便必要时用于将来的软件升级。

③ 对程序资源库的控制。为了减少计算机程序被破坏的可能性，应严格控制对程序资源库的访问；至少可以采用以下控制措施。

- 程序资源库不应被保存在运行系统中。
- 技术开发人员不应具有对程序资源库不受限制的访问权。
- 程序源库的更新和向程序员发布的程序源应经授权。
- 应保留程序的所有版本，程序清单应被保存在一个安全的环境中。
- 应保存对所有程序资源库访问的审计记录。

④ 系统开发保密性的控制。对于安全等级保护较高的信息系统建设项目及涉密项目，应对开发全过程采取相应的保密措施，对参与开发的有关人员进行保密教育和管理。

（4）安全产品使用要求。网络安全产品使用分级管理：网络安全产品包括构成信息系统安全保护功能的信息技术硬件、软件、固件设备,以及安全检查、检测验证工具等,应按安全等级标准要求进行设计开发和检测验证;三级以上安全产品实行定点生产备案和出口实行审批制度;信息系统使用的网络安全产品应按照相应的安全等级保护的要求选择相应等级的产品。

(5)建设项目测试验收。对建设项目测试验收,应从以下几个方面进行管理。

① 功能和性能测试要求。应明确对信息系统建设和改造项目进行功能及性能测试,保证信息系统建设项目的可用性;进行必要的安全性测试;应指定项目测试验收负责人。

② 安全性测试要求。应明确信息系统建设和改造项目的安全系统需要进行安全测试验收,并规定安全测试验收负责人;测试验收前,应制定测试和接收标准,并在接收前对系统进行测试;管理者应确保新系统的接收要求和标准被清晰定义并文档化;对安全系统的测试至少包括以下内容。

- 对组成系统的所有部件进行安全性测试。
- 对系统进行集成性安全测试。
- 对业务应用进行安全测试等。

③ 进一步的验收要求。在信息系统建设和改造项目验收时至少还应考虑以下内容。

- 性能和计算机容量的要求。
- 错误恢复和重启程序,以及应急计划。
- 制定并测试日常的操作程序以达到规定的标准。
- 实施已经同意的安全控制措施。
- 有效的指南程序。
- 已经考虑了新系统对组织机构的整体安全产生影响的证据。
- 操作和使用新系统的培训。

3)系统启用和终止管理

(1)新系统启用管理。对新的信息系统或子系统、信息系统设备启用的管理,应从以下几个方面进行管理。

① 新系统启用的申报和审批。在新的信息系统或子系统、信息系统设备启用以前,应经过正式测试验收,由使用者或管理者提出申请,经过相应领导审批才能正式投入使用,具体程序按照有关主管部门的规定执行。

② 新系统启用前的试运行。应进行一定期限的试运行,并得到相应领导和技术负责人认可才能正式投入使用,并形成文档备案。

③ 新系统的安全评估。组织有关管理者、技术负责人、用户和安全专家,对新的信息系统或子系统、信息系统设备的试运行进行专项安全评估,得到认可并形成文档备案才能正式投入使用。

④ 新系统运行的审计跟踪。在任何新的信息系统或子系统、信息系统设备正式投入使用的一定时间内,应进行审计跟踪,定期对审计结果做出风险评价,对安全进行确认以决定是否能够继续运行,并形成文档备案。

(2)终止运行管理。对现有信息系统或子系统、信息系统设备终止运行管理,应从以下几个方面进行管理。

① 终止运行的申报和审批。任何现有信息系统或子系统、信息系统设备需要终止运行时,应由使用者或管理者提出申请并说明原因及采取的保护措施,经过相应领导审批才能正式终止运行,具体程序按照有关主管部门的规定执行。

② 终止运行的信息保护。在任何新的信息系统或子系统、信息系统设备需要终止运行以前，应进行必要数据和软件备份，对终止运行的设备进行数据清除，并得到相应领导和技术负责人认可才能正式终止运行，并形成文档备案。

③ 终止运行的安全保护。应采取必要的安全措施，并进行数据和软件备份，对终止运行的设备进行不可恢复的数据清除。如果存储设备损坏则必须采取销毁措施，在得到相应领导和技术负责人认可才能正式终止运行，并形成文档备案。

4.3.5 运行维护管理

信息系统建设完成投入运行之后，接下来就是如何维护和管理信息系统。对系统实施有效、完善的维护管理是保证系统运行阶段安全的基础。系统运行维护管理涉及的方面很多，在此介绍系统运行过程中网络和系统的安全管理、监控管理、运行操作管理、恶意代码防范管理等。

1. 网络安全管理

一个组织机构的网络安全管理一般是指外网和工作网的运行、维护和使用管理，内容包括网络安全策略管理、安全配置管理、接入管理、审计日志管理、监控管理、漏洞扫描、升级等。一般通过网络安全管理制度来规范网络安全管理的各种行为。

网络安全为信息系统在网络环境中的安全运行提供支持。一方面，确保网络设备的安全运行，提供有效的网络服务；另一方面，确保在网上传输数据的保密性、完整性和可用性等。由于网络环境是抵御外部攻击的第一道防线，因此必须进行各方面的防护。对网络安全的保护，主要关注两个方面：共享和安全。开放的网络环境便利了各种资源之间的流动、共享，但是同时也打开了"罪恶"的大门。因此，在二者之间寻找恰当的平衡点，使得在尽可能安全的情况下实现最大限度的资源共享，这也是实现网络安全的理想目标。

由于网络具有开放性，相比其他方面的安全要求，网络安全更需要注重整体性，即要求从全局安全角度关注网络整体结构和网络边界，也需要从局部角度关注网络设备自身安全等。网络安全要求中对广域网络、城域网络等通信网络的要求由构成通信网络的网络设备、安全设备等的网络管理机制提供的功能来满足。对局域网安全的要求主要通过采用防火墙、入侵检测系统、恶意代码防范系统、边界完整性检查系统及安全管理中心等安全产品提供的安全功能来满足。

网络安全管理是网络层面安全保护技术的补充，根据《基本要求》，网络安全管理主要关注网络设备的正确配置、软硬件的及时升级、网络监控记录和审计日志管理等，具体要求可参照该标准。

2. 系统安全管理

系统安全管理是指对网络信息系统的服务器及其操作系统和数据库管理系统等运行的安全管理，如系统安全策略管理、账户管理、系统升级、系统审计日志管理、漏洞扫描管理等内容。系统安全管理也应当按照相应的管理制度和操作规程进行。

与网络安全管理相同，系统的安全性也不能仅靠技术手段，还要依赖一定的管理保障。根据《基本要求》，系统安全管理主要关注系统访问权限、系统漏洞补丁、系统日志、系统账户等方面的管理。

3. 监控管理

信息系统在运行过程中,需要对系统中的防火墙、入侵检测设备、防病毒服务器、路由器、交换机、主要通信线路和服务器等设备进行监控,收集这些监控对象的各类状态信息,如网络流量、日志信息、安全报警和性能状况等,以便及时发现安全事件或安全变更需求,对其影响程度和范围进行分析,及早加以解决。安全运行监控管理是指通过部署 IDS、上网行为监控系统、安全运行监控服务器和客户端等,安装相关监控软件,采取相应安全管理措施,对通信线路、网络设备、安全设备、服务器的运行状况、主页篡改行为、病毒事件、入侵行为和上网行为等进行监测和管理。

4. 运行操作管理

信息系统的日常运行操作管理一般包括对服务器、终端计算机、便携机、网络及安全设备的操作以及业务应用操作的管理。运行操作管理也应按照相应的管理制度和操作规程进行。如对服务器的操作须由授权的系统管理员实施,按操作规程实现服务器的启动/停止、加电/断电等操作;用户在使用自己的终端计算机时,对于开机、屏幕保护、目录共享口令都需要一定的设置,非组织机构配备的终端计算机未获批准,一般不允许在办公场所使用等。因此,运行操作管理需建立操作规程,日常的管理则需要按照规程进行。

5. 恶意代码防范管理

通常许多人误用了"病毒"这个词,认为它代表所有感染计算机并且造成破坏的程序。事实上,真正的术语应该是恶意代码。一个病毒只是一个通过复制自己来感染其他系统/程序的计算机程序。而蠕虫类似于病毒,但是它们并不复制自己,其目的通常是搞破坏。逻辑炸弹包括各种在特定条件满足时就会被激活的恶意代码。病毒、蠕虫和逻辑炸弹都可以隐藏在其他程序的源代码内部,而且这些程序往往伪装成无害的程序,通常称为特洛伊木马。所有这些不同类型的恶意程序都被称为恶意代码。

恶意代码可以以多种方式攻击网络用户、管理员和单独的工作站/个人计算机用户,例如,修改传输的数据、数据重放(插入数据)、获取数据执行权限、插入和使用恶意代码、攻击协议或设置的缺陷,或者在生产或分发过程中进行软件的恶意修改。

恶意代码对信息系统的危害极大,并且传播途径有多种方式,因此对恶意代码的防范比较困难,不仅仅需要安装防恶意代码工具来解决,为有效预防恶意代码的侵入,还需要提高用户防毒意识,建立完善的恶意代码管理制度并有效实施。恶意代码防范管理是指通过部署防病毒网关、防病毒服务器,安装防病毒客户端软件,采取相应的安全管理手段,防止病毒在网络信息系统中传播。

4.3.6 环境和资产管理

1. 环境管理

信息系统环境管理包括对各种机房和办公环境的管理。一般来说,信息系统主机和网络设备都放置在机房,因此,要确保机房的运行环境良好、安全。同时,工作人员办公时可能涉及一些敏感或涉密信息,因此还应对办公环境安全进行严格管理和控制。

1）机房安全管理

机房安全管理的主要目的是使存放计算机、网络设备的机房以及信息系统的设备和存储数据的介质等免受物理环境、自然灾害，以及人为操作失误和恶意操作等各种威胁所产生的攻击。机房安全管理主要以加强机房物理访问控制和维护机房良好的运行环境为主。

根据自然灾害可能因对火、水、电等控制不当或人为因素而导致的后果，机房要求防火、防水、防雷击等；人员方面要求明确机房安全管理的责任人，并加强对来访人员的控制，对于要求较高的机房还需增强门禁控制手段、使用视频监控和专职警卫、采取防止电磁泄漏保护等措施。

2）办公环境安全管理

办公环境一般是指单位的办公区、会议区等，办公环境安全管理主要以加强信息保密性为主，防止人员无意或有意而导致敏感信息遭到非法访问。如设置有网络终端的办公环境，是信息系统环境的组成部分，根据 GB/T 20269 要求，最基本的要求为须防止利用终端系统窃取敏感信息或非法访问；工作人员下班后，终端计算机应关闭；存放敏感文件或信息载体的文件柜应上锁或设置密码；工作人员调离部门或更换办公室时，应立即交还办公室钥匙；设立独立的会客接待室，不在办公环境接待来访人员。另外，如果桌面上含有敏感信息的纸件文档，需放在抽屉或文件柜内；工作人员离开座位，终端计算机应退出登录状态、采用屏幕保护口令保护或关机等。

2. 资产管理

信息系统的资产包括信息、各种客户端、服务器、网络设备、软件、存储介质以及各种相关设施等。由于信息系统资产种类较多，必须对所有资产实施有效的管理，例如，根据资产的重要程度对设备、设施和信息进行标识，并根据资产的价值选择相应的管理措施等。

1）资产管理

（1）资产定义。信息系统相关的资产是指信息系统运行和管理过程中，所需要的以及所产生的一切有用的数据和资料等非财务的无形资产以及计算机设备等有形资产，其范围包括现在的和历史的。资产包含但不限于以下几个方面。

① 信息资产：应用数据、系统数据、安全数据等数据库和数据文档、系统文件、用户手册、培训资料、操作和支持程序、持续性计划、备用系统安排、存档信息。

② 软件资产：应用软件、系统软件、开发工具和实用程序。

③ 有形资产：计算机设备（处理器、监视器、膝上形计算机、调制解调器），通信设备（路由器、数字程控交换机、传真机、应答机），磁媒体（磁带和软盘），其他技术装备（电源、空调设备），家具和机房。

④ 应用业务相关资产：由信息系统控制的或与信息系统密切相关的应用业务的各类资产，由于信息系统或信息的泄露或破坏，这些资产会受到相应的损坏。

⑤ 服务：计算和通信服务，通用设备如供暖、照明、供电和空调等。

任何单位都应建立并保存信息资产清单，应清晰识别每项资产的拥有权、责任人、安全分类以及资产所在的位置等；另外，对业务应用系统清单，还应清晰识别业务应用系统资产的拥有权、责任人、安全分类以及资产所在的位置等；必要时应该包括主要业务应用系统处理流程和数据流的描述，以及业务应用系统用户分类说明等。

（2）资产分类与标识。资产标识管理是指应根据资产的价值/重要性对资产进行标识，以便基于资产的价值选择保护措施和进行资产管理等相关工作。

对信息资产进行分类管理,对信息系统内分属不同业务范围的各类信息,按其对安全性的不同要求分类加以标识。对于信息资产,通常信息系统数据可以分为系统数据和用户数据两类,其重要性一般与其所在的系统或子系统的安全等级保护相关;用户数据的重要性还应考虑自身保密性分类,分类如下。

① 国家秘密信息:秘密、机密、绝密信息。

② 其他秘密信息:受国家法律保护的商业秘密和个人隐私信息。

③ 专有信息:国家或组织机构内部共享、内部受限、内部专控信息,以及公民个人专有信息。

④ 公开信息:国家公开共享的信息、组织机构公开共享的信息、公民个人可公开共享的信息。

组织机构应根据业务应用的具体情况进行分类分级和标识,纳入规范化管理;不同安全等级的信息应当本着"知所必需、用所必需、共享必需、公开必需、互联通信必需"的策略进行访问控制和信息交换管理。

2) 介质管理

数据存储介质主要包括移动硬盘、磁带、光盘、纸介质等。由于存储介质是用来存放系统相关数据的,因此,介质管理工作非常重要,如果管理不善,可能会造成数据的丢失或损坏。应制定介质安全管理制度,规定介质的存放、使用、传输、维护、销毁等,并严格按照管理要求实施。

对介质管理,主要关注介质的安全存放、介质的使用(包括借出、传输和销毁等)。根据GB/T 20269 要求,对于安全性要求较高的介质,还需考虑介质异地存放、完整性检查、加密存储等要求。

3) 设备管理

信息系统设备包括各种服务器、终端计算机、工作站、便携机、网络设备、安全设备、存储设备等,系统的正常运行依赖于对这些设备的正确使用和维护。为保证这些设备的正常运行,操作人员必须严格按照操作规程进行使用和维护,并认真做好使用和维护记录。通常情况下,设备管理主要包括设备的采购、配置、使用、维修等内容。如对于信息系统的各种软硬件设备的选型、采购、发放或领用,建立申报和审批程序,设备的选型、采购、使用和保管应明确责任人等。

4.3.7　安全事件处置

网络安全事件是指由于自然或者人为以及软硬件本身缺陷或故障的原因,对信息系统造成危害,或在信息系统内发生对社会造成负面影响的事故。信息系统在运行过程中,可能会发生一些事先无法预知的安全事件,为确保安全事件能够得到及时有效的处置,应当对信息系统安全事件进行分级响应和处置,以便在发生安全事件时,能够根据安全事件等级及时采取相应的处置办法,安全事件处置需要贯穿整个安全管理的全过程。

1. 网络安全事件分类

网络安全事件可以是故意、过失或非人为原因引起的。根据 GB/Z 20986—2007《分级指南》,将网络安全事件分为有害程序事件、网络攻击事件、信息破坏事件、信息内容安全事件、设备设施故障、灾害性事件和其他网络安全事件,每个基本分类分别包括若干个子类。

1) 有害程序事件

有害程序事件是指蓄意制造、传播有害程序,或是因受到有害程序的影响而导致的网络安全事件。有害程序是指插入信息系统中的一段程序,有害程序危害系统中数据、应用程序或操作系统的保密性、完整性或可用性,或影响信息系统的正常运行。

有害程序事件包括计算机病毒事件、蠕虫事件、特洛伊木马事件、僵尸网络事件、混合攻击程序事件、网页内嵌恶意代码事件和其他有害程序事件7个子类,说明如下。

(1) 计算机病毒事件(CVI)是指蓄意制造、传播计算机病毒,或是因受到计算机病毒影响而导致的网络安全事件。计算机病毒是指编制或者在计算机程序中插入的一组计算机指令或者程序代码,它可以破坏计算机功能或者毁坏数据,影响计算机使用,并能自我复制。

(2) 蠕虫事件(WI)是指蓄意制造、传播蠕虫,或是因受到蠕虫影响而导致的网络安全事件。蠕虫是指除计算机病毒以外,利用信息系统缺陷,通过网络自动复制并传播的有害程序。

(3) 特洛伊木马事件(THI)是指蓄意制造、传播特洛伊木马程序,或是因受到特洛伊木马程序影响而导致的网络安全事件。特洛伊木马程序是指伪装在信息系统中的一种有害程序,具有控制该信息系统或进行信息窃取等对该信息系统有害的功能。

(4) 僵尸网络事件(BI)是指利用僵尸工具软件,形成僵尸网络而导致的网络安全事件。僵尸网络是指网络上受到黑客集中控制的一群计算机,它可以被用于伺机发起网络攻击,进行信息窃取或传播木马、蠕虫等其他有害程序。

(5) 混合攻击程序事件(BAI)是指蓄意制造、传播混合攻击程序,或是因受到混合攻击程序影响而导致的网络安全事件。混合攻击程序是指利用多种方法传播和感染其他系统的有害程序,可能兼有计算机病毒、蠕虫、木马或僵尸网络等多种特征。混合攻击程序事件也可以是一系列有害程序综合作用的结果,如一个计算机病毒或蠕虫在侵入系统后安装木马程序等。

(6) 网页内嵌恶意代码事件(WBPI)是指蓄意制造、传播网页内嵌恶意代码,或是因受到网页内嵌恶意代码影响而导致的网络安全事件。网页内嵌恶意代码是指内嵌在网页中,未经允许由浏览器执行,影响信息系统正常运行的有害程序。

(7) 其他有害程序事件(OMI)是指不能包含在以上6个子类之中的有害程序事件。

2) 网络攻击事件

网络攻击事件是指通过网络或其他技术手段,利用信息系统的配置缺陷、协议缺陷、程序缺陷或使用暴力攻击对信息系统实施攻击,并造成信息系统异常或对信息系统当前运行造成潜在危害的网络安全事件。

网络攻击事件包括拒绝服务攻击事件、后门攻击事件、漏洞攻击事件、网络扫描窃听事件、网络钓鱼事件、干扰事件和其他网络攻击事件7个子类,说明如下。

(1) 拒绝服务攻击事件(DOSAI)是指利用信息系统缺陷或通过暴力攻击的手段,以大量消耗信息系统的CPU、内存、磁盘空间或网络带宽等资源,从而影响信息系统正常运行为目的的网络安全事件。

(2) 后门攻击事件(BDAI)是指利用软件系统、硬件系统设计过程中留下的后门或有害程序所设置的后门而对信息系统实施的攻击的网络安全事件。

(3) 漏洞攻击事件(VAI)是指除拒绝服务攻击事件和后门攻击事件之外,利用信息系统配置缺陷、协议缺陷、程序缺陷等漏洞,对信息系统实施攻击的网络安全事件。

(4) 网络扫描窃听事件(NSEI)是指利用网络扫描或窃听软件,获取信息系统网络配置、端口、服务、存在的脆弱性等特征而导致的网络安全事件。

(5) 网络钓鱼事件(PI)是指利用欺骗性的计算机网络技术,使用户泄露重要信息而导致的网络安全事件。例如,利用欺骗性电子邮件获取用户银行账号和密码等。

(6) 干扰事件(II)是指通过技术手段对网络进行干扰,或对广播电视有线或无线传输网络进行插播,对卫星广播电视信号进行非法攻击等导致的网络安全事件。

(7) 其他网络攻击事件(ONAI)是指不能被包含在以上 6 个子类之中的网络攻击事件。

3) 信息破坏事件

信息破坏事件是指通过网络或其他技术手段,造成信息系统中的信息被篡改、假冒、泄露、窃取等而导致的网络安全事件。

信息破坏事件包括信息篡改事件、信息假冒事件、信息泄露事件、信息窃取事件、信息丢失事件和其他信息破坏事件 6 个子类,说明如下。

(1) 信息篡改事件(IAI)是指未经授权将信息系统中的信息更换为攻击者所提供的信息而导致的网络安全事件,如网页篡改等导致的网络安全事件。

(2) 信息假冒事件(IMI)是指通过假冒他人信息系统收发信息而导致的网络安全事件,如网页假冒等导致的网络安全事件。

(3) 信息泄露事件(ILEI)是指因误操作、软硬件缺陷或电磁泄漏等因素导致信息系统中的保密、敏感、个人隐私等信息暴露于未经授权者而导致的网络安全事件。

(4) 信息窃取事件(III)是指未经授权用户利用可能的技术手段恶意主动获取信息系统中信息而导致的网络安全事件。

(5) 信息丢失事件(ILOI)是指因误操作、人为蓄意或软硬件缺陷等因素导致信息系统中的信息丢失而导致的网络安全事件。

(6) 其他信息破坏事件(OIDI)是指不能被包含在以上 5 个子类之中的信息破坏事件。

4) 信息内容安全事件

信息内容安全事件是指利用信息网络发布、传播危害国家安全、社会稳定和公共利益的内容的安全事件。

信息内容安全事件包括以下 4 个子类,说明如下。

(1) 违反宪法和法律、行政法规的网络安全事件。

(2) 针对社会事项进行讨论、评论形成网上敏感的舆论热点,出现一定规模炒作的网络安全事件。

(3) 组织串联、煽动集会游行的网络安全事件。

(4) 其他信息内容安全事件等 4 个子类。

5) 设备设施故障

设备设施故障是指由于信息系统自身故障或外围保障设施故障而导致的网络安全事件,以及人为的使用非技术手段有意或无意的造成信息系统破坏而导致的网络安全事件。

设备设施故障包括软硬件自身故障、外围保障设施故障、人为破坏事故和其他设备设施故障 4 个子类,说明如下。

(1) 软硬件自身故障(SHF)是指因信息系统中硬件设备的自然故障、软硬件设计缺陷或者软硬件运行环境发生变化等而导致的网络安全事件。

(2) 外围保障设施故障(PSFF)是指由于保障信息系统正常运行所必需的外部设施出现故障而导致的网络安全事件,如电力故障、外围网络故障等导致的网络安全事件。

（3）人为破坏事故（MDA）是指人为蓄意的对保障信息系统正常运行的硬件、软件等实施窃取、破坏造成的网络安全事件；或由于人为的遗失、误操作以及其他无意行为造成信息系统硬件、软件等遭到破坏，影响信息系统正常运行的网络安全事件。

（4）其他设备设施故障（IF-OT）是指不能被包含在以上3个子类之中的设备设施故障而导致的网络安全事件。

6）灾害性事件

灾害性事件是指由于不可抗力对信息系统造成物理破坏而导致的网络安全事件。灾害性事件包括水灾、台风、地震、雷击、坍塌、火灾、恐怖袭击、战争等导致的网络安全事件。

7）其他网络安全事件

其他网络安全事件是指不能归为以上6个基本分类的网络安全事件。

2. 网络安全事件分级

1）分级考虑因素

安全事件的处置需要贯穿整个安全管理的全过程，应依据信息系统的重要程度、系统损失、所造成的社会影响及涉及的范围，确定具体信息系统安全事件处置等级的划分原则。

（1）信息系统的重要程度。信息系统的重要程度主要考虑信息系统所承载的业务对国家安全、经济建设、社会生活的重要性以及业务对信息系统的依赖程度，划分为特别重要信息系统、重要信息系统和一般信息系统。

（2）系统损失。系统损失是指由于网络安全事件对信息系统的软硬件、功能及数据的破坏，导致系统业务中断，从而给事发组织所造成的损失，其大小主要考虑恢复系统正常运行和消除安全事件负面影响所需付出的代价，划分为特别严重的系统损失、严重的系统损失、较大的系统损失和较小的系统损失，说明如下。

① 特别严重的系统损失。造成系统大面积瘫痪，使其丧失业务处理能力，或系统关键数据的保密性、完整性、可用性遭到严重破坏，恢复系统正常运行和消除安全事件负面影响所需付出的代价十分巨大，对于事发组织是不可承受的。

② 严重的系统损失。造成系统长时间中断或局部瘫痪，使其业务处理能力受到极大影响，或系统关键数据的保密性、完整性、可用性遭到破坏，恢复系统正常运行和消除安全事件负面影响所需付出的代价巨大，但对于事发组织是可承受的。

③ 较大的系统损失。造成系统中断，明显影响系统效率，使重要信息系统或一般信息系统业务处理能力受到影响，或系统重要数据的保密性、完整性、可用性遭到破坏，恢复系统正常运行和消除安全事件负面影响所需付出的代价较大，但对于事发组织是完全可以承受的。

④ 较小的系统损失。造成系统短暂中断，影响系统效率，使系统业务处理能力受到影响，或系统重要数据的保密性、完整性、可用性遭到影响，恢复系统正常运行和消除安全事件负面影响所需付出的代价较小。

（3）社会影响。社会影响是指网络安全事件对社会所造成影响的范围和程度，其大小主要考虑国家安全、社会秩序、经济建设和公众利益等方面的影响，划分为特别重大的社会影响、重大的社会影响、较大的社会影响和一般的社会影响，说明如下。

① 特别重大的社会影响。波及一个或多个省市的大部分地区，极大威胁国家安全，引起社会动荡，对经济建设有极其恶劣的负面影响，或者严重损害公众利益。

② 重大的社会影响。波及一个或多个地市的大部分地区，威胁到国家安全，引起社会恐

慌,对经济建设有重大的负面影响,或者损害到公众利益。

③ 较大的社会影响。波及一个或多个地市的部分地区,可能影响到国家安全,扰乱社会秩序,对经济建设有一定的负面影响,或者影响到公众利益。

④ 一般的社会影响。波及一个地市的部分地区,对国家安全、社会秩序、经济建设和公众利益基本没有影响,但对个别公民、法人或其他组织的利益会造成损害。

2) 事件分级

根据网络安全事件的分级考虑要素,将网络安全事件划分为 4 个级别:特别重大事件、重大事件、较大事件和一般事件。

(1) 特别重大事件(Ⅰ级)。特别重大事件是指能够导致特别严重影响或破坏的网络安全事件,包括以下情况。

① 会使特别重要信息系统遭受特别严重的系统损失。

② 产生特别重大的社会影响。

(2) 重大事件(Ⅱ级)。重大事件是指能够导致严重影响或破坏的网络安全事件,包括以下情况。

① 会使特别重要信息系统遭受严重的系统损失或使重要信息系统遭受特别严重的系统损失。

② 产生的重大的社会影响。

(3) 较大事件(Ⅲ级)。较大事件是指能够导致较严重影响或破坏的网络安全事件,包括以下情况。

① 会使特别重要信息系统遭受较大的系统损失或使重要信息系统遭受严重的系统损失、一般信息系统遭受特别严重的系统损失。

② 产生较大的社会影响。

(4) 一般事件(Ⅳ级)。一般事件是指不满足以上条件的网络安全事件,包括以下情况。

① 会使特别重要信息系统遭受较小的系统损失或使重要信息系统遭受较大的系统损失、一般信息系统遭受严重或严重以下级别的系统损失。

② 产生一般的社会影响。

3. 网络安全事件报告和响应

发生网络安全事件时,应及时上报相关人员,并按照事件等级进行处置。不同安全等级应选择不同的报告和响应流程。

1) 安全事件报告和处理程序

网络安全事件实行分等级响应、处置的制度;安全事件应尽快通过适当的管理渠道报告,制定正式的报告程序和事故响应程序;使所有员工知道报告安全事件程序和责任;网络安全事件发生后,根据其危害和发生的部位,迅速确定事件等级,并根据等级启动相应的响应和处置预案;事件处理后应有相应的反馈程序。

2) 安全隐患报告和防范措施

做好安全事件报告和处理程序的同时,还应对安全弱点和可疑事件进行报告;告知员工未经许可测试弱点属于滥用系统;对于还不能确定为事故或者入侵的可疑事件应报告;对于所有安全事件的报告应记录在案归档留存。

3）强化安全事件处理的责任

要求安全管理机构或职能部门负责接收安全事件报告，并及时进行处理，注意记录事件处理过程；对于重要区域或业务应用发生的安全事件，应注意控制事件的影响；追究安全事件发生的技术原因和管理责任，编写处理报告，并进行必要的评估。

4.3.8　业务连续性管理

在有计划及受控制的情况下，执行可预见的减少业务停顿、失败或灾难影响的措施，尽可能消除业务活动中出现的中断，保护关键业务过程免受重大故障或灾难的影响，减少和避免可以导致关键业务中断事件的发生，减少意外事故所造成的影响，缩短业务中断的恢复时间，保证关键业务活动的连续性。

业务连续性管理就是为了防止业务活动中断，保护关键业务流程不会受信息系统重大失效或自然灾害的影响，并确保它们及时恢复为通过预防和恢复控制的组合，把对机构的影响减少到最低水平，并能从信息资产的损失中（例如可能是自然灾害、事故、设备故障和故意动作的结果）恢复到可接受的程度，应实现业务连续性管理过程。这个过程需要确定关键的业务过程，需要将业务连续性的网络安全管理需求同其他可连续性需求如企业动作、员工、材料、运输和设备结合起来。应对灾难、安全故障、服务丢失和服务可行性的影响当作业务影响进行分析。应制订和实施业务连续性计划，以确保基本操作能及时恢复。网络安全应该是整体业务过程和机构内其他管理过程的一个完整的部分。

确定业务连续性管理的主要内容，首先需要组织机构判断组织机构中哪些是关键的业务流程，分出紧急先后次序；确定可以导致业务中断的主要灾难并确定它们的影响程度和恢复时间。通过日常工作了解哪些停顿可能影响业务，确定恢复业务所需要的资源和成本，决定对哪些项目制定应急预案等。下面主要从应急管理和数据备份两方面进行介绍。

1. 应急管理

信息系统难免受到各种安全事件和灾难的影响而导致中断，特别是在一些突发情况下，如不采取响应措施，将导致重大的社会影响和巨大的经济损失。因此，为有效处理信息系统中可能发生的安全事件，需要在统一的应急预案框架下制定不同安全事件的应急预案，针对安全事件等级，考虑其可能性及对系统和业务产生的影响，制定相应处置办法，明确各部门职责及协调机制，确保在最短的时间内使安全事件得到妥善处置，将影响降低到最小。

1）应急处置管理组织

一个网络安全应急工作组，一般由组织机构的相关负责人兼任组长，成员来自各应急预案实施相关方。

2）应急预案编制

一个机构可以组织建设方或运维方针对信息系统各类安全事件编制应急预案，制订应急计划。应急预案通常包括启动条件、恢复目标、紧急应变和处理流程、演练计划安排等。一般需通过演练的方法对应急预案进行测试。根据测试结果和相关部门的要求，有针对性地修改应急预案，使之更符合项目部的具体情况，更有利于实施。应急预案遵循以下原则。

（1）制定并统一紧急应变及处理程序。

（2）实施紧急应变及处理程序，以便在规定时间内恢复业务运行。

（3）对演练情况进行记录。

（4）应急预案应利于测试和回顾。

（5）应急预案定期演练、修改和评审。

3）应急响应

（1）应急启动。当出现重大突发事件，如发生大规模的计算机病毒爆发、网络攻击、内部人员重大作案等重大网络安全事件，由于重大技术故障导致信息网络与重要信息系统无法正常运行，无法迅速恢复正常生产、经营和管理工作时，需要立即启动应急预案。

（2）应急处置。由应急工作组按照相应的应急预案要求，组织相关人员对网络安全事件进行处理，并对应急过程可能出现的问题进行必要的协调和处理。

（3）应急结束。在同时满足下列条件下，应急工作组可决定宣布解除应急状态。

① 各种网络安全事件已得到有效控制，情况趋缓。

② 网络安全事件处理已经结束，设备、系统已经恢复运行。

③ 应急工作组发布解除应急响应状态。

应急工作组应及时向现场响应人员和参与应急支援的有关处室传达解除应急状态响应的指令，恢复正常生产工作秩序。

4）保障措施

（1）通信保障。应急处理期间，保证相关人员能够及时联系。

（2）物资保障。根据应急预案的要求，确保应急物资装备充足和有效，这里物资主要包括车辆、备品备件、常用工具和常用工具软件。

（3）技术保障。一个组织需要重视研究涉及信息系统安全的重大问题，从信息系统建设和改造项目的规划、立项、设计、建设、运行等各环节，提出应对信息系统突发事件的技术保障要求；在信息系统各项目建设和服务合同中包含相关设备厂商、技术服务厂商在信息系统应急方面的技术支持内容；并收集各类信息系统突发事件的应急处置实例，总结经验教训，开展信息系统突发事件的预测、预防、预警和应急处置的技术研究，加强技术储备。

（4）资金保障。应急工作组需要保障网络信息系统应急培训、演练、应急物资等所需经费。

（5）人员保障。加强信息系统突发事件应急技术支持队伍的建设，提高人员的业务素质、技术水平和应急处置能力；可根据信息系统的实际情况组建应急专家组，并充分发挥应急专家组作用。

5）后期处置

任何启动应急预案的事件，应急处理结束后都需要密切关注、监测系统，确认无异常现象。后期观察结束后，系统恢复正常运行，应急工作组要对整个事件进行分析研究，总结经验教训，并形成安全事件调查研究报告。报告中应详细描述整个事件的经过，记录紧急响应事件的起因、处理过程、建议改进的安全方案等。应急工作组人员必须进行事后调查，评估事件损失，调查事件原委，追究事件责任，编写安全事件调查研究报告。应急工作组人员对照事件处理过程，发现应急计划的不足，完善应急计划。并对事件原因进行彻底分析，找到确切根源，制定消除安全事件根源的措施，保证同一安全事件不再发生。同时可以通过漏洞扫描、审计等方式进一步发现潜在的安全威胁和根源，制定消除这些潜在根源的预防措施。

6）宣传、培训和演练

加强应急工作的宣传和教育工作，可以提高各层人员对应急预案重要性的认知，加强单位之间的协调与配合。

在信息系统应急预案编制完成和修订后，需要组织对应急预案涉及的组织、指挥、操作人员进行培训,使有关人员熟练掌握应急处理的程序和应急处理技能。

各信息系统专项应急预案在制定和修订后,组织开展相应的演练,每年应至少组织一次;在开展应急演练前要做好相关准备工作确保演练工作的安全;明确演练目的和要求,记录演练过程,对演练结果进行评估和总结,通过演练验证应急预案和各专项应急预案的合理性,并及时修订和完善。

2. 备份和恢复管理

随着信息技术的应用推广和网络互联日趋紧密,现代社会对信息系统的依赖程度不断提高,信息系统逐渐成为国家、机构和企事业单位的核心资产与基础设施之一。与此同时,信息系统也面临越来越多的安全威胁,如网络系统硬件故障、人为操作失误、恶意的网络攻击、自然灾害甚至恐怖袭击等。尽管借助技术和管理措施可以有效地降低部分安全事件发生的可能性或者杜绝部分安全事件,但是信息系统的复杂性和外界的不可抗因素决定了安全事件的发生是不可避免的。因此,信息系统不但需要访问控制等对抗能力,还需要具备一定的恢复能力。备份和恢复机制可以在发生安全事件时及时进行响应,尽快地恢复信息系统的运行,有效地减少甚至避免安全事件导致的损失以及对信息系统的影响。

狭义的备份与恢复是指针对用户数据的备份与恢复,比如,财务数据、客户信息、工作文件和会议记录的备份与恢复等;广义的备份与恢复是指系统级的备份与恢复,其目标对象涵盖了整个信息系统,不但包括用户数据的备份与恢复,还包括硬件和系统状态的备份以及整个业务运营的恢复等。

备份是确保数据意外丢失或损坏时及时加以恢复的重要手段。备份和恢复管理要根据机构需要以及对业务影响的程度,确定需要备份的数据、备份策略和备份方式;并根据备份策略,建立数据备份和恢复过程的文件化规程。数据备份是一项重要工作内容,特别当系统发生异常情况,完整、有效的数据备份有助于系统的快速恢复。

1) 数据备份

目前常见的数据备份方法有完全备份、差异备份和增量备份3种方式。

(1) 完全备份。完全备份全部选中的文件夹,并不依赖文件的存档属性来最终确定。在备份过程中,任何现有的标记都被清除,每个文件都被标记为已备份。

(2) 差异备份。差异备份针对完全备份,只备份上一次的完全备份后发生变化的所有文件。差异备份过程中,只备份有标记的那些选中的文件和文件夹。它不清除标记,即备份后不标记为已备份文件。

(3) 增量备份。增量备份是针对上一次备份,即备份上一次备份后所有发生变化的文件。增量备份过程中,只备份有标记的那些选中的文件和文件夹,它清除标记。

在实际应用中,存在完全备份和差异备份以及完全备份和增量备份两种不同的方法组合。例如,在周一进行完全备份,在周二至周五进行差异备份。

2) 系统备份

对于可用性要求较高的信息系统来说,仅仅进行数据备份是远远不够的,还必须进行系统备份。系统备份策略包括本地和远程两种方式。其中,本地备份主要使用容错技术和冗余配置来应对硬件故障;远程备份主要用于应对灾难事件,有热站和冷站两种选择。

热站是一个备用场所,它具备员工工作场地,拥有受灾后恢复和支撑关键业务功能需要的所有资源(如备用计算机设备和软件系统等),具备短时间内准备就绪投入运行的能力。在信息系统突然瘫痪时,热站可以提供迅速恢复系统运行的能力,保证业务的连续性。如果公司的数据处理中心突然失灵,那么可以将所有的操作转移到热站上。

冷站也提供类似的恢复功能,但是用户要提供能够支持操作的所有设备并自行进行安装。冷站的成本会低一些,但是从冷站恢复到正常的工作状态需要的时间也更长一些。

3) 备份与恢复等级

在目前国内的实际应用过程中,根据上述因素和不同的应用场合,通常可将备份划分为4 个等级。该划分方法虽然与国际标准 SHARE 78 不同,但两者之间存在一定的联系。

(1) 第 1 级:本地备份、本地保存的冷备份。这一级备份,实际上就是上面所指的数据备份。它的恢复能力最弱,只在本地进行数据备份,并且被备份的数据磁带或光盘只在本地保存,没有送往异地。在这种方案中,最常用的设备就是磁带机,当然根据实际需要可以是手动加载磁带机,也可以是自动加载磁带机。除了选择磁带机外,还可选择磁带库、光盘塔、光盘库等存储设备进行本地备份存储。

这一级要求与国际标准 SHARE 78 中的第 0 级要求是相同的。

(2) 第 2 级:异地保存本地备份的冷备份。在本地将关键数据备份,然后送到异地保存,并且在本地提供重要网络设备、通信线路和服务器的硬件冗余。灾难发生后,按预定数据恢复程序、系统和数据。当发生除灾难之外的其他系统故障时,可以保证重要部件的及时恢复与切换。这种方案的数据备份可以采用磁带机、磁带库、光盘库等存储设备进行本地备份。

这一级与国际标准 SHARE 78 中的第 1 级要求相似。

(3) 第 3 级:本地热备份站点备份。在本地和异地自动备份重要信息,并在本地建立一个热备份点,通过网络进行数据备份。也就是通过网络以同步方式把主站点的数据备份到备份站点。备份站点一般只备份数据,不承担业务。当出现非灾难造成的系统崩溃事件时,备份站点接替主站点的业务,从而维护业务运行的连续性。这种本地数据备份方案采用与本地磁盘阵列相同的配置,实现本地关键应用数据的实时同步复制。在本地数据及整个应用系统出现灾难时,系统至少在异地保存有一份可用的关键业务的镜像数据。该数据是本地生产数据的完全实时复制。对于企业网来说,建立的数据备份系统由主数据中心和备份数据中心组成。其中,主数据中心系统配置两台或多台服务器以及其他相关服务器,数据存储在主数据中心存储磁盘阵列中。同时,在本地备份数据中心配置相同结构的存储磁盘阵列和一台或多台备份服务器。通过专用软件实现主数据中心存储数据与备份数据中心数据的实时完全备份。

这一级与国际标准 SHARE 78 中的第 2 级要求相似。

(4) 第 4 级:异地活动互援备份。这种备份方案与前面介绍的热备份站点备份方案相差不大,不同的只是主从系统不再是固定的,而是互为对方的备份系统,且备份中心也放在了异地。这两个系统分别在相隔较远的地方建立,它们都处于工作状态,并进行相互数据备份。当某个系统发生灾难时,另一个系统接替其工作任务。通常在这两个系统中的光纤设备连接中还提供冗余通道,以备工作通道出现故障时及时接替工作,当然采取这种方式的主要是资金实力较为雄厚的大型企业和电信级企业。这种级别的备份根据实际要求和投入资金的多少,又可分为两种。

① 两个系统之间只限于关键应用和数据的相互备份。

② 两个系统之间互为镜像,即零数据丢失等。

零数据丢失是目前要求最高的一种容灾备份方式,它要求不管什么灾难发生,系统都能保证数据的安全。所以,它需要配置复杂的管理软件和专用的硬件设备,需要投资相对而言是最大的,但恢复速度也是最快的。

以上两种热备份方式就不再是传统的磁带冷备份方式了,而是通过 SAN 之类先进的通道技术,把服务器数据同步,或异步存储(镜像方式)在远程专用存储设备(也可以是磁带设备)上。主要的设备包括磁盘阵列、光纤交换机或磁盘机等。

这一级与国际标准 SHARE 78 中的第 4~6 级要求相似。

4)备份要求

重要的信息系统都需要根据既定的备份策略对信息和软件进行备份并定期测试,提供足够的备份设施,以确保所有必要的信息和软件能在灾难或介质故障后进行恢复。

各个系统的备份安排还需要定期测试以确保他们满足业务连续性计划的要求。对于重要的系统,备份不仅应覆盖所有的系统信息、应用,还应包括在灾难事件时恢复整个系统所需的必须信息。要确定最重要业务信息的保存周期以及对要永久保存的档案复制要求的其他信息,使备份和恢复过程更容易,备份可安排为自动进行。这种自动化解决方案应在实施前进行充分的测试,还需做到定期测试。

4.4 网络安全模型

4.4.1 OSI 安全体系结构模型

1. OSI 安全体系结构模型背景

国际标准化组织(ISO)对开放系统互联环境的安全性研究始于 1982 年,于 1988 年完成,提出了开放系统互联安全体系结构(Open System Interconnection Security Architecture,以下简称 OSI 安全体系结构),其标志性成果是 ISO 7498—2:1989《信息处理系统—开放系统互连—基本参考模型—第二部分:安全体系结构》(以下简称 ISO 7498—2),该标准于 1995 年被等同采用为我国的国家推荐标准 GB/T 9387.2—1995《信息处理系统 开放系统互连 基本参考模型 第 2 部分:安全体系结构》,该标准是基于开放互连系统参考模型(Open System Interconnection Reference Model,以下简称 OSI 参考模型)针对通信网络提出的安全体系架构模型。

OSI 安全体系结构模型的核心内容是:为了保证异构计算机进程之间远距离交换信息的安全,定义了系统应当提供的 5 类安全服务(抗抵赖、数据完整性、数据保密性、访问控制、鉴别(认证))和 8 种安全机制(加密、数字签名、访问控制、数据完整性、鉴别交换、通信业务填充、路由选择控制、公证),确定了安全服务与安全机制之间的关系以及在 OSI 参考模型中安全服务和安全机制的配置,另外还确定了开放系统互连的安全管理。

OSI 安全体系结构是基于 OSI 参考模型之上构建的安全体系结构。由于 OSI 参考模型结构复杂,几乎没有厂家生产符合 OSI 参考模型标准的网络产品;而 TCP/IP 参考模型随着互联网的迅速发展和普及,得到了广泛的应用和推广,已经成为事实上的国际标准和公认的工业标准。

由于 TCP/IP 参考模型中的每一层可以对应于 OSI 参考模型中的一层或多层,因此,可以将 ISO 7498—2 安全体系结构中的安全服务和安全机制映射到 TCP/IP 参考模型中。

2．OSI 体系结构模型的要素

为保证异构计算机进程之间远距离交换信息的安全,定义了系统应提供的 5 类安全服务和 8 种安全机制,确定了安全服务与安全机制之间的关系、OSI 参考模型中安全服务和安全机制的配置,以及 OSI 的安全管理。OSI 安全体系结构模型如图 4-9 所示。

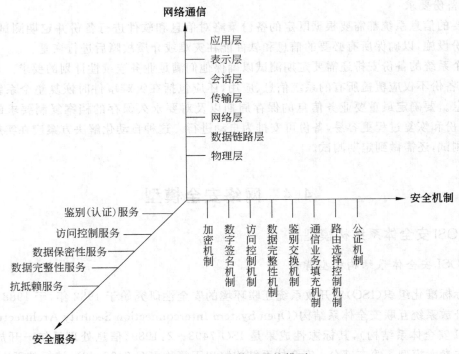

图 4-9　OSI 安全体系结构模型

OSI 安全体系结构模型描述了 OSI 参考模型、安全服务与安全机制之间的三维关系,以下将分别从安全服务、安全机制和安全管理 3 个方面对 OSI 安全体系结构模型要素进行介绍。

1) 安全服务

OSI 安全体系结构模型定义了 5 类安全服务,分别是鉴别(认证)、访问控制、数据保密性、数据完整性和抗抵赖。

(1) 鉴别(认证)服务。鉴别(认证)服务提供对通信中的对等实体和数据来源的鉴别(认证),分为对等实体鉴别(认证)和数据原发鉴别(认证)两种。对等实体鉴别(认证)是确认通信中的对等实体是所需要的实体。这种服务在连接建立或在数据传输阶段的某些时刻提供使用,用以证实一个或多个连接实体的身份。数据原发鉴别(认证)是确认通信中的数据来源是所需要的实体。这种服务对数据单元的来源提供确认,对数据单元的重复或篡改不提供鉴别(认证)保护。

(2) 访问控制服务。访问控制服务用于应对 OSI 可访问资源受到的非授权使用,这种保护服务可用于对资源的各种不同类型的访问或对一种资源的所有访问。

(3) 数据保密性服务。数据保密性服务用于对数据提供保护使之不被非授权泄露。具体分为以下 4 种。

① 连接保密性。该服务为一次(N)连接上的全部(N)用户数据保证其保密性。

② 无连接保密性。该服务为单个无连接的(N)SDU 中的全部(N)用户数据保证其保密性。

③ 选择字段保密性。该服务为那些被选择的字段保证其保密性,这些字段或处于(N)连接的(N)用户数据中,或为单个无连接的(N)SDU 中的字段。

④ 通信业务流保密性。该服务提供的保护,使得通过观察通信业务流不可能推断出其中的保密信息。

(4) 数据完整性服务。数据完整性服务用于对付主动威胁。具体分为以下 5 种。

① 带恢复的连接完整性。该服务为(N)连接上的所有(N)用户数据保证其完整性,并检测整个服务数据单元 SDU 序列中的数据遭到的任何篡改、插入、删除,同时进行补救和(或)恢复。

② 无恢复的连接完整性。该服务与带恢复的连接完整性的服务相同,只是不做补救和(或)恢复。

③ 选择字段的连接完整性。该服务为在一次连接上传送的(N)SDU 的(N)用户数据中的被选字段保证其完整性,所取形式是确定这些被选字段是否遭到了篡改、插入、删除或不可用。

④ 无连接完整性。该服务当由(N)层提供时,对发出请求的那个(N+1)实体提供完整性保证。无连接完整性服务为单个的无连接 SDU 保证其完整性,所取形式可以是确定一个接收到的 SDU 是否遭受了篡改。

⑤ 选择字段的无连接完整性。该服务为单个无连接的 SDU 中的被选字段保证其完整性,所取形式为确定被选字段是否遭受了篡改。

(5) 抗抵赖服务。抗抵赖服务可采取以下两种形式或两者之一。

① 有数据原发证明的抗抵赖。该服务为数据的接收者提供数据来源的证据,这将使发送者谎称未发送过这些数据或否认它的内容的企图不能得逞。

② 有交付证明的抗抵赖。该服务为数据的发送者提供数据交付证据。这使得接收者事后谎称未收到这些数据或否认它的内容的企图不能得逞。

2) 安全机制

OSI 网络安全体系结构模型定义了 8 类安全机制,分别是加密、数字签名、访问控制、数据完整性、鉴别交换、通信业务填充、路由选择控制和公证机制。

(1) 加密机制。加密既可以为数据提供保密性,也可以为通信业务流信息提供保密性,也可以为其他安全机制起到补充作用。

(2) 数字签名机制。数字签名确定两个过程:对数据单元签名和验证签过名的数据单元。

对数据单元签名的过程使用签名者所私有的信息。验证签过名的数据单元的过程所用的程序与信息是公诸于众的,但不能够从中推断出该签名者的私有信息。

(3) 访问控制机制。为了判断和实施一个实体的访问权,访问控制可以使用该实体已鉴别过的身份,或使用该实体的权力,或使用有关该实体的信息,或使用该实体的权力。如果这个实体试图使用非授权的资源,或者以不正当使用授权资源,那么访问控制功能将拒绝这一企图,另外还可能产生一个报警信号或将其记录下来。

(4) 数据完整性机制。数据完整性包括两个方面:单个数据单元或字段的完整性、数据单元流或字段流的完整性。一般来说,用来提供这两种类型完整性服务的机制是不相同的。

(5) 鉴别交换机制。可用于鉴别交换的一些技术：使用鉴别信息，由发送实体提供而由接收实体验证；密码技术；使用该实体的特征或占有物。

(6) 通信业务填充机制。通信业务填充用来提供各种不同级别的保护，抵抗通信业务分析。这种机制只有在通信业务填充受到保密性服务保护时才是有效的。

(7) 路由选择控制机制。路由能动态地或预定地选取，以便只使用物理上安全的子网络、中继站或链路。

带有某些安全标记的数据可能被安全策略禁止通过某些子网络、中继站或链路。连接的发起者（或无连接数据单元的发送者）可以指定路由选择说明，由它请求回避某些特定的子网络、中继站或链路。

(8) 公证机制。有关在两个或多个实体之间通信的数据的性质，能够借助公证机制而得到确保。这种保证是由第三方公证人提供的。公证人被通信实体所信任并掌握必要信息，以一种可证实方式提供所需的保证。

3) 安全管理

OSI 安全体系结构模型的安全管理包括两个方面：与 OSI 有关的安全管理和 OSI 管理的安全。OSI 安全管理与这样一些操作有关，它们不是正常的通信情况但却为支持与控制这些通信的安全所必需。

(1) 与 OSI 有关的安全管理。与 OSI 有关的安全管理活动有 3 类：系统安全管理、安全服务管理和安全机制管理。具体如下所示。

① 系统安全管理。系统安全管理涉及的是总的 OSI 环境安全方面的管理。典型的活动如下所示。

- 总体安全策略的管理。
- 与别的 OSI 管理功能的相互作用。
- 与安全服务管理和安全机制管理的交互作用。
- 事件处理管理。
- 安全审计管理。
- 安全恢复管理。

② 安全服务管理。安全服务管理涉及的是特定安全服务的管理。典型的活动如下所示。

- 为该种服务决定与指派安全保护的目标。
- 指定与维护选择规则，用以选取为提供所需的安全服务而使用的特定的安全机制。
- 对那些需要事先取得管理同意的可用安全机制进行协商。
- 通过适当的安全机制管理功能调用特定的安全机制。
- 与别的安全服务管理功能和安全机制管理功能的交互作用。

③ 安全机制管理。安全机制管理涉及的是特定安全机制的管理。典型的活动如下所示。

- 密钥管理。
- 加密管理。
- 数字签名管理。
- 访问控制管理。
- 数据完整性管理。
- 鉴别管理。
- 通信业务填充管理。

- 路由选择控制管理。
- 公证管理。

（2）OSI 管理的安全。所有 OSI 管理功能的安全以及 OSI 管理信息的通信安全是 OSI 安全的重要部分。这一类安全管理将借助上面所列的 OSI 安全服务与安全机制做适当的选取，以确保 OSI 管理协议与信息获得足够的保护。

3．现实应用意义

1）阐述了安全服务与安全机制的关系

OSI 安全体系结构模型阐述了实现安全服务应该采用的安全机制。一类安全服务可以通过某种安全机制单独提供，也可以通过多种安全机制联合提供；一种安全机制可以提供一类或多类安全服务。OSI 安全服务与安全机制之间的关系见表 4-14。

表 4-14   OSI 安全服务与安全机制之间的关系

安全服务		安全机制						
		加密	数字签名	访问控制	数据完整性	鉴别交换	通信业务填充	路由选择控制	公证
鉴别（认证）	对等实体鉴别（认证）	Y	Y	—	—	Y	—	—	—
	数据原发鉴别（认证）	Y	Y	—	—	—	—	—	—
访问控制	访问控制服务	—	—	Y	—	—	—	—	—
	连接保密性	Y	—	—	—	—	—	Y	—
数据保密性	无连接保密性	Y	—	—	—	—	—	Y	—
	选择字段保密性	Y	—	—	—	—	—	—	—
	通信业务流保密性	Y	—	—	—	—	Y	Y	—
数据完整性	带恢复的连接完整性	Y	—	—	Y	—	—	—	—
	无恢复的连接完整性	Y	—	—	Y	—	—	—	—
	选择字段的连接完整性	Y	—	—	Y	—	—	—	—
	无连接完整性	Y	Y	—	Y	—	—	—	—
	选择字段的无连接完整性	Y	Y	—	Y	—	—	—	—
抗抵赖	抗抵赖，带数据原发证据	—	Y	—	Y	—	—	—	Y
	抗抵赖，带交付证据	—	Y	—	Y	—	—	—	Y

说明："Y"表示该安全服务应该在相应的层中提供，"—"表示不提供。

2）阐述了 OSI 参考模型的各层可以提供的安全服务

OSI 安全体系结构模型阐述了 OSI 参考模型的各层能够提供的特定的安全服务。一种特定的安全服务如果被认为在不同层上对总的通信安全的影响是不同的，便在多个层上提供（如在第一层与第四层上的连接保密性）。但是，考虑到现存的 OSI 数据通信机能（如多链路规程、多路复用功能，强化一个无连接服务为面向连接服务的不同方法），以及为了让这些传输机制得以运行，允许一种特定服务在另一层上也被提供是必要的，尽管它们对安全的影响不能认为有什么不同。

OSI 参考模型的各层上能够提供的特定的安全服务见表 4-15。

表 4-15　OSI 安全服务与参考模型之间的关系

安全服务		OSI 参考模型的 7 层						
		1	2	3	4	5	6	7
鉴别(认证)	对等实体鉴别(认证)	—	—	Y	Y	—	—	Y
	数据原发鉴别(认证)	—	—	Y	Y	—	—	Y
访问控制	访问控制服务	—	—	Y	Y	—	—	Y
	连接保密性	Y	Y	Y	Y	—	Y	Y
数据保密性	无连接保密性	—	Y	Y	Y	—	Y	Y
	选择字段保密性	—	—	—	—	—	Y	Y
	通信业务流保密性	—	—	—	—	—	Y	Y
数据完整性	带恢复的连接完整性	Y	—	—	Y	—	—	Y
	无恢复的连接完整性	—	—	Y	Y	—	—	Y
	选择字段的连接完整性	—	—	Y	—	—	—	Y
	无连接完整性	—	—	Y	Y	—	—	Y
	选择字段的无连接完整性	—	—	Y	Y	—	—	Y
抗抵赖	抗抵赖，带数据原发证据	—	—	—	—	—	—	Y
	抗抵赖，带交付证据	—	—	—	—	—	—	Y

说明："Y"表示该安全服务应该在相应的层中提供，"—"表示不提供。

4.4.2　PDR 模型

1. 模型背景

1) PDR 模型背景

早期，为了解决网络安全问题，技术上主要采取防护手段为主，比如，采用数据加密防止数据被窃取，采用防火墙技术防止系统被侵入。随着网络安全技术的发展，又提出了新的安全防护思想，具有代表性的是美国国际互联网安全系统公司(ISS)提出的 PDR 安全模型。该模型认为安全应从防护(Protection)、检测(Detection)、响应(Response)3 个方面考虑形成安全防护体系，其理论的名称：基于时间的安全(Time Based Security,TBS)。

PDR 模型建立了一个基于时间的可证明的安全模型，定义为：防护时间 Pt(黑客发起攻击时，保护系统不被攻破的时间)、检测时间 Dt(从发起攻击到检测到攻击的时间)和响应时间 Rt(从发现攻击到做出有效响应的时间)。当 $Pt > Dt + Rt$ 时，即认为系统是安全的，也就是说，如果在黑客攻破系统之前发现并阻止了黑客的行为，那么系统就是安全的。

2) P2DR 模型背景

P2DR 模型也是美国 ISS 公司提出的动态网络安全体系的代表模型，也是动态安全模型的雏形。ISS 公司认为没有一种技术可以完全消除网络中的安全漏洞。系统的安全实际上是理想中的安全策略与实际的执行之间的一个平衡，提出了一个可适应网络安全模型(Adaptive Network Security Model,ANSM)的 P2DR 安全模型，即策略(Policy)、防护(Protection)、检测(Detection)和响应(Response)。

该模型是在整体的安全策略的控制和指导下，在综合运用防护工具的同时，利用检测工具了解和评估系统的安全状态，通过适当的反应将系统调整到相对最安全和风险最低的状态。

3) PDRR 模型背景

PDRR 是美国国防部提出的常见安全模型。它概括了网络安全的整个环节,即防护(Protection)、检测(Detection)、响应(Response)、修复(Recovery)。与 PDR 模型相比,PDRR 模型中多了修复(Recovery)这一步骤,在实际网络防御中,主要是在防御中加入了相应的系统恢复等,这是因为在网络防御中,相应的系统恢复有时也很重要。

该模型给出了安全的一个全新的定义:及时的检测和响应就是安全。

4) WPDRRC 模型背景

WPDRRC 网络安全模型是我国"八六三"网络安全专家组提出的适合中国国情的信息系统安全保障体系建设模型。在 PDR 模型的前后增加了预警和反击功能,它吸取了 IATF 需要通过人、技术和操作来共同实现组织职能与业务运作的思想。

2. 模型要素

1) PDR 模型要素

PDR 模型要素为防护(Protection)、检测(Detection)、响应(Response)。PDR 模型如图 4-10 所示。

在图 4-10 中,防御是一个不断循环的过程,即防护、检测和响应是不断循环的,在不断的循环防御中,不断地加强自身的防御,降低被攻破的风险,维护自身的网络安全。

按照 PDR 模型的思想,一个完整的安全防护体系,不但需要防护机制(如防火墙、加密等),而且需要检测机制(如入侵检测、漏洞扫描等),在发现问题时还需要及时做出响应。同时 PDR 模型是建立在基于时间的理论基础之上的,该理论的基本思想是认为网络安全相关的所有活动,无论是攻击行为、防护行为、检测行为还是响应行为,都要消耗时间,因而可以用时间尺度来衡量一个体系的能力。

系统安全状态的表示为 $Et=Dt+Rt-Pt$。当 $Et>0$ 时,说明系统处于安全状态;当 $Et<0$ 时,说明系统已受到危害,处于不安全状态;当 $Et=0$ 时,说明系统安全处于临界状态。

2) P2DR 模型要素

P2DR 模型要素为策略(Policy)、保护(Protection)、检测(Detection)和响应(Response),如图 4-11 所示。

图 4-10 PDR 模型　　　　　　　　图 4-11 P2DR 安全模型

该模型 P2DR 模型强调在监控、检测、响应、防护等环节的循环过程中,达到保持安全水平的目的。P2DR 安全模型是整体的、动态的安全模型,所以称为可适应安全模型。

模型的基本描述为：安全＝风险分析＋执行策略＋系统实施＋漏洞监测＋实时响应。

安全策略是 P2DR 安全模型的核心，所有的防护、检测、响应都是依据安全策略实施的，安全策略为安全管理提供管理方向和支持手段。策略体系的建立包括安全策略的制定、评估、执行等。制定可行的安全策略取决于对网络信息系统的了解程度。安全保护就是采用一切手段保护信息系统的保密性、完整性、可用性、可控性和不可否认性。

安全检测是动态响应和加强防护的依据，是强制落实安全策略的工具，通过不断地检测和监控网络与系统来发现新的威胁及弱点，通过循环反馈来及时做出有效的响应。网络的安全风险是实时存在的，检测的对象主要针对系统自身的脆弱性及外部威胁。利用检测工具了解和评估系统的安全状态。检测包括检查系统存在的脆弱性；在计算机系统运行过程中，检查、测试信息是否发生泄露、系统是否遭到入侵，并找出泄露的原因和攻击的来源。

响应是在检测到安全漏洞之后必须及时做出正确的应对措施，从而把系统调整到安全状态；对于危及安全的事件、行为、过程，及时做出处理，杜绝危害进一步扩大，使系统提供正常的服务。

3）PDRR 模型要素

PDRR 模型即防护（Protection）、检测（Detection）、响应（Response）和修复（Recovery）。PDRR 模型如图 4-12 所示。

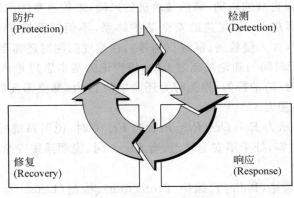

图 4-12   PDRR 模型

PDRR 模型解析了安全的概念，在入侵者危害安全目标之前就能够被检测到并及时处理，坚固的防护系统与快速的反应结合起来，就是真正的安全。

PDRR 模型阐述了构筑网络安全的宗旨就是提高系统的防护时间，降低检测时间和响应时间，安全的目标实际上就是尽可能地增大防护时间，尽量减少检测时间和响应时间，在系统遭到破坏后，尽快恢复系统功能，以减少系统暴露时间。

4）WPDRRC 模型要素

WPDRRC 模型有 6 个环节和 3 个要素。6 个环节包括预警（W）、防护（P）、检测（D）、响应（R）、修复（R）和反击（C），它们具有较强的时序性和动态性，能够较好地反映出信息系统安全保障体系的预警能力、防护能力、检测能力、响应能力、修复能力和反击能力。3 个要素包括人员、策略和技术，人员是核心，策略是桥梁，技术是保证，落实在 WPDRRC 6 个环节的各个方面，将安全策略变为安全现实，如图 4-13 所示。

网络安全模型在信息系统安全建设中起着重要的指导作用，准确而形象地描述信息系统的安全属性和安全的重要方面与系统行为的关系，能够提高对成功实现关键安全需求的理解

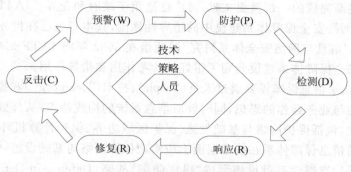

图 4-13 WPDRRC 网络安全模型

层次,并且能够从中开发出一套安全性评估准则和关键的描述变量。WPDRRC(预警、防护、检测、响应、修复和反击)网络安全模型在等级保护工作中发挥着日益重要的作用。

WPDRRC 动态可适应安全模型将网络安全划分为两个阶段。在第 1 阶段,网络安全的含义就是及时检测和立即响应:当 $Pt>Dt+Rt$ 时,网络处于安全状态;当 $Pt<Dt+Rt$ 时,网络处于不安全状态;当 $Pt=Dt+Rt$ 时,网络处于临界状态;Pt 的值越大,说明系统的保护能力越强,安全性越高。在第 2 阶段,网络安全的含义就是及时检测和立即修复:当 $Et=Dt+Rt$ 时,如果 $Pt=0$,解决安全问题的有效方法就是提高系统的防护时间 Pt,降低检测时间 Dt 和响应时间 Rt。

3. 现实应用意义

PDR 模型阐述了防护、检测和响应 3 个要素,从技术上考虑和分析了网络安全问题。但是随着信息化的发展,人们越来越意识到网络安全涉及面非常广,除了技术外还应考虑人员、管理、制度和法律等方面的要素。为此,安全行业的研究者们对这一模型进行了补充和完善,先后提出了 P2DR、PDRR、WPDRRC 等改进模型。

P2DR 安全模型的核心是安全策略,所有的防护、检测和响应都是依据安全策略实施的,安全策略为安全管理提供管理方向和支持手段。策略体系的建立包括安全策略的制定、评估、执行等。制定可行的安全策略取决于对网络信息系统的了解程度。

PDRR 模型认为及时的检测、响应和修复就是安全,这为安全问题的解决指出了明确的方向:提高系统的防护时间,降低检测时间、响应时间和修复时间。从某种意义上讲,安全问题就是要解决紧急响应和异常处理问题。通过建立反应机制,提高实时性,形成快速响应的能力。需要制定紧急响应的方案,做好紧急响应方案中的一切准备工作。

WPDRRC 模型突出了人员、策略、技术的重要性,反映了各个安全组件之间的内在联系。该模型有 6 个环节和 3 个要素。6 个环节具有动态反馈关系。人员、策略和技术是 WPDRRC 模型中具有层次关系的 3 个要素,其中"人员"是内层,是基座;"策略"是中间层,包括法律、法规、制度和管理;"技术"是外层,它的操作必须受到人员和策略这两个层面的制约。

4.4.3 IATF 模型

1. 模型背景

信息保障技术框架(Information Assurance Technical Framework,IATF)是由美国国家

安全局历经数年逐渐完成的一部重要文献,可广泛适用于政府和业界。IATF 提出的"纵深防御"战略已经成了网络安全保障体系建设中的指导性原则,其本身也已在世界各国得到了很高的重视。国家 973"信息与网络安全体系研究"课题组在 2002 年将 IATF 3.0 版引进国内后,对我国加强网络安全保障体系建设起到了很好的参考作用和指导作用。

IATF 首次提出了信息保障需要通过人员(People)、技术(Technology)和操作(Operation)来共同实现组织职能与业务运作的思想,同时针对信息系统的构成特点,从外到内定义了 4 个主要的技术关注层次,包括保护网络与基础设施、保护区域边界、保护计算机环境和保护支撑性基础设施。完整的信息保障体系在技术层面上应实现保护网络与基础设施、保护区域边界、保护计算机环境和保护支撑性基础设施形成"纵深防御"战略(Defense-in-Depth Strategy)。在每个焦点领域范围内,IATF 都描述了其特有的安全需求和相应的可供选择的技术措施,以便全面分析信息系统的安全需求,考虑恰当的安全防御机制。通过在各个层次、各个技术框架区域中实施保障机制,才能最大限度降低风险,防止攻击,保护信息系统的安全。

2. 模型要素

IATF 提出的信息保障的核心思想是"纵深防御"战略(Defense in Depth)。在"纵深防御"战略中,人员、技术和操作是 3 个主要核心因素,要保障信息及信息系统的安全,三者缺一不可。图 4-14 描述了"纵深防御"战略的 3 个主要层面。在这个战略的 3 个主要层面中,IATF 强调技术并提供一个框架进行多层保护,以此防范计算机威胁。该方法是能够攻破一层或一类保护的攻击行为,无法破坏整个信息基础设施。

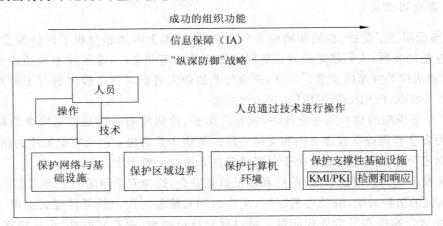

图 4-14　"纵深防御"战略的主要层次

IATF 在"纵深防御"战略的基本原理中采用了多个信息保障技术解决方案。在攻击者成功地破坏了某个保护机制的情况下,其他保护机制能够提供附加的保护。采用层次化的保护策略并不意味着需要在网络体系结构的各个可能位置实现信息保障机制。通过在主要位置实现适当的保护级别,便能够依据各机构的特殊需要实现有效保护。另外,分层策略允许在适当的时候采用低级保障解决方案以便降低信息保障的成本,同时也允许在关键位置使用高级保障解决方案。

除"纵深防御"这个核心思想外,IATF 还提出了一些其他网络安全原则。

(1) 保护多个位置。包括保护网络与基础设施、保护区域边界、保护计算机环境等,这一原则提醒我们,仅仅在信息系统的重要敏感设置一些保护装置是不够的,任意一个系统漏洞都有可能导致严重的攻击和破坏后果,所以在信息系统的各个方位布置全面的防御机制,这样才能将风险降至最低。

(2)分层防御。如果说上一个原则是横向防御,那么这一原则就是纵向防御,这也是"纵深防御"思想的一个具体体现。分层防御即在攻击者和目标之间部署多层防御机制,每一个这样的机制必须对攻击者形成一道屏障。而且每一个这样的机制还应包括保护和检测措施,使攻击者不得不面对被检测到的风险,迫使攻击者由于高昂的攻击代价而放弃攻击行为。

(3)安全强健性。不同的信息对于组织有不同的价值,该信息丢失或破坏所产生的后果对组织也有不同的影响。所以对信息系统内每一个网络安全组件设置的安全强健性(即强度和保障),取决于被保护信息的价值以及所遭受的威胁程度。在设计网络安全保障体系时,必须考虑到信息价值和安全管理成本的平衡。

"纵深防御"战略将安全需求划分为4个基本方面:保护网络与基础设施、保护区域边界、保护计算机环境、保护支撑性基础设施。以下将分别进行阐述。

1)保护网络与基础设施

网络为用户数据流的传输和获得用户信息提供了一种传输机制,它是保证信息系统可用性的基础条件。网络及其基础设施必须防止能够阻止用户信息传递的拒绝服务攻击。支撑性基础设施可以是管理系统或任意其他支持网络运行的系统。

网络支持3种不同的数据流:用户、控制和管理。

(1)用户通信流就是简单地在网上传输用户信息,网络有责任分隔用户通信流。

(2)控制通信流是为建立用户连接而在所必备的网络组件之间传输的任意信息。控制通信流由一个信令协议提供,包括编址、路由信息和发信令。

(3)管理通信流是用来配置网络组件或表明网络组件状态的信息,与其相关的协议包括简单网络管理协议(SNMP)、公共管理信息协议(CMIP)和超文本传输协议(HTTP)等。

IATF保卫网络和基础设施从以下3个方面进行描述。

(1)骨干网的可用性:描述了数据通信网络以及对网络管理的保护。

(2)无线网络安全框架:描述了手机、传呼机、卫星系统和无线局域网的安全问题。

(3)系统高度互联和虚拟专用网:描述了在骨干网上同样敏感度级别的系统之间安全互联的问题。

2)保护区域边界

IATF意义上的边界是物理边界与逻辑边界的重叠,对边界的定义是——区域边界,"域"是指由单一授权通过专用或物理安全措施所控制的环境。由单一安全政策进行管理并无须考虑其物理位置的本地计算设备构成了一个"域",区域的网络设备与其他网络设备的接入点被称为"区域边界"。

区域边界具有以下特点:区域对外部的安全策略一致性,一个物理设备可能属于多个区域,专用或物理安全措施所控制的环境,单一区域可以跨越多个不同地理位置并通过商用点到点通信线路或Internet等广域网方式相连。

IATF边界保护的参考技术手段有防火墙、边界护卫、远程访问、病毒/恶意代码防御、边界入侵检测、多级安全等。

(1)防火墙。使用需求、类型、互操作性要求、评估策略、典型配置等概念对防火墙进行了描述。

(2)边界护卫是不同密级(安全等级)区域的桥梁。高等级到低等级的数据必须进行降级,去除高密级内容,防止隐蔽通道;低等级到高等级的数据必须净化,去除可能包含恶意代码的邮件;完整性机制防止篡改等,对内容进行检查,防止病毒。

(3) 远程访问是一种安全边界的延伸。远程访问使移动用户和固定用户通过电话线或商业数据网访问局域网、本地区域和本地企业级计算环境。远程用户的访问等价于安全边界的延伸,强健而有力的用户验证策略是允许访问区域的基础。

(4) 边界入侵检测。入侵检测有基于特征检测、基于异常检测、基于日志检测、恶意代码检测等。

(5) 多级安全。多级安全是对数据流进行控制。

3) 保护计算机环境

保护计算机环境关注的是使用信息保障技术确保数据在进入、离开或驻留客户机和服务器时具有可用性、完整性和保密性,是保护信息系统安全的最后一道防线。

(1) 系统应用程序安全。包括使用安全的操作系统,以及在此基础上使用安全的应用程序。

(2) 主机入侵检测系统。通常用于关键服务器,用来在被监视计算机上监视审计日志和其他系统资源的事件与活动,来发现误用的征兆。只有基于主机的入侵检测系统能检测通过本地控制台的入侵,并在检测到攻击行为时,可以执行基于用户的响应策略。

(3) 防病毒系统。病毒可能通过网络,也可能通过光盘、移动硬盘来感染计算机,因此,在每一个系统里安装和管理防病毒软件是非常必要的,保证了用户计算机环境的安全性。

(4) 主机脆弱性扫描。与网络扫描器不同,主机脆弱性扫描关注的是本机环境全面的情况,依靠检查文件的内容来查找配置的问题,并通过修补脚本对系统提供推荐的修补措施。

(5) 文件完整性保护。用于检验文件的完整性以及文件更改的事件,通常关注关键的配置文件或可执行文件,以防它们被利用来攻击系统,这些文件包括注册文件、文件权限、安全策略、账号信息等。

4) 保护支撑性基础设施

保护支撑性基础设施是能够提供安全服务的一套相关联的活动与能够提供安全服务的基础设施的综合,目前"纵深防御"战略定义了两种保护支撑性基础设施:密钥管理基础设施/公钥基础设施(KMI/PKI)与检测和响应能力。

(1) KMI/PKI。用于产生、发布和管理密钥与证书等安全凭证,其重点是用于管理公钥证书与对称密码的技术、服务与过程。

(2) 检测和响应能力。用户预警、检测、识别可能的网络攻击、做出有效响应以及对攻击行为进行调查分析。检测和响应能力是网络入侵检测技术、网络扫描技术、主机入侵检测技术、主机扫描技术,以及数据分析工具和信息系统响应技术的综合体现。

3. 现实应用意义

IATF 的 4 个技术焦点区域是一个逐层递进的关系,从而形成一种纵深防御系统。因此,以上 4 个方面的应用充分贯彻了"纵深防御"的思想,对整个信息系统的各个区域、各个层次,甚至在每一个层次内部都部署了网络安全设备和安全机制,保证访问者对每一个系统组件进行访问时都受到保障机制的监视和检测,以实现系统全方位的充分防御,将系统遭受攻击的风险降至最低,确保档案信息的安全和可靠。

IATF 认为,网络安全并不是纯粹的技术问题,而是一项复杂的系统工程,表现为具体实施的一系列过程,这就是信息系统安全工程。通过完整实施的信息系统安全过程,组织能够建立起有效的网络安全体系。IATF 提出了 3 个主要核心要素:人员、技术和操作。尽管 IATF 重点是讨论技术因素,但是它也提出了"人员"这一要素的重要性,人即管理,管理在网络安全保障体系建设中同样起到了十分关键的作用,可以说技术是安全的基础,管理是安全的灵魂,所以在重视安全技术应用的同时,必须加强安全管理。

第 5 章

网络安全技术

本章目标

让读者熟悉网络安全常见典型技术的基本概念、基本原理、典型应用和相关技术标准等，能够在网络安全工作中熟练应用相关网络安全技术。

本章要点

1. 密码相关概念与原理，密码技术的典型应用
2. 恶意代码防范实务
3. 身份认证原理与实现技术
4. 访问控制原理与实现技术
5. 入侵检测与入侵检测系统的部署应用
6. 备份与恢复技术
7. 安全检测与渗透测试技术

5.1 密码技术基础

5.1.1 密码学概述

根据 GB/T 25069—2010《信息安全技术术语》，密码学的定义是"研究编制、分析和破译密码的学科，包括密码算法、密码协议和密码系统等的设计与分析的原理、方法和工具"。简单来说，密码学是研究编制密码和破译密码技术的科学，前者关注如何借助密码系统保守通信秘密，后者关注如何通过破译密码来获取通信秘密。

密码学是一门既古老又年轻的学科，它的起源甚至可以追溯至古代人们对隐秘传递信息的客观需求（如古罗马帝国时期的凯撒密码），并在近代借助战争对通信保密性的强烈需求取得了根本性的进步：由最初的简单的字母/文字替换发展到利用复杂的电动机械实现自动加密（如第二次世界大战期间德军使用的恩尼格玛密码机），以至于在很长的一段时间内密码学成为各国军队和情报部门的专有研究领域。

当前，随着信息化技术和互联网应用的不断发展，金融交易安全、个人隐私保护等非军事化需求不断产生，密码学再次焕发了生命力，不断涌现出新的概念和研究成果，并广泛应用到普通大众的日常生活中（如交易数据防篡改、隐私数据加密存储以及用户身份认证等），成为政府部门、科研机构和网络安全厂商的公共研究热点。

在密码学的发展历程中，发生了以下里程碑式的重要事件。

第一件，C. E. Shannon 于 1949 年在《贝尔系统技术杂志》上发表了《保密系统的通信理论》(*Communication Theory of Secrecy Systems*)一文，将信息理论引入密码研究工作中，提出了完整的密码系统模型，并将不确定性、剩余度和唯一解距离作为密码系统安全性的度量标

准。可以说，Shannon 的这篇论文标志着密码学终于拥有了坚实的理论基础和研究方法，自此密码学开始成为一门真正的科学。

第二件，W. Diffie 和 M. E. Hellman 于 1975 年发表了《密码学中的新方向》(*New Directions in Cryptography*)一文，针对早期密码体制在密钥管理方面的局限性，提出了一种新的密码设计思想，将原有体制中加解密过程共用的唯一密钥分拆为两个不同的密钥：可公开的公钥和可不公开的私钥，开创了密码学的新纪元。

第三件，美国国家标准局(National Bureau of Standards)于 1977 年正式公布了数据加密标准(Data Encryption Standard, DES)，将 DES 算法公开，揭开了密码学的神秘面纱，密码学研究进入了一个崭新的时代。

5.1.2 密码学基本原理与算法

1. 密码学的基本概念

1) 基本术语

(1) 明文：没有加密的信息称为明文(Plaintext)，通常用 m 或 p 表示。所有可能明文的有限集称为明文空间，通常用 M 或 P 表示。

(2) 密文：加密后的信息称为密文(Ciphertext)，通常用 c 表示。所有可能密文的有限集称为密文空间，通常用 C 表示。

(3) 加密：从明文到密文的变换称为加密(Encryption)，通常用 E 表示，即

$$c = E_k(p)$$

(4) 解密：从密文到明文的变换称为解密(Decryption)，通常用 D 表示，即

$$m = D_k(c)$$

(5) 密钥：参与密码变换的参数，通常用 k 表示。所有可能密钥的有限集称为密钥空间，通常用 K 表示。

2) 密码体制的组成

一个密码体制(Crypto System)通常由 5 部分组成。

(1) 明文空间 M：所有可能明文的有限集。

(2) 密文空间 C：所有可能密文的有限集。

(3) 密钥空间 K：全体密钥的集合。通常每个密钥 k 都由加密密钥 k_e 和解密密钥 k_d 组成，$k = \langle k_e, k_d \rangle$，$k_e$ 与 k_d 可能相同也可能不相同。

(4) 加密算法 E：由加密密钥控制的加密变换的集合。

(5) 解密算法 D：由解密密钥控制的解密变换的集合。

设 $m \in M$ 是一个明文，$k = \langle k_e, k_d \rangle \in K$ 是一个密钥，则

$$c = E_{k_e}(m) \in C$$

$$m = D_{k_d}(c) \in M$$

其中，E_{k_e} 是由加密密钥确定的加密变换，D_{k_d} 是由解密密钥确定的解密变换。在一个密码体制中，要求解密变换是加密变换的逆变换。因此，对任意的 $m \in M$，都有 $D_{k_d}[E_{k_e}(m)] = m$ 成立。

密钥空间中不同密钥的个数称为密钥量，它是衡量密码体制安全性的一个重要指标。

3) 密码体制分类

(1) 对称密码体制(单密钥密码体制)：如果一个密码体制的加密密钥与解密密钥相同，

则称该密码体制为对称密码体制。

（2）非对称密码体制（双密钥密码体制）：如果一个密码体制的加密密钥与解密密钥不相同，则称该密码体制为非对称密码体制。在一个非对称密码体制中，由加密密钥 k_e 计算解密密钥 k_d 是困难的，公开 k_e 不会损害 k_d 的安全性，则可以将加密密钥 k_e 公开。

4）密码体制的条件

一个好的密码体制至少应该满足以下两个条件。

（1）在已知明文 m 和加密密钥 k_e 时，计算 $c = E_{k_e}(m)$ 容易；在已知密文 c 和解密密钥 k_d 时，计算 $m = D_{k_d}(c)$ 容易。

（2）在不知解密密钥 k_d 时，不可能由密文 c 推知明文 m。

对一个密码体制，如果能够根据密文确定明文或密钥，或者能够根据明文和相应的密文确定密钥，则称这个密码体制是可破译的；否则，称其为不可破译的。

5）攻击密码体制的方法

密码分析者攻击密码体制的 3 种主要途径。

（1）穷举攻击。密码分析者通过试遍所有的密钥进行破译。可以通过增大密钥量来对抗这种攻击。

（2）统计分析攻击。密码分析者通过分析密文和明文的统计规律来破译密码。可以通过设法使明文的统计规律与密文的统计特性不同来对抗这种攻击。

（3）解密变换攻击。密码分析者针对加密变换的数学基础，通过数学求解的方法来找到相应的解密变换。可以通过选用具有坚实的数学基础和足够复杂的加密算法对抗这种攻击。

一般地，密码分析者通常可以在以下 4 种情况下对密码体制进行攻击。

（1）唯密文攻击（Ciphertext-only Attack）。密码分析者仅知道一些密文。

（2）已知明文攻击（Known-plaintext Attack）。密码分析者知道一些明文和相应的密文。

（3）选择明文攻击（Chosen-plaintext Attack）。密码分析者可以选择一些明文，并得到相应的密文。

（4）选择密文攻击（Chosen-ciphertext Attack）。密码分析者可以选择一些密文，并得到相应的明文。

唯密文攻击的强度最弱，其他情况的攻击强度依次增加。

绝对不可破译的密码体制：对一个密码体制，如果密码分析者无论截获多少密文以及无论用什么样的方法攻击都不能破译，则称其为绝对不可破译的密码体制。绝对不可破译的密码在理论上是存在的。

计算上不可破译的密码：密码分析者根据可以利用的资源进行破译的时间非常长，或者破译的时间长到使原来的明文失去保密的价值。

6）密码学分成两个分支

密码编码学：寻求生成高强度、有效的加密或认证算法。

密码分析学：破译密码或伪造加密信息。分为两种：①被动攻击，只对传输的信息进行窃听；②主动攻击，对传输的信息采取插入、删除、修改、重放、伪造等举动。

数据加密技术是密码学的核心，其原理是利用一定的加密算法将明文转换成为无意义的密文，阻止非法用户理解原始数据，从而确保数据的保密性。明文变为密文的过程称为加密，由密文还原为明文的过程称为解密，加密和解密的规则称为密码算法。在加密和解密的过程中，由加密者和解密者使用的加解密可变参数称为密钥。加密体制主要分为对称密钥和非对称密钥两种,主要区别在于所使用的加密和解密的密钥是否相同。此外,密码学还有一个重要分支,即单向哈希函数或单向杂凑函数。通过结合非对称加密机制,单向哈希函数可以有效地解决现实应用中的数据完整性和身份认证问题。

2. 对称密码

对称密钥加密又称私钥加密,即信息的发送方和接收方用同一个密钥去加密与解密数据。它的最大优势是加解密速度快,适用于对大数据量进行加密。对称密钥加密算法主要有 DES、3DES 和 AES 等,分组密码和流密码也属于对称密钥加密。

因为对称密钥加密系统的加解密密钥相同,这就要求通信双方在首次通信时必须通过安全的渠道协商一个共同的专用密钥。如果进行通信的双方能够确保专用密钥在密钥交换阶段未曾泄露,那么机密性和报文完整性就可以通过使用对称加密方法对机密信息进行加密,通过随报文一起发送报文摘要或报文散列值来实现。

对称密钥加密系统最大的问题是密钥的分发和管理非常复杂、代价高昂。例如对于具有 n 个用户的网络,需要 $n(n-1)/2$ 个密钥,在用户群不是很大的情况下,对称密钥加密系统是有效的;但是对于大型网络,当用户群很大、分布很广时,密钥的分配和保存就成为大问题。对称密钥加密算法的另一个缺点是不能实现数字签名。

3. 非对称密码

非对称密钥加密算法(Asymmetric Cryptographic Algorithm)又称公开密钥加密算法,需要两个密钥:公开密钥(Publickey)和私有密钥(Privatekey)。

非对称密钥加密算法实现机密信息交换的基本过程:甲方生成一对密钥并将其中的一个密钥作为公用密钥向其他方公开,得到该公用密钥的乙方使用该密钥对机密信息进行加密后再发送给甲方,甲方再用自己保存的另一个专用密钥对加密后的信息进行解密。

由于公钥是可以公开的,用户只要保管好自己的私钥即可,因此加密密钥的分发将变得十分简单。同时,由于每个用户的私钥是唯一的,其他用户除了可以通过信息发送者的公钥来验证信息的来源是否真实外,还可以确保发送者无法否认曾发送过该信息。非对称加密的缺点是加解密速度要远远慢于对称加密。非对称密钥体制通常被用来加密关键性、核心的机密数据,在网络安全中扮演着密钥分发、数字签名、完整性保护和身份鉴别等重要角色。

非对称密钥加密算法主要有 RSA、DSA 和 ECC 等。下面简单介绍 RSA 密码算法。

RSA 算法是世界上第一个既能用于数据加密也能用于数字签名的非对称密钥加密算法。因为它易于理解和操作,所以流行甚广。算法的名字以发明者的名字命名,他们分别是 Ron Rivest、Adi Shamir 和 Leonard Adleman。虽然 RSA 的安全性一直未能得到理论上的证实,但它经历了各种攻击,至今未被完全攻破。

在 RSA 算法中,首先要获得两个不同的素数 P 和 Q 作为算法因子;再找出一个正整数 E,使得 E 与 $(P-1)\times(Q-1)$ 的值互质,这个 E 就是私钥;找到一个整数 D,使得 $(E\times D)$ mod $[(P-1)\times(Q-1)]=1$ 成立,D 就是公钥1。设 N 为 P 和 Q 的乘积,N 则为公钥2。加密时先将明文转换为一个或一组小于 N 的整数 I,并计算 I^D mod N 的值 M,M 就是密文;解密时将密文 M^E mod N,即 M 的 E 次方再除以 N 所得的余数就是明文。

RSA 公钥和私钥的组成,以及加密、解密的公式见表 5-1。

表 5-1   RSA 密钥组成及加解密公式

公钥 KU	N：两素数 P 和 Q 的乘积（P 和 Q 必须保密） E：与 $(P-1)(Q-1)$ 互质
私钥 KR	$D \equiv E^{-1} \bmod [(P-1)(Q-1)]$ N：两素数 P 和 Q 的乘积（P 和 Q 必须保密）
加密	$C \equiv M^E \bmod N$
解密	$M \equiv C^D \bmod N$

算法描述：

(1) 选择一对不同的、足够大的素数 P 和 Q。

(2) 计算 $N = P \times Q$。

(3) 计算 $f(N) = (P-1)(Q-1)$，同时对 P 和 Q 严加保密，不让任何人知道。

(4) 找一个与 $f(N)$ 互质的数 E，且 $1 < E < f(N)$。

(5) 计算 D，使得 $DE \equiv 1 \bmod f(N)$。这个公式也可以表达为 $D \equiv E^{-1} \bmod f(N)$。

这里要解释一下，"$\equiv$"是数论中表示同余的符号。公式中，"$\equiv$"符号的左边必须和符号右边同余，也就是两边模运算结果相同。显而易见，不管 $f(N)$ 取什么值，符号右边 $1 \bmod f(N)$ 的结果都等于 1；符号的左边 D 与 E 的乘积进行模运算后的结果也必须等于 1。这就需要计算出 D 的值，让这个同余等式能够成立。

(6) 公钥 $KU = (E, N)$，私钥 $KR = (D, N)$。

(7) 加密时，先将明文变换成 $0 \sim N-1$ 的一个整数 M。若明文较长，可先分割成适当的组，然后再进行交换。设密文为 C，则加密过程为 $C \equiv M^E \bmod N$。

(8) 解密过程为：$M \equiv C^D \bmod N$。

因为私钥 E 与 $(P-1) \times (Q-1)$ 互质，而公钥 D 使 $(E \times D) \bmod [(P-1) \times (Q-1)] = 1$ 成立。破解者可以得到 D 和 N，如果想要得到 E，必须得出 $(P-1) \times (Q-1)$，因而必须先对 N 进行因数分解。如果 N 很大，那么因数分解就会非常困难，所以要提高加密强度 P 和 Q 的数值大小起着决定性的因素。一般来说，当 P 和 Q 都大于 2^{128} 时，按照当前的计算机处理速度破解基本不太可能。

4. 哈希算法

单向哈希函数的特性是它的"单向性"。这个函数值单向计算，不反向计算。接收者也不需要在另一端逆反这个过程，而是同向计算哈希函数然后比较这两个结果。

典型的哈希算法包括 MD2、MD4、MD5 和 SHA-1 等。

Hash，一般翻译为"散列"，也可直接音译为"哈希"，就是把任意长度的输入（又称预映射，Pre-Image），通过散列算法，变换成固定长度的输出，该输出就是散列值。这种转换是一种压缩映射，散列值的空间通常远小于输入的空间，不同的输入可能会散列成相同的输出，而不可能从散列值来唯一的确定输入值。

数学表述为

$$h = H(M)$$

其中，$H()$ 表示单向散列函数，M 表示任意长度明文，h 表示固定长度散列值。

在网络安全领域中应用的 Hash 算法还需要满足其他关键特性。

第一，单向性（One-Way）。从预映射能够简单迅速地得到散列值，而在计算上不可能构造一个预映射，使其散列结果等于某个特定的散列值，即构造相应的 $M = H^{-1}(h)$ 不可行。这样，散列值就能在统计上唯一的表征输入值，因此，密码学上的 Hash 又被称为"消息摘要"（Message Digest），就是要求能方便地将"消息"进行"摘要"，但在"摘要"中无法得到比"摘要"本身更多的关于"消息"的信息。

第二，抗冲突性（Collision-Resistant）。即在统计上无法产生 2 个散列值相同的预映射。给定 M，计算上无法找到 M'，满足 $H(M) = H(M')$，此为弱抗冲突性；计算上也难以寻找一对任意的 M 和 M'，使满足 $H(M) = H(M')$，此为强抗冲突性。要求"强抗冲突性"主要是为了防范所谓"生日攻击"（Birthday Attack），在一个 10 人的团体中，你能找到和你生日相同的人的概率是 2.4%，而在同一个团体中，有 2 人生日相同的概率是 11.7%。类似地，当预映射的空间很大的情况下，算法必须有足够的强度来保证不能轻易找到"相同生日"的人。

第三，映射分布均匀性和差分分布均匀性。散列结果中，为 0 的 bit 和为 1 的 bit，其总数应该大致相等；输入中一个 bit 的变化，散列结果中将有一半以上的 bit 改变，这又称为"雪崩效应"（Avalanche Effect）；要实现使散列结果中出现 1bit 的变化，则输入中至少有一半以上的 bit 必须发生变化。也就是说，必须使输入中每一个 bit 的信息尽量均匀地反映到输出的每一个 bit 上去；输出中的每一个 bit，都是输入中尽可能多 bit 的信息一起作用的结果。

5.1.3　密码技术应用

密码技术作为解决网络安全的关键技术具有不可替代的作用。随着计算机网络不断渗透到各个领域，密码技术应用也随之扩大，现代社会对网络安全的需求大部分可以通过密码技术来实现。

1. 存储加密

存储加密是指当数据从前端服务器输出或在写进储存媒体之前，通过系统为数据加密，以确保存放在储存媒体上的数据只有经过授权才能读取。

1）文件级加密

文件级加密可以在主机上实现，也可以在网络附加存储（NAS）这一层以嵌入式实现。对于某些应用来讲，这种加密方法会引起性能问题。在执行数据备份操作时，会带来某些局限性，对数据库进行备份时更是如此。特别是文件级加密一般采用对称密码，会导致密钥管理困难，从而添加了另外一层管理：需要根据文件级目录位置来识别相关密钥，并进行关联。

文件级加密一般通过专门工具来进行，因为对称密码体制的速度和效率较高，对文件尤其是大文件加解密一般采用对称密钥加密算法。

2）数据库级加密

当数据存储在数据库中时，数据库级加密就能实现对数据字段进行加密，这种部署机制又称列级加密，因为它是在数据库表中的列这一级来进行加密的。对于敏感数据全部放在数据库中一列或者可能两列的单位而言，数据库级加密比较经济。不过因为加密和解密一般由软件而不是硬件来执行，所以这个过程可能会导致整个系统的性能出现让人无法承受的下降。

由于数据库中数据的结构和组织都非常明确，因此对特定数据条目进行控制也就更加容易。用户可以对一个具体的列进行加密，而且每个列都会有自己的密钥。根据数据库用户的不同，企业可以有效地控制其密钥，因而能够控制谁有权对该数据条目进行解密。通过这种方式，企业只需对关键数据进行加密即可。

这种加密方法所面临的挑战是：用户希望加密的许多数据条目在应用查询中可能也具备同样的值。因此，系统设计师应当确保加密数据不参加查询，防止加密对数据库的性能造成负面影响。例如，如果账户编号已经加密，而用户希望查找一系列的编号，那么应用就必须读取整张表，解密并对其中的值进行对比。如果不使用数据库索引，这种原本只需 3 秒钟就可执行完毕的任务可能会变成一个 3 小时的漫长查询。但这种方法也有积极的一面，数据库厂商已经在其新版产品中加入了一些服务，能够帮助企业解决这一问题。

3) 介质级加密

介质级加密是一种新出现的方法，它涉及对存储设备（包括硬盘和磁带）上的静态数据进行加密。虽然介质级加密为用户和应用提供了很高的透明度，但提供的保护作用非常有限：数据在传输过程中没有经过加密。只有到达了存储设备，数据才进行加密，所以介质级加密只能防范有人窃取物理存储介质。另外，如果在异构环境使用这项技术，可能需要使用多个密钥管理应用软件，这就增加了密钥管理过程的复杂性，从而加大了数据恢复面临的风险。

4) 嵌入式加密设备

嵌入式加密设备接在存储区域网（SAN）中，介于存储设备和请求加密数据的服务器之间。这种专用设备可以对通过上述设备一路传送到存储设备的数据进行加密，可以保护静态数据，对返回应用的数据进行解密。

嵌入式加密设备很容易安装成点对点解决方案，但扩展起来难度大、成本高。如果部署在端口数量多的企业环境或者多个站点需要加以保护，就会出现问题。在这种情况下，跨分布式存储环境安装成批硬件设备所需的成本会很高。此外，每个设备必须单独或者分成小批进行配置及管理，这给管理增添了沉重的负担。

5) 应用加密

应用加密可能是最安全的方法。将加密技术集成在商业应用中是加密级别的最高境界，也是最接近"端对端"加密解决方案的方法。在这一层，企业能够明确地知道谁是用户，以及这些用户的典型访问范围。企业可以将密钥的访问控制与应用本身紧密地集成在一起。这样就可以确保只有特定的用户能够通过特定的应用访问数据，从而获得关键数据的访问权。任何试图在该点下游访问数据的人都无法达到目的。

2. 传输加密

TCP/IP 本身不提供加密传输功能，用户口令和数据一般是以明文形式传输的，很难在传输过程中确保数据机密性和完整性。所以重要信息系统利用密码技术实现加密传输尤为重要。

常见安全传输协议，如 SSL、SSH、S/MIME、SHTTP、VPN 等都是利用密码学相关技术实现加密传输的。下面以 VPN 为例，详细介绍传输加密的一种方法。

1) VPN 概念

虚拟专用网络（Virtual Private Network，VPN）是利用公共网络来构建虚拟专用或私有网络，简称虚拟专网，可以被认为是一种公共网络中隔离出来的网络。VPN 的隔离特性提供了某种程度的通信保密性和虚拟性。VPN 可以构建在两个端系统之间、两个组织机构之间、一个组织机构内部的多个端系统之间、跨越全局性互联网的多个组织之间，以及单个应用或组合应用之间。如一个公司有多个分支机构在不同地点，需通过广域网与总部连接，则用于构建VPN 的公共网络包括 IP、帧中继、ATM、MPLS 等。

2) VPN 的工作原理

常规的直接拨号连接与虚拟专网连接的异同点在于：在前一种情形中，PPP（点对点协议）数据包流是通过专用线路传输的。在 VPN 中，PPP 数据包流是由一个局域网上的路由器发出，通过共享 IP 网络上的隧道进行传输，再到达另一个局域网上的路由器。

这两者的关键不同点是隧道代替了实实在在的专用线路。隧道就如在广域网中拉出一根串行通信电缆。那么如何形成 VPN 隧道呢？

建立隧道有两种主要的方式：客户启动和客户透明。客户启动要求客户和隧道服务器（或 VPN 网关）都安装隧道软件。隧道服务器通常都安装在公司中心站上。通过客户软件初始化隧道，隧道服务器中止隧道，互联网服务提供商（ISP）可以不必支持隧道。客户和隧道服务器只需建立隧道，并使用用户 ID 和口令或用数字证书鉴别。一旦隧道建立，就可以进行通信了，如同 ISP 没有参与连接。

如果希望隧道对客户透明，ISP 的入网点 POPs 就必须具有允许使用隧道的接入服务器以及可能需要的路由器。客户首先拨号进入服务器，服务器必须能识别这一连接，并与某一特定的远程点建立隧道，随后服务器与隧道服务器建立隧道，通常使用用户 ID 和口令进行鉴别。这样客户端就通过隧道与隧道服务器建立直接对话。尽管不要求客户有专门软件，但客户只能拨号进入正确配置的访问服务器。

3) VPN 涉及的关键技术

目前，VPN 主要采用隧道技术和安全技术来保证安全。隧道技术对于构建 VPN 是一个关键性技术。它的基本过程是：在源局域网与公网的接口处，将数据作为负载封装在一种可以在公网上传输的数据格式中，在目的局域网与公网的接口处将数据解封装，取出负载。这样，被封装的数据包在互联网上传递时所经过的逻辑路径被称为"隧道"。目前，VPN 隧道协议有点对点 PPTP 协议、L2TP 协议、IPSec 协议、SSL 协议和 SOCKS v5 协议等。VPN 中的安全技术通常由加密、身份鉴别、密钥交换和管理技术组成。常见的 VPN 是基于 IPSec 协议的 VPN 和基于 SSL 协议的 VPN，即 IPSec VPN 和 SSL VPN。下面分别对这两种协议进行简单介绍。

（1）IPSec 协议。IPSec（Internet Protocol Security）目标是为 IPv4 和 IPv6 协议提供基于加密安全的协议，它使用验证头（AH）和封装安全有效负载（ESP）来实现其安全，使用 ISAKMP/Oakley 和 SKIP 进行密钥交换、管理及安全协商。IPSec 协议工作在网络层，运行在它上面的所有网络通道都是加密的。IPSec 安全服务包括访问控制、数据源认证、无连接数据完整性、抗重播、数据机密性和有限的通信流机密性。

IPSec 使用身份认证机制进行访问控制，即两个 IPSec 实体试图进行通信前，必须通过 IKE 协商安全联盟 SA，协商过程中要进行身份鉴别，身份鉴别采用公钥签名机制，使用数字签名标准（DSS）算法或 RSA 算法，而公钥通常是从数字证书中获得的。

IPSec 使用消息鉴别机制实现数据源认证服务，即发送方在发送数据包前，要用消息鉴别算法（Hash-based Message Authentication Code，HMAC）计算 MAC，HMAC 将消息的一部分和密钥作为输入，以 MAC 作为输出，目的地收到 IP 包后，使用相同的认证算法和密钥计算认证数据，如果计算出的 MAC 与数据包中的 MAC 完全相同，则认为数据包通过了认证。

无连接数据完整性服务对单个数据包是否被篡改进行检查，而对数据包的到达顺序不作要求，IPSec 使用数据源认证机制实现无连接数据完整性服务。

IPSec 的抗重播服务是指防止攻击者截取和复制 IP 包发送到源目的地，IPSec 根据 IPSec

头中的序号字段,使用滑动窗口原理实现抗重播服务。

通信流机密性服务是指防止对通信的外部属性(源地址、目的地址、消息长度和通信频率等)的泄露,攻击者对网络流量进行分析,推导其中的传输频率、通信者身份、数据包大小、数据流标识符等信息。

IPSec 使用 ESP 隧道模式,对 IP 包进行封装,可达到一定程度的机密性,即有限的通信流机密性。

(2) SSL 协议。安全套接层(Security Socket Layer,SSL)协议是由网景(Netscape)公司设计的一种开放协议,它指定了一种在应用程序协议(如 HTTP、Telnet、NNTP 或 FTP)和 TCP/IP 之间提供数据安全性分层的机制。它利用公钥技术,为 TCP/IP 连接提供服务器认证、客户认证(可选)、SSL 链路上的数据完整性和 SSL 链路上的数据机密性。

随着 SSL 部署的简易性和较高的安全性逐渐为人所知,现在它已经成为 Web 上部署最为广泛的网络安全协议之一。近年来 SSL 的应用领域不断被拓宽,许多在网络上传输的敏感信息(如电子商务、金融业务中的信用卡号或 PIN 码等机密信息)都纷纷采用 SSL 来进行安全保护。SSL 通过加密传输来确保数据的机密性,通过信息验证码(Message Authentication Codes,MAC)机制来保护信息的完整性,通过数字证书来对信息发送者和接收者的身份进行认证。

实际上,SSL 协议本身也是个分层的协议,它由消息子层以及承载消息的记录子层组成。

SSL 记录协议首先按照一定的原则(如性能最优原则),把消息数据分成一定长度的片段;其次分别对这些片段进行消息摘要和 MAC 计算,得到 MAC 值;再次对这些片段进行加密计算;最后把加密后的片段和 MAC 值连接起来,计算其长度,并打上记录头后发送到传输层。这是一般的消息数据到达后,记录层所做的工作。但有的特殊消息如握手消息,由于发送时还没有完全建立好加密的通道,所以并不完全按照这个方式进行;而且有的消息比较短小(如警示消息(Alert)),出于性能考虑也可能和其他的消息一起被打包成一个记录。

消息子层是应用层和 SSL 记录层间的接口,负责标识并在应用层和 SSL 记录层间传输数据或者对握手消息和警示消息的逻辑进行处理,可以说是整个 SSL 层的核心。其中尤为关键的又是握手消息的处理,它是建立安全通道的关键,握手状态机运行在这一层上。警示消息的处理实现上也可以作为握手状态机的一部分。在 SSL 握手消息中,采用了 DES、MD5 等加密技术来实现数据机密性和数据完整性。

4) VPN 的应用领域

利用 VPN 技术几乎可以解决所有利用公共通信网进行通信的虚拟专用网络连接的问题。归纳起来,有以下几种应用领域。

(1) 远程访问。远程移动用户通过 VPN 技术可以在任何时间、任何地点采用拨号、ISDN、DSL、移动 IP 和电缆技术与公司总部、公司内联网的 VPN 设备建立起隧道或秘密信道,实现访问连接。此时的远程用户终端设备上必须加装相应的 VPN 软件。也就是说,远程用户可与任何一台主机或网络在相同策略下利用公共通信网络实现远程 VPN 访问。这种应用类型也称为 Access VPN(访问 VPN),这是基本的 VPN 应用类型,其他类型的 VPN 都是它的组合、延伸和扩展。

(2) 组建内联网。一个组织机构的总部或中心网络与跨地域的分支机构网络在公共通信基础设施上采用 VPN 技术构成组织机构"内部"的虚拟专用网络,当其将公司所有权的 VPN 设备设置在各个公司网络与公共网络之间时,这样的内联网还具有管理上的自主可控、策略集中配置和分布式安全控制等安全特性。利用 VPN 组建的内联网又称为 Intranet VPN,是解决内联网的结构安全、连接安全和传输安全的主要方法。

(3)组建外联网。在公共通信基础设施上使用虚拟专用网络技术,将合作伙伴或共同利益客户的主机或网络联网,根据安全策略、资源共享约定规则,实施内联网的特定主机和网络资源与外部特定的主机和网络资源相互共享,这在业务机构和具有相互协作关系的内联网之间具有广泛的应用价值。这样组建的外联网也称为 Extranet VPN,是解决外联网的结构安全、连接安全和传输安全的主要方法。

3. 消息认证

1)消息认证的相关概念

在网络安全领域中,常见的消息保护手段大致可以分为保密和认证两大类。目前的认证技术有对用户的认证和对消息的认证两种方式。用户认证用于鉴别用户的身份是否合法;消息认证用于验证所收到的消息确实是来自真正的发送方且未被修改的消息,也可以验证消息的顺序性和及时性,以确保数据的完整性要求。

消息认证实际上是对消息本身产生一个冗余的信息——MAC,MAC 是利用密钥对要认证的消息产生新的数据块并对数据块加密生成的。它对于要保护的消息来说是唯一的和一一对应的。因此可以有效地保护消息的完整性,以及实现发送方消息的不可抵赖和不能伪造。MAC 的安全性取决于两点:采用的加密算法和待加密数据块的生成方法。

2)消息认证码的实现方法

实现消息认证码可以有多种途径,校验码和消息摘要是最常见的方式。校验码是数据通信中经常用到的差错控制手段,稍加扩充实际上也可以作为认证码。消息摘要方案是利用目前广泛应用的哈希函数来生成 Hash 值来作为认证码。

Hash 算法在消息认证方面的应用主要体现在以下 3 个方面。

(1)文件校验。常用的校验算法有奇偶校验和 CRC 校验,这两种校验并没有抗数据篡改的能力,它们一定程度上能检测并纠正数据传输中的信道误码,但却不能防止对数据的恶意破坏。

MD5 Hash 算法的"数字指纹"特性,使它成为目前应用最广泛的一种文件完整性校验和 Checksum 算法,不少 UNIX 操作系统有提供计算 MD5 Checksum 的命令。它常被用于下面的两种情况。

① 文件传送后的校验,将得到的目标文件计算 MD5 Checksum,与源文件的 MD5 Checksum 比对,由于两者 MD5 Checksum 一致,可以从统计上保证两个文件的每一个码元也完全相同。这可以检验文件传输过程中是否出现错误,更重要的是可以保证文件在传输过程中未被恶意篡改。一个很典型的应用是 FTP 服务,用户可以用来保证多次断点续传,特别是从镜像站点下载的文件的正确性。

更好的解决方法是代码签名,文件的提供者在提供文件的同时也提供对文件 Hash 值用自己的代码签名密钥进行数字签名的值,以及自己的代码签名证书。文件的接收者不仅能验证文件的完整性,还可以依据自己对证书签发者和证书拥有者的信任程度,决定是否接收该文件。浏览器在下载运行插件和 Java 小程序时,使用的就是这种模式。

② 用作保存二进制文件系统的数字指纹,以便检测文件系统是否未经允许被修改。不少系统管理或系统安全软件都提供这一文件系统完整性评估的功能,在系统初始安装完毕后,建

立对文件系统的基础校验和数据库,因为散列校验和的长度很小,它们可以方便地被存放在容量很小的存储介质上。此后,可以定期或根据需要,再次计算文件系统的校验和,一旦发现与原来保存的值有不匹配,说明该文件已经被非法修改,或被病毒感染,或被木马程序替代。TripWire 就提供了一个此类应用的典型例子。

(2) 签名认证。Hash 算法也是现代密码体系中的一个重要组成部分。由于非对称算法的运算速度较慢,所以在数字签名协议中,单向散列函数扮演了一个重要的角色。在这种签名协议中,双方必须事先协商好都支持的 Hash 函数和签名算法。

签名方先对该数据文件计算其散列值,再对很短的散列值结果,如 MD5 是 16 字节,SHA1 是 20 字节,用非对称算法进行数字签名操作。对方在验证签名时,也是先对该数据文件计算其散列值,再用非对称算法验证数字签名。

对 Hash 值进行数字签名,在统计上可以认为与对文件本身进行数字签名是等效的。而且这样的协议还有其他的优点:首先,数据文件本身可以同它的散列值分开保存,签名验证也可以脱离数据文件本身的存在而进行。其次,有些情况下签名密钥可能与解密密钥是同一个,也就是说,如果对一个数据文件签名,与对其进行非对称的解密操作是相同的操作,这是相当危险的。恶意的破坏者可能试图骗你将一个解密的文件,充当一个要求你签名的文件发送给你。因此,在对任何数据文件进行数字签名时,只有对其 Hash 值进行签名才是安全的。

(3) 鉴权协议。鉴权协议又被称作"挑战-认证模式":在传输信道是可被侦听,但不可被篡改的情况下,这是一种简单又安全的方法。

需要鉴权的一方向将被鉴权的一方发送随机串("挑战"),被鉴权方将该随机串和自己的鉴权口令字一起进行 Hash 运算后,返还鉴权方,鉴权方将收到的 Hash 值与在己端用该随机串和对方的鉴权口令字进行 Hash 运算的结果相比较("认证"),如相同,则可在统计上认为对方拥有该口令字,即通过鉴权。

POP3 协议中就有这一应用的典型例子。

S:+OK POP3 server ready <1896.697170952@dbc.mtview.ca.us>

C:APOP mrose c4c9334bac560ecc979e58001b3e22fb

S:+OK maildrop has 1 message (369 octets)

在上面的 POP3 协议会话中,双方都共享的对称密钥(鉴权口令字)是 tanstaaf,服务器发出的挑战是 <1896.697170952@dbc.mtview.ca.us>,客户端对挑战的应答是 MD5 ("<1896.697170952@dbc.mtview.ca.us>tanstaaf") = c4c9334bac560ecc979e58001b3e22fb,这个正确的应答使其通过了认证。

消息认证不支持可逆性,是多对一的函数,其定义域由任意长的消息组成,而值域则是由远小于消息长度的比特值构成。从理论上来说,一定存在不同的消息产生相同的冗余数据块,因此必须找到一种足够单向和强碰撞自由性的方法对消息认证才是安全的。

首先,利用校验码加密的方式构造认证码,它可以实现数据完整性,它对消息不可抵赖性和不可伪造性的认证性能取决于加密的函数,这种方法的安全性取决于校验码的长度和加密的方法。但是由于它是针对局部变量的校验,比如,针对一行或者一列,它的抗碰撞性能不是很好,即有可能产生消息被改动,认证码仍然没有变动的情况。

其次,对于用单向散列函数构造认证码的方式来说,安全性是基于该函数的抗强碰撞性的,即攻击主要目标是找到一对或更多对碰撞消息,该消息生成摘要是相同的。在目前已有的攻击方案中,一些是基于穷举的一般的方法,可攻击任何类型的 Hash 方案,如生日攻击方法;

另一些是特殊的方法，只能用于攻击某些特殊类型的 Hash 方案，例如，适用于攻击具有分组链结构的 Hash 方案的中间相遇攻击，适用于攻击基于模算术的 Hash 函数的修正分组攻击，因此摘要的长度是关键的一个因素。

自 2004 年 9 月国际密码年会上 MD5 算法被攻陷以后，SHA 也面临被攻陷的危险，寻找一种足够安全的单向散列算法来代替已经成为当务之急，消息认证码实现的传统途径也将会改变。

消息认证技术可以防止数据的伪造和被篡改，以及证实消息来源的有效性，已广泛应用于信息网络。随着密码技术的更新与计算机计算能力的提高，消息认证码的实现方法也在不断地改进和更新之中，多种实现方式会为更安全的消息认证码提供保障。

4．数字签名

1）数字签名的定义

数字签名是附加在数据单元上的一些数据，或是对数据单元所做的密码变换。这种数据或变换允许数据单元的接收者用以确认数据单元的来源和数据单元的完整性并保护数据，防止被人（如接收者）进行伪造。它是对电子形式的消息进行签名的一种方法，一个签名消息能在一个通信网络中传输。基于公钥密码体制和私钥密码体制都可以获得数字签名，目前主要是基于公钥密码体制的数字签名，包括普通数字签名和特殊数字签名。普通数字签名算法有 RSA、ElGamal、Fiat-Shamir、Guillou-Quisquarter、Schnorr、Ong-Schnorr-Shamir 数字签名算法、DES/DSA、椭圆曲线数字签名算法和有限自动机数字签名算法等。特殊数字签名有盲签名、代理签名、群签名、不可否认签名、公平盲签名、门限签名、具有消息恢复功能的签名等，它与具体应用环境密切相关。

2）数字签名的基本要求

身份鉴别允许我们确认一个人的身份，数据完整性认证则帮助我们识别消息的真伪、是否完整，抗否认则防止人们否认自己曾经做过的行为。数字签名技术用来保证消息的完整性。数字签名是通过一个单向散列函数对要传送的报文进行处理后得到的，用以认证报文来源并核实报文是否发生变化的一个字母数字串。数字签名可以解决否认、伪造、篡改及冒充等问题，类似于手书签名。数字签名也应满足以下基本要求。

（1）接收方能够确认或证实发送方的签名，但不能伪造签名。

（2）发送方向接收方发出签名的消息后，就不能再否认他所签发的消息，以保证他不能抵赖之前的交易行为。

（3）接收方对已收到的签名消息不能否认，即有收报认证。

（4）第三者可以确认收发双方之间的消息传递，但不能伪造这一过程。

3）数字签名的原理

数字签名是通过密码技术对电子文档的电子形式的签名，并非是书面签名的数字图像化，类似于手写签名或印章，也可以说它就是电子印章。对一些重要的文件进行签名，以确定它的有效性。但伪造传统的签名并不难，使得数字签名与传统签名之间的重要差别更加突出：如果没有产生签名的私钥，要伪造由安全密码数字签名方案所产生的签名，计算上是不可行的。人们实际上也可以否认曾对一个议论中的文件签过名，但是否认一个数字签名却困难得多，这本质上证明了在签名生成以前，私钥的安全性就受到了危害。这是由于数字签名的生成需要使用私钥，而它对应的公钥则用以验证签名。因而数字签名的一个重要性质就是非否认性，目前已经有一些方案,如数字证书,把一个实体(个人、组织或系统)的身份同一个私钥和公钥对"绑定"在一起,这使得这个实体很难否认数字签名。

4)数字签名的作用

网络的安全需要采取相应的安全技术措施,提供适合的安全服务。数字签名机制作为保障网络安全的手段之一,可以解决伪造、抵赖、冒充和篡改问题。数字签名的目的之一,就是在网络环境中代替传统的手工签字与印章,其可抵御的网络攻击主要有以下几点。

(1)防冒充(伪造)。其他人不能伪造对消息的签名,因为私有密钥只有签名者自己知道,所以其他人不可能构造出正确的签名结果数据。要求人们保存好自己的私有密钥,好像保存自己家门的钥匙一样。

(2)鉴别身份。由于传统的手工签字一般是双方直接见面的,身份自可一清二楚;在网络环境中,接收方必须能够鉴别发送方所宣称的身份。

(3)防篡改(防破坏信息的完整性)。传统的手工签字,假如要签署一本200页的合同,仅仅在合同末尾签名还是对每一页都要签名?对方会不会偷换其中几页?这些都是问题。而数字签名,如前所述:签名与原有文件已经形成了一个混合的整体数据,不可能篡改,从而保证了数据的完整性。

(4)防重放。如在日常生活中,A向B借了钱,同时写了一张借条给B;当A还钱的时候,肯定要向B索回他写的借条撕毁,不然,恐怕他会挟借条要求A再次还钱。在数字签名中,如果采用了对签名报文添加流水号、时间戳等,可以防止重放攻击。

(5)防抵赖。如前所述:数字签名可以鉴别身份,不可能冒充伪造,那么,只要保存好签名的报文,就如同保存手工签署的合同文本,也就是保留了证据,签名者就无法抵赖。以上是签名者不能抵赖,那如果接收者确已收到对方的签名报文,却抵赖没有收到呢?要预防接收者的抵赖,在数字签名体制中,要求接收者返回一个自己签名的表示收到的报文,给对方或者是第三方,或者引入第三方机制。如此操作,双方均不可抵赖。

(6)机密性(保密性)。有了机密性保证,截收攻击也就失效了。手工签字的文件(如合同文本)是不具备保密性的,文件一旦丢失,文件信息就极有可能泄露。数字签名可以加密要签名的消息,签名的报文如果不要求机密性,也可以不用加密。

5.1.4 相关标准规范

密码算法的标准化工作在美国进行得最为有序、深化。在其国家安全局(NSA)的支持、帮助、监控下,民用密码标准由其商务部(DOC)下属的国家技术标准研究所(NIST)负责制定。从20世纪颁布的国家数据加密标准(DES),到21世纪需要遴选出来的先进的加密标准(AES);从RSA到ECC,以及密码模块的安全要求,美国进行了全局部署。

目前我国有关密码应用的标准主要有GB国家标准、GB/T国家推荐标准、YD/T邮电行业推荐标准、YC烟草行业标准、GJB国家军用标准、GGBB国家保密标准、BMB保密标准、BMZ保密指南。

密码技术相关标准规范如下。

GB/T 17964—2008《信息安全技术分组密码算法的工作模式》

GB/T 15843.1—2008《信息技术 安全技术 实体鉴别 第1部分:概述》

GB/T 15843.2—2008《信息技术 安全技术 实体鉴别 第2部分:采用对称加密算法的机制》

GB/T 15843.3—2008《信息技术 安全技术 实体鉴别 第3部分:采用数字签名技术的机制》

GB/T 15843.4—2008《信息技术 安全技术 实体鉴别 第 4 部分：采用密码校验函数的机制》

GB/T 15843.5—2008《信息技术 安全技术 实体鉴别 第 5 部分：使用零知识技术的机制》

GB/T 15852.1—2008《信息技术 安全技术 消息鉴别码 第 1 部分：采用分组密码的机制》

GB/T 17903.1—2008《信息技术 安全技术 抗抵赖 第 1 部分：概述》

GB/T 17903.2—2008《信息技术 安全技术 抗抵赖 第 2 部分：采用对称技术的机制》

GB/T 17903.3—2008《信息技术 安全技术 抗抵赖 第 3 部分：采用非对称技术的机制》

GB/T 19717—2005《基于多用途互联网邮件扩展(MIME)的安全报文交换》

GB/T 19771—2005《信息技术 安全技术 公钥基础设施 PKI 组件最小互操作规范》

GB/T 19713—2005《信息技术 安全技术 公钥基础设施在线证书状态协议》

GB/T 19714—2005《信息技术 安全技术 公钥基础设施证书管理协议》

GB/T 20518—2006《信息安全技术 公钥基础设施 数字证书格式》

GB/T 17902.2—2005《信息技术 安全技术 带附录的数字签名 第 2 部分：基于身份的机制》

GB/T 17902.3—2005《信息技术 安全技术 带附录的数字签名 第 3 部分：基于证书的机制》

GB/T 20520—2006《信息安全技术 公钥基础设施 时间戳规范》

GB/T 20519—2006《信息安全技术 公钥基础设施 特定权限管理 中心技术规范》

GB/T 21054—2007《信息安全技术 公钥基础设施 PKI 系统安全等级保护评估准则》

GB/T 21053—2007《信息安全技术 公钥基础设施 PKI 系统安全等级保护技术要求》

GB/T 25057—2010《信息安全技术 公钥基础设施 电子签名卡应用接口基本要求》

GB/T 25059—2010《信息安全技术 公钥基础设施 简易在线证书状态协议》

GB/T 25060—2010《信息安全技术 公钥基础设施 X.509 数字证书应用接口规范》

GB/T 25061—2010《信息安全技术 公钥基础设施 XML 数字签名语法与处理规范》

GB/T 25065—2010《信息安全技术 公钥基础设施 签名生成应用程序的安全要求》

GB/T 25056—2010《信息系统安全技术 证书认证系统 密码及其相关安全技术规范》

GB/T 25055—2010《信息安全技术 公钥基础设施 安全支撑平台技术框架》

GB/T 25064—2010《信息安全技术 公钥基础设施 电子签名格式规范》

GM/T 0055—2018《电子文件密码应用技术规范》

我国的保密标准均由国家保密局(WG2)负责制定。至今已经完成多项相关标准,其中与密码相关的罗列如下。

BMB15—2004《涉及国家秘密的信息系统安全审计产品技术要求》

BMB16—2004《涉及国家秘密的信息系统安全隔离与信息交换产品技术要求》

BMB17—2006《涉及国家秘密的信息系统分级保护技术要求》(部分代替 BMZ1—2000)

BMB18—2006《涉及国家秘密的信息系统工程监理规范》

BMZ1—2000《涉及国家秘密的计算机信息系统保密技术要求》(已被 BMB17—2006 和 BMB20—2007 代替)

BMZ2—2001《涉及国家秘密的计算机信息系统安全保密方案设计指南》(已被 BMB23—2008 代替)

BMZ3—2001《涉及国家秘密的计算机信息系统安全保密测评指南》(已被 BMB22—2007 代替)

BMB20—2007《涉及国家秘密的信息系统分级保护管理规范》(部分代替 BMZ1—2000)

BMB21—2007《涉及国家秘密的载体销毁与信息消除安全保密要求》

BMB22—2007《涉及国家秘密的信息系统分级保护测评指南》(代替 BMZ3—2001)

BMB23—2008《涉及国家秘密的信息系统分级保护方案设计指南》(代替 BMZ2—2001)

5.2 恶意代码防范基础

5.2.1 恶意代码概述

1.相关概念

恶意代码是指故意编制或设置的、对网络或系统会产生威胁或潜在威胁的计算机代码。最常见的恶意代码有计算机病毒(简称病毒)、特洛伊木马(简称木马)、计算机蠕虫(简称蠕虫)、后门、逻辑炸弹等。后文所提到的"病毒"非特别指出就是指广义上的病毒,即恶意代码的通称。

恶意代码一般具有共同特征:恶意的目的;本身是计算机程序;通过执行发生作用。

在生命周期中,恶意代码一般会经历 4 个阶段:潜伏阶段、传染阶段、触发阶段和发作阶段。

有些恶作剧程序或者游戏程序不能看作恶意代码。对滤过性病毒的特征进行讨论的文献很多,尽管它们数量很多,但是机理相近,都在一般的防病毒程序的防护范围之内。更值得注意的是非滤过性病毒。[①]

非滤过性病毒包括口令破解软件、嗅探器软件、键盘输入记录软件、远程访问特洛伊和谍件等。组织内部或者外部的攻击者使用这些软件来获取口令、侦察网络通信、记录私人通信、暗地接收和传递远程主机的非授权命令,而有些私自安装的 P2P 软件实际上等于在企业的防火墙上打开了一个口。非滤过性病毒有增长的趋势,对它的防御不是一个简单的任务。与非过滤性病毒有关的概念包括以下几点。

1) 谍件

谍件(Spyware)与商业产品软件有关,有些商业软件在安装到用户机器上的时候,未经用户授权就通过 Internet 连接,让用户方软件与开发商软件进行通信,这部分通信软件就叫作谍件。用户只有安装了基于主机的防火墙,通过记录网络活动,才可能发现软件产品与其开发商在进行定期通信。谍件作为商用软件包的一部分,多数是无害的,其目的多在于扫描系统,取得用户的私有数据。

2) 远程访问特洛伊

远程访问特洛伊(Remote Access Trojan,RAT)是安装在受害者机器上,实现非授权的网络访问的程序,比如 NetBus 和 SubSeven 可以伪装成其他程序,迷惑用户安装,伪装成可以执行的电子邮件,或者 Web 下载文件,或者游戏和贺卡等,也可以通过物理接近的方式直接安装。

3) 僵尸

恶意代码不都是从内部进行控制的,在分布式拒绝服务攻击中,Internet 的不少站点受到

---

① 医学上的滤过性病毒是指过去人们用过滤的方法来查找致病因子,使用的是有细胞结构的物质不能滤过的滤过装置,但后来发现,滤液中仍然有可以致病的物质,那就是病毒,它不具有细胞结构,而且体积非常小,所以可以滤过,因此人们称这种致病物质为滤过性病毒。

其他主机上僵尸(Zombies)程序的攻击。Zombies 程序可以利用网络上计算机系统的安全漏洞,将自动攻击脚本安装到多台主机上,这些主机成为受害者而听从攻击者指挥,在某个时刻汇集到一起,再去攻击其他的受害者。

4) 非法访问权限

口令破解、网络嗅探和网络漏洞扫描是公司内部人员通过侦察同事取得非法的资源访问权限的主要手段,这些攻击工具不是自动执行,而是被隐蔽地操纵。

5) 键盘记录程序

某些用户组织使用 PC 活动监视软件监视使用者的操作情况,通过键盘记录防止雇员不适当地使用资源,或者收集罪犯的证据。这种软件也可以被攻击者用来进行信息刺探和网络攻击。

6) P2P 系统

基于 Internet 的点到点(Peer-to-Peer)的应用程序如 Napster、AIM 和 Groove,以及远程访问工具通道如 Gotomypc,这些程序都可以通过 HTTP 或者其他公共端口穿透防火墙,从而让雇员建立起自己的 VPN,这种方式对于组织或者公司有时候是十分危险的。因为这些程序首先要从内部的 PC 远程连接到外边的 Gotomypc 主机,然后用户通过此连接就可以访问办公室的 PC。这种连接如果被利用,就会给组织或者企业带来很大的危害。

7) 逻辑炸弹和时间炸弹

逻辑炸弹和时间炸弹是以破坏数据与应用程序为目的的程序,在特定逻辑或时间条件满足时,该程序触发后造成计算机数据丢失、计算机瘫痪或者整个系统瘫痪,有可能会出现物理损坏的现象。

2. 传播手法

恶意代码编写者一般利用 3 种手段来传播恶意代码:软件漏洞、用户本身或两者的混合。有些恶意代码是自启动的蠕虫和嵌入脚本,本身就是软件,这类恶意代码对人的活动没有要求。一些像特洛伊木马、电子邮件蠕虫等的恶意代码,利用受害者的心理操纵他们执行不安全的代码;还有一些手段是哄骗用户关闭保护措施来安装恶意代码。

利用商品软件缺陷的恶意代码有 Code Red、KaK 和 BubbleBoy。如溢出漏洞,完全依赖软件产品的缺陷和弱点,没有打补丁的 IIS 软件就有输入缓冲区溢出方面的缺陷。利用 Web 服务缺陷的攻击代码有 Code Red 和 Nimda,Linux 和 Solaris 上的蠕虫也利用了远程计算机的缺陷。

恶意代码编写者的一种典型手法是把恶意代码邮件伪装成其他恶意代码受害者的感染报警邮件,恶意代码受害者往往是 Outlook 地址簿中的用户或者是缓冲区中 Web 页的用户,这可以最大可能地吸引受害者的注意力。

对聊天室(Internet Relay Chat,IRC)和即时通信信息(Instant Messaging,IM)系统的攻击案例不断增加,其手法多为欺骗用户下载和执行自动的 Agent 软件,让远程系统用作分布式拒绝服务(Distributed Denial of Service,DDoS)的攻击平台,或者使用后门程序和特洛伊木马程序控制。

3. 传播趋势

恶意代码的传播具有以下趋势。

1) 种类更模糊

恶意代码的传播不单纯依赖软件漏洞或者社会工程中的某一种,而可能是它们的混合。蠕虫产生寄生的文件病毒,如特洛伊程序、口令窃取程序、后门程序,进一步模糊了蠕虫、病毒和特洛伊的区别。

2) 混合传播模式

"混合病毒威胁"和"收敛(Convergent)威胁"已成为新型病毒术语,"红色代码"利用的是IIS 的漏洞,Nimda 实际上是 1988 年出现的 Morris 蠕虫的派生品种,它们的特点都是利用漏洞,病毒的模式从引导区方式发展为多种类病毒蠕虫方式,所需要的时间并不长。

3) 多平台

多平台攻击开始出现,有些恶意代码对不兼容的平台都能够有作用。来自 Windows 的蠕虫可以利用 Apache 的漏洞,而 Linux 蠕虫会派生 .exe 格式的特洛伊程序。

4) 使用销售技术

另外一个趋势是更多的恶意代码使用销售技术,其目的不仅在于利用受害者的邮箱实现最大数量的转发,更重要的是引起受害者的兴趣,让受害者进一步对恶意文件进行操作,并且使用网络探测、电子邮件脚本嵌入和其他不使用附件的技术来达到自己的目的。

5) 充分利用新漏洞

恶意代码的制造者可能会将一些有名的攻击方法与新的漏洞结合起来,制造出下一代的WM/Concept、Code Red 和 Nimda。对于防病毒软件的制造者,改变自己的方法去对付新的威胁则需要不少时间。

6) 模糊服务器和客户端

对于恶意代码来说,服务器和客户端的区别越来越模糊,客户计算机和服务器如果运行同样的应用程序,也将会同样受到恶意代码的攻击。像 IIS 服务就是一个操作系统默认的服务,因此它的服务程序的缺陷是各个机器共有的,Code Red 的影响也就不限于服务器,还会影响到众多的个人计算机。

7) 类型变化

此外,另外一类恶意代码是利用 MIME 边界标记和 uuencode 头的处理薄弱的缺陷,将恶意代码化装成安全数据类型,欺骗客户软件执行恶意代码。

8) 传播方式变化

恶意代码的传播方式在迅速地演化,从引导区传播到某种类型文件传播,到宏病毒传播,到邮件传播,到网络传播,发作和流行的时间越来越短。Form 引导区病毒于 1989 年出现,用了一年的时间流行起来,宏病毒 Concept Macro 于 1995 年出现,用了 3 个月的时间流行;LoveLetter 用了大约一天,而 Code Red 用了大约 90 分钟,Nimda 用了不到 30 分钟。现在的计算机蠕虫病毒可以通过即时通信程序进行传播,理论上可以在 30 秒内感染 50 万台计算机。这些数字背后的规律是很显然的:在恶意代码演化的过程中,病毒和蠕虫从发布到流行的时间都越来越短。

恶意代码本身也越来越直接地利用操作系统或者应用程序的漏洞,而不仅仅依赖社会工程。服务器和网络设施越来越多地成为攻击目标。L10n、Poison BOx、Code Red 和 Nimda 等蠕虫程序,利用漏洞来进行自我传播,不再需要利用其他代码。

5.2.2 恶意代码的基本原理

1. 恶意代码的命名

反病毒公司为了方便管理,会按照恶意代码的特性,将恶意代码(广义病毒)进行分类命名。虽然每个反病毒公司的命名规则都不太一样,但大体都是采用统一的命名方法来命名的。一般格式为

<病毒前缀>.<病毒名>.<病毒后缀>

病毒前缀是指一个病毒的种类,用来区别恶意代码的种族分类。不同种类的病毒其前缀也是不同的。如 Trojan 表示木马类恶意代码,Worm 表示蠕虫类恶意代码。

病毒名是指一个病毒的家族特征,用来区别和标识病毒家族。如 CIH 病毒、Sasser 震荡波病毒。

病毒后缀是指一个病毒的变种特征,用来区别具体某个家族病毒的某个变种。一般都采用英文中的 26 个字母来表示,如 Worm.Sasser.b 就是指振荡波蠕虫病毒的变种 B,因此一般称为"振荡波 B 变种"或者"振荡波变种 B"。

系统病毒的前缀为 Win32、PE、Win95、W32、W95 等。这些病毒的一般公有的特性是可以感染 Windows 操作系统的 *.exe 和 *.dll 文件,并通过这些文件进行传播。如 CIH 病毒。

蠕虫的前缀是 Worm,通过网络或者系统漏洞进行传播,大部分的蠕虫都有向外发送恶意邮件、阻塞网络的特性,如冲击波(阻塞网络)、小邮差(发带毒邮件)等。

木马的前缀是 Trojan,如 Trojan.QQ3344,该病毒为使用 VB 编写的木马病毒,病毒运行时驻留内存。当用户使用 QQ 聊天时,病毒将利用 QQ 自动发送消息给本地 QQ 的在线好友,诱骗其到指定带毒网站(如该网站有什么 MP3 之类的信息)www.***.com,这些网页利用 IE 漏洞自动下载运行病毒文件以达到传播目的。该病毒还将 IE 默认首页修改为上述网页,使用户不断"下载"病毒的最新版本以对抗反病毒软件的查杀。

2. 计算机病毒的分类

按传播媒介来分类。

(1) 单机病毒,其载体是磁盘或光盘。常见的是通过从 U 盘传入硬盘,感染系统后,再传染其他 U 盘,U 盘又感染其他系统。

(2) 网络病毒,网络为病毒提供了最好的传播途径,它的破坏力是前所未有的。网络病毒利用计算机网络的协议或命令以及 E-mail 等进行传播,常见的是通过 QQ、BBS、E-mail、FTP、Web 等传播。

按寄生方式和传染途径分类。

(1) 引导型病毒,通过感染计算机系统的引导区控制系统。它将引导区控制系统的内容修改或替换,病毒程序执行后,才启动操作系统,系统看似正常,实际已经感染,等待时机传染和发作。

(2) 文件型病毒,主要感染可执行文件(.exe)和命令解释器文件(commond.com)。

(3) 引导型兼文件型病毒,利用文件感染时伺机感染引导区。

3. 计算机病毒的 3 种机制

病毒程序是一种特殊程序,其最大的特点是具有感染能力。病毒的感染动作受到触发机制的控制,病毒触发机制还控制了病毒的破坏动作。病毒程序一般由感染模块、触发模块、破坏模块、主控模块组成,相应为传染机制、触发机制和破坏机制 3 种。有的病毒不具备所有的模块,如巴基斯坦智囊病毒就没有破坏模块。

1) 传染机制

传染包括传播和感染,主要通过移动存储、全球网络访问、E-mail 会议/文件服务器/FTP/BBS、局域网、盗版软件、共享的个人计算机、修理服务等传播。感染机制有以下几种:引导型病毒的感染、寄生感染、插入感染和逆插入感染、链式感染、破坏性感染、滋生/伴侣感染、没有入口点的感染、OBJ、LIB 和源码的感染等。

几种感染机制分别如图 5-1～图 5-9 所示。

引导型病毒的感染情况如图 5-1 所示。

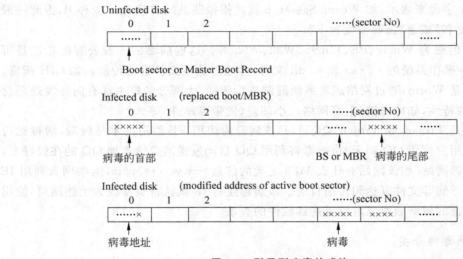

图 5-1　引导型病毒的感染

病毒将其代码放入宿主程序中,不论放入宿主程序的头部、尾部还是中间部位,都称为寄生感染。病毒放入宿主程序中部的感染方式称为插入感染,另外还有逆插入感染。

有两种方法把病毒放入文件的头部:第一种是把目标文件的头部移到文件的尾部,然后复制病毒体到目标文件的头部的空间;第二种是病毒在 RAM 中创建其复制,然后追加目标文件,最后把连接结果存到磁盘。

病毒感染文件头部情况如图 5-2 所示。

病毒感染文件尾部情况如图 5-3 所示。

插入感染情况如图 5-4 所示。

逆插入感染情况如图 5-5 所示。

链式感染情况如图 5-6 所示。

破坏性感染情况如图 5-7 所示。

滋生/伴侣感染情况如图 5-8 所示。

没有入口点的感染情况如图 5-9 所示。

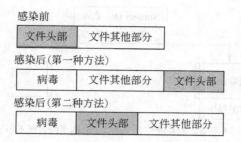

图 5-2 病毒感染文件头部

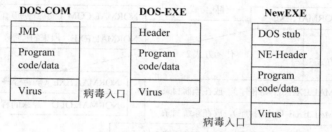

图 5-3 病毒感染文件尾部

图 5-4 插入感染

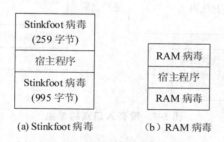

(a) Stinkfoot 病毒　　　(b) RAM 病毒

图 5-5 逆插入感染

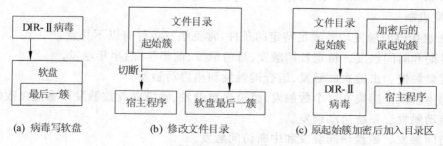

(a) 病毒写软盘　　　(b) 修改文件目录　　　(c) 原起始簇加密后加入目录区

图 5-6 链式感染

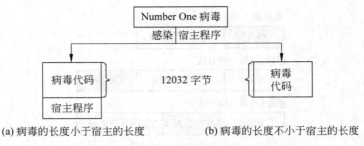

(a) 病毒的长度小于宿主的长度　　　　(b) 病毒的长度不小于宿主的长度

图 5-7　破坏性感染

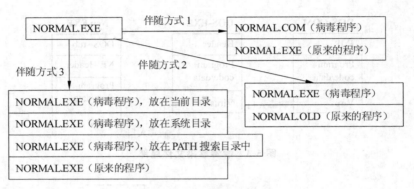

图 5-8　滋生/伴侣感染

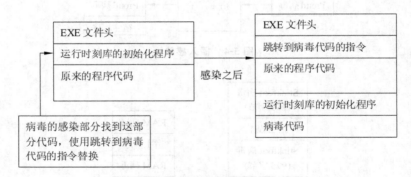

图 5-9　没有入口点的感染

恶意代码感染目标一般有以下类型文件：exe/com/dll/sys/scr/ocx/cpl、doc/xls/ppt/dot、eml/html/vbs/bat、chm/flash/jpeg、hta/php/asp/pl、mbr/dbr 等。

2）触发机制

一般恶意代码的触发均需满足特定的条件，常见触发条件有以下几点。

（1）日期和时间触发。特定日期触发、月份触发、前半年/后半年触发。

（2）键盘触发。击键次数触发、组合键触发和热启动触发。

（3）感染触发。感染文件个数触发、感染序数触发、感染磁盘数触发和感染失败触发。

（4）启动触发。系统启动触发。

（5）访问触发。磁盘访问触发和中断访问触发。

（6）其他触发。OS 型号触发、IP 地址触发、语言触发、地区触发、特定漏洞触发。

3）破坏机制

恶意代码的行为表现各异，破坏程度千差万别，但基本作用机制大体相同，其整个作用过程分为6个部分。

（1）侵入系统。侵入系统是恶意代码实现其恶意目的的必要条件。恶意代码入侵的途径有很多，例如，从互联网下载的程序本身就可能含有恶意代码；接收已经感染恶意代码的电子邮件；从光盘或软盘往系统上安装软件；黑客或者攻击者故意将恶意代码植入系统等。

（2）维持或提升现有特权。恶意代码的传播与破坏必须盗用用户或者进程的合法权限才能完成。

（3）隐蔽策略。为了不让系统发现恶意代码已经侵入系统，恶意代码可能会改名、删除源文件或者修改系统的安全策略来隐藏自己。传统病毒修改系统程序，伪装成系统程序，例如，相似的文件名；相同的名字，不同的目录；内存中传播，没有文件，等等。隐蔽通信技术包括反向连接、常用端口、ICMP 通信、加密通信、隧道通信（IP in IP、IPv6/IPv4）、ARP 欺骗、DHCP 欺骗、域名欺骗等。

（4）潜伏。恶意代码侵入系统后，等待一定的条件并具有足够的权限时，就发作并进行破坏活动。

（5）破坏。恶意代码的本质具有破坏性，其目的是造成信息丢失、泄密，破坏系统完整性等。

（6）重复（1）～（5）对新的目标实施攻击过程。

主要破坏内容有以下几个方面。

（1）攻击系统数据区。硬盘主引导扇区、Boot 扇区、FAT 表和文件目录等。

（2）攻击文件和硬盘。删除、改名、替换内容、丢失部分程序代码、内容颠倒、写入时间变空白、变碎片、假冒文件、丢失文件簇、攻击数据文件等。

（3）攻击内存。占用大量内存、改变内存总量、禁止分配内存、蚕食内存等。

（4）干扰系统的运行。不执行命令、干扰内部命令的执行、虚假报警、打不开文件、内部栈溢出、占用特殊数据区、换现行盘、时钟倒转、重启动、死机、强制游戏、扰乱串并行口、上网速度慢等。

（5）扰乱输出设备。字符跌落、环绕、倒置、显示前一屏幕、光标下跌、滚屏幕、抖动、乱写、吃字符，演奏曲子、警笛声、炸弹噪声、鸣叫、咔咔声和嘀嗒声，假报警、间断性打印和更换字符等。

（6）扰乱键盘。响铃、封锁键盘、换字、抹掉缓存区字符、重复和输入紊乱等。

5.2.3 恶意代码防范实务

1. 恶意代码防范措施与相应思路

恶意代码的防治，一般通过以下步骤来实现。

（1）检测。一旦系统被感染，就立即断定恶意代码的存在并对其进行定位。

（2）鉴别。对病毒进行检测后，辨别该恶意代码的类型。

（3）消除。在确定恶意代码的类型后，从受感染文件中删除所有的病毒并恢复程序的正常状态。消除被感染系统中的所有恶意代码，目的是阻止恶意代码的进一步传染。

针对恶意代码应采取的防范措施如下。

（1）掌握计算机防恶意代码知识，培养安全防范意识。

（2）切断恶意代码的传播途径,消除恶意代码的载体。

（3）定期对计算机进行恶意代码检测。

（4）安装防恶意代码软件,建立多级恶意代码防护体系。

恶意代码应急响应一般应包括以下几点。

（1）备份。

（2）数据修复。

（3）网络过滤。

（4）制订应急方案。

恶意代码防治产品发展历程主要经历以下几代。

第一代,简单的扫描:病毒的特征。

第二代,启发式的扫描:启发性知识,完整性的检查。

第三代,主动设置陷阱:行为监测。

第四代,全面的预防措施,采用虚拟机技术。

2. 恶意代码防护模型

恶意代码防护模型主要有以下几种。

（1）基于单机的恶意代码防护。

（2）基于网络的恶意代码防护。

（3）基于网络分级的恶意代码防护。

（4）基于邮件网关的恶意代码防护。

（5）基于网关级的恶意代码防护。

基于单机的恶意代码防护主要是安装杀毒软件,注意及时更新恶意代码库即可。

基于网络的恶意代码防护是在网管中心建立网络防恶意代码管理平台,实现恶意代码集中监控与管理,集中监测整个网络的恶意代码疫情,提供网络整体防恶意代码策略配置,在网管所涉及的重要部位设置防恶意代码软件或设备,在所有恶意代码能够进入的地方采取相应的防范措施,如图 5-10 所示。

基于网络分级的恶意代码防护,大型网络是由若干个局域网络组成的,局域网地理区域分散,具有明显的分层结构。采用三级管理模式:单机终端杀毒、局域网集中监控和广域网总部管理,如图 5-11 所示。

基于邮件网关的恶意代码防护设置在邮件网关入口处,接收来自外部的邮件,对恶意代码、不良邮件进行过滤,处理后将安全邮件转发至邮件服务器。

基于网关级的恶意代码防护,在网络出口处设置了有效的恶意代码过滤系统,防火墙将数据提交给网关杀毒系统进行检查,如有恶意代码入侵,网关防病毒系统将通知防火墙立刻阻断恶意代码攻击的 IP。

3. 计算机恶意代码的检测方法

1）恶意代码的手动分析方法

每一种恶意代码分析方法都有其特点,能够分析出的恶意代码特征也有较大差异,通常情况下,手动分析恶意代码需要完成以下几个步骤。

（1）利用静态特征分析的方法分析恶意代码的加密和压缩特性(如各种壳),提取恶意代

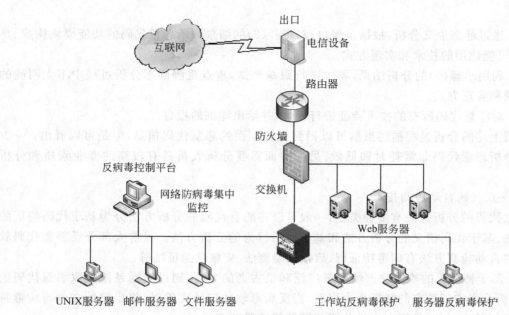

图 5-10 基于网络的恶意代码防护

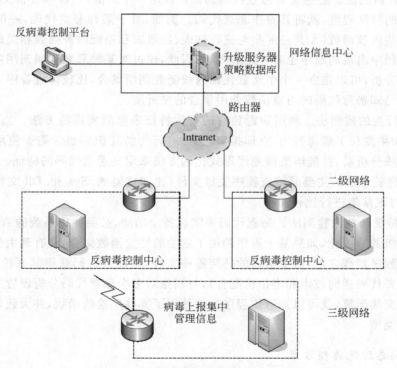

图 5-11 基于网络分级的恶意代码防护

码有关的文件名称、文件校验、特征码、特征字符串等。

(2) 通过动态调试法来评估恶意代码运行过程中对系统文件、注册表和网络通信状态的影响。由于这种分析方法需要实际运行恶意代码,因此可能会对恶意代码所在的操作系统构成严重安全威胁。一般处理方法是在虚拟机上运行恶意代码,并且建立前后注册表和系统快照。

（3）通过静态语义分析,根据步骤(1)和步骤(2)的结果判断恶意代码的功能模块构成、具体功能、可能使用的技术和实现方式。

（4）利用步骤(3)的分析结果,再次进行跟踪调试,重点观测静态分析过程中不太明确的功能领域和实现方式。

（5）对恶意代码所有的技术特征进行评估,并给出详细的报告。

根据上述的分析过程描述虽然可以得到比较全面的恶意代码信息,但是可以看出:一方面手动分析恶意代码非常耗时和低效;另一方面需要分析人员具有较高的专业素质和分析经验。

2）恶意代码自动检测技术

恶意代码的分析方法有多种类型,一般可以将恶意代码的分析方法分为基于代码特征的分析方法、基于代码语义的分析方法和基于代码行为的分析方法。目前大部分反恶意代码软件所用的自动检测方法有病毒特征码、启发式检测法、完整性验证法等。

（1）基于特征码的检测法。使用最广泛和最古老的方法,通过蜜罐系统提取恶意代码的样本,分析采集它们独有的特征指令序列,当反病毒软件扫描文件时,将当前的文件与病毒特征码库进行对比,判断是否有文件片段与已知特征码匹配。

（2）启发式检测法。思想是为恶意代码的特征设定一个阈值,扫描器分析文件时,当文件类似恶意代码的特征程度,就将其看作恶意代码。例如,对于某种恶意代码,一般都会固定的调用特定的一些内核函数(尤其是那些与进程列表、注册表和系统服务列表相关的函数),通常这些函数在代码中出现的顺序也有一定的规律,因此,通过对某种恶意代码调用内核函数的名称和次数进行分析,可以建立一个个恶意代码内核函数调用集合,比较待查程序调用的内核函数和数据库中已知恶意代码的内核函数调用集合的贴近度。

（3）基于行为的监测法。利用病毒独有的行为特征来监测病毒的方法。当程序运行时,监视其行为,如果发现了病毒行为,立即报警。另外,行为特征识别通常需要使用类神经网络一类方法来训练分析器,并能够准确地用形式化的方法来定义恶意代码的特征。

（4）完整性验证法。主要是检查程序关键文件(比如重要的.Sys和.Dll文件)的CRC或者MD5的值与正常值进行比较。

（5）基于特征函数的检测法。恶意代码要实现特定功能,必要使用系统的API函数(包括内核级和用户级的),因此,如果某个程序调用了危险的特定函数集合,便有理由怀疑其可能是恶意代码。在程序加载之前,对于引入的任何程序文件,扫描其代码获得其系统函数集合(这个过程可能需要代码逆向技术和虚拟机配合),与根据对多个恶意代码分析设置好的一系列特征函数集合做交集运算,就可以知道该程序文件使用了哪些危险的函数,并大致可以估计其功能和属于哪种类型。

4. 传统病毒防范典型技术

典型恶意代码防范技术主要有以下几种。

（1）数字免疫系统。主要包括封闭循环自动化网络防病毒技术和启发式侦测技术。

（2）监控病毒源技术。主要是密切关注、侦测和监控网络系统外部病毒的动向,将所有病毒源堵截在网络入口处。

（3）主动内核技术。将已经开发的各种网络防病毒技术从源程序级嵌入操作系统或网络系统内核中,实现网络防病毒产品与操作系统的无缝连接。

(4) 分布式处理技术。大规模网络环境下,恶意代码的传播速度非常快,对恶意代码的快速响应要求也越来越高,所以采用"集中式管理,分布式杀毒"的方式来解决这个问题,即在分布式环境下协作来解决问题。每个检测点对所捕获的数据进行异常检测,从而发现未知的恶意代码,并获取它的样本,进行特征分析,获取其特征,然后将这个特征更新到整个网络中所有的特征检测点,从而完成对恶意代码的应急处理。分布式协作还包括对异常的分析、响应方法的通知、特征的广播等。

(5) 安全网管技术。主要是指防毒软件集中安装、卸载、设置、扫描、更新。

恶意代码防范技术发展趋势主要有以下几点。

(1) 防病毒与反黑客相结合。

(2) 从入口处拦截病毒。

(3) 全面解决方案。

(4) 客户化定制。

(5) 从区域化到国际化。

防恶意代码产品一般应具备以下能力需求。

(1) 病毒查杀能力。

(2) 对新病毒的反应能力。

(3) 病毒实时监测能力。

(4) 快速方便升级。

(5) 智能安装,远程识别。

(6) 管理方便,易于操作。

(7) 对现有资源的少占用。

(8) 系统兼容性。

建设病毒防范系统应考虑以下因素。

(1) 完整的产品体系和较高的病毒检测率。

(2) 功能完善的防病毒软件控制台。

(3) 减少通过广域网进行管理的流量。

(4) 方便易用的报表功能。

(5) 对计算机病毒的实时防范能力。

(6) 快速及时的病毒特征码升级。

具体病毒防范产品选购标准应满足以下功能。

(1) 内存解毒。病毒和其他所有程序一样,都是在内存里运行,杀毒软件对内存进行解毒是最基本的功能。能安全迅速地恢复病毒对内存所做的修改,无须重新启动引导机器即可完成对病毒的查解。

(2) 查解变体代码机和病毒制造机。能对各种变体代码机和病毒制造机自动分析、辨别,对它们产生的各种病毒真正实现全部查出和解除。

(3) 虚拟机技术。即虚拟机脱壳引擎(Virtual machine Unpack Engine,VUE)技术。对于病毒,如果让其运行,则用户计算机就会被病毒感染。因此,出现一种新的思路,即给病毒构造一个仿真的环境,诱骗病毒自己脱掉"马甲"。并且"虚拟环境"和用户的计算机隔离,病毒在虚拟机的操作不会对用户计算机有任何的影响。应对各类变形、幽灵、加密病毒有奇效,无论病毒如何变化,都能将其准确地分析和还原。一改特征码查毒的概念,真正实现了对变形病毒的变形体百分之百查解,也使解毒变得非常容易。

(4)未知病毒预测。未知病毒是指被手动查杀的方法发现,但商用杀毒软件不能探知具体病毒名称的病毒。这类病毒的起源一般是人为的再次加密、特征码转换等方法产生的新病毒,从病毒的行为特征可以判断它就是病毒。使用代码分析和病毒常用手段的综合加权分析,检测还没有命名的未知病毒,并能报告出未知病毒感染的目标类型和病毒类别。每天都会出现很多种病毒,因此能否查解未知病毒、能否跟得上病毒的发展趋势至关重要。

(5)在线监控、实时解毒。对系统进行实时监测,将软盘、光盘、移动存储、网络等检测出的病毒能当场解除。

(6)病毒源跟踪。在局域网上查到病毒时,能准确定位有关的网站,记入报告文件,并给网站发送病毒的消息,必要时会将这些工作站注销,帮助管理员快速地找到病毒源。

(7)压缩还原技术。对 Pklite、Diet、Exepack、Com2exe、Lzexe、Cpav 等几百种压缩加壳软件自动还原,彻底解除隐藏较深的病毒,避免病毒死灰复燃。

(8)包裹还原技术。展开 ZIP、Rar、Ice、Lha 等几十种包裹文件,使隐藏在光盘、互联网下传文件中的病毒在展开和安装前便被检测出。

(9)应急恢复。提供磁盘关键数据的保护和系统文件备份,无论在病毒、断电或其他任何事故导致文件损坏、硬盘数据丢失或系统无法启动时,仅用一张引导盘就可实现快捷的恢复,能够正确备份、恢复主引导记录和引导扇区。

(10)VxD 和 VDD 技术。有效地利用虚拟设备驱动程序,提高性能、效率和稳定性,并提供在操作系统下对底层的控制,完成内存病毒查解和引导型病毒查解。

(11)查解特洛伊木马。对数千种特洛伊木马以及恶意代码和有害程序具备识别能力与处理手段,使之失去破坏能力。

(12)查解 Java 病毒。对 Java 病毒和有恶意的 Java、Activex、Cookie 等,能够迅速从服务器和工作站中将它们查解并关闭掉,必要时还应该能够删除相关文件。

(13)查解宏病毒。准确、安全地处理各种版本、各种语言的宏,解毒后不影响自定义宏,不会改变文档内容。

(14)多平台支持。好的杀毒软件不但实现单机杀毒,而且应支持 Windows XP/2003/7/2008、Novel 1、UNIX 等多种操作系统和网络,并为 Internet/Intranet 网络用户提供较好的反病毒侵害解决方案。

(15)网络反病毒。提供实时查杀网络病毒、邮件病毒功能和 Internet 保护功能。

(16)检测病毒数量。病毒的数量、种类呈迅猛发展的趋势,能查杀病毒的种类也就成为评测杀毒软件的指标之一。

(17)具有公安部颁发的销售许可证,计算机病毒防治产品必须具有公安部颁发的计算机信息系统安全专用产品销售许可证才可以上市销售。

当然,界面友好、智能升级且升级速度快(最好能提供在线升级)、简单易用等特性也很有必要。

5.2.4　相关标准规范

恶意代码防护及其工具产品相关标准规范如下。

1. 中华人民共和国公安部令第 51 号《计算机病毒防治管理办法》

2. GA 243—2000《计算机病毒防治产品评级准则》

3. SY/T 6783—2010《石油工业计算机病毒防范管理规范》

4. GJB 5368—2005《计算机病毒防治系统技术要求》

5. GB/T 30279—2013《网络安全技术 安全漏洞等级划分指南》

6. 中国反网络病毒联盟 2011 年发布的《移动互联网恶意代码描述规范》

5.3　身份认证技术

5.3.1　身份认证技术概述

身份认证技术是在计算机网络中确认操作者身份的过程中产生的解决方法。计算机网络世界中一切信息包括用户的身份信息，都是用一组特定的数据来表示的，计算机只能识别用户的数字身份，所有对用户的授权也是针对用户数字身份的授权。如何保证以数字身份进行操作的操作者就是这个数字身份合法拥有者，也就是说如何保证操作者的物理身份与数字身份相对应，身份认证技术就是来解决这个问题。作为防护网络资产的第一道关口，身份认证有着举足轻重的作用。

大家熟悉的如防火墙、入侵检测、VPN、安全网关、安全目录等，都与身份认证有着联系，从这些安全产品实现的功能来分析可知：防火墙保证了未经授权的用户无法访问相应的端口或使用相应的协议；入侵检测系统能够发现未经授权用户攻击系统的企图；VPN 在公共网络上建立一个经过加密的虚拟的专用通道供经过授权的用户使用；安全网关保证了用户无法进入未经授权的网段；安全目录保证了授权用户能够对存储在系统中的资源迅速定位和访问。这些安全产品实际上都是针对用户数字身份的权限管理，它们解决了每个数字身份对应能干什么的问题。而身份认证解决了用户的物理身份和数字身份相对应的问题，给它们提供了权限管理的依据。

如果把网络安全体系看作一个木桶，那么这些安全产品就是组成木桶的一块块木板，而整个系统的安全性取决于最短的一块木板。这些模块在不同的层次上阻止了未经授权的用户访问系统，这些授权的对象都是用户的数字身份。而身份认证模块就相当于木桶的桶底，由它来保证物理身份和数字身份的统一，如果桶底是漏的，那桶壁上的木板再长也没有用。因此，身份认证是整个网络安全体系最基础的环节，身份安全是网络安全的基础。

在真实世界中，对用户的身份认证基本方法可以分为 3 种。

(1) 根据你所知道的信息来证明你的身份(what you know，你知道什么)。

(2) 根据你所拥有的东西来证明你的身份(what you have，你拥有什么)。

(3) 直接根据独一无二的身体特征来证明你的身份(who are you，你是谁)，比如，指纹、面貌等。

在网络世界中的手段与真实世界中的一致，为了达到更高的身份认证安全性，某些场景会将上面的 3 种挑选 2 种混合使用，即所谓的双因素认证。

5.3.2　身份认证技术基础

身份认证所需的技术基础包括物理基础、数学基础、协议基础 3 个方面。

1. 物理基础

身份认证的物理基础可以分为以下 3 种。

(1) 用户所知道的信息,如个人标识号(PIN)、口令等。

(2) 用户所持有的证明,如门卡、智能卡、硬件令牌等。

(3) 用户的特征,如指纹、虹膜、视网膜扫描结果或其他生物特征等特有信息。

2. 数学基础

示证者(Prover,P)为了向验证者(Verifier,V)证明自己知道某信息,有两种方法。基于知识的证明和基于零知识的证明。

1) 最小泄露证明

最小泄露证明需要满足以下两个条件。

(1) P 几乎不可能欺骗 V:如果 P 知道某信息,它可以使 V 以极大的概率相信它知道某信息;如果 P 不知道某信息,则也使 V 相信它知道某信息的概率几乎为零。

(2) V 几乎不可能知道某信息,特别是它不可能向别人重复证明过程。

2) 零知识证明

零知识证明除了满足最小泄露证明的两个条件之外,还要满足:V 无法从 P 那里得到任何有关某信息的知识。

零知识证明可以结合一个通俗的例子来理解,如图 5-12 所示。山洞里有一扇上锁的门,P 知道打开门的咒语,按下面的协议 P 就可以向 V 证明它知道咒语而不需要告诉 V 咒语的内容。

(1) V 站在 A 点。

(2) P 进入山洞,走到 C 点或 D 点。

(3) 当 P 消失后,V 进入 B 点。

(4) V 指定 P 从左边或右边出来。

(5) P 按照要求出洞。

(6) P 和 V 重复步骤(1)~步骤(5)n 次。

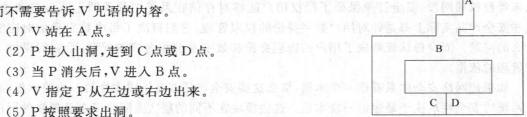

图 5-12 零知识证明

3. 协议基础

身份认证协议按照认证的方向可分为:①双向认证协议,即通信双方相互认证对方的身份;②单向认证协议,即通信的一方认证另一方的身份,如服务器先要认证用户是否是这项服务的合法用户,但不需要向用户证明自己的身份。

按照使用的密码技术可分为两种。

(1) 基于对称密码的认证协议,一般需要双方事先已经通过其他方式拥有共同的密钥。

(2) 基于公钥密码的认证协议,一般需要知道对方的公钥。但是公钥加解密速度慢、代价大,所以认证协议的最后,双方要协商出一个对称密钥作为下一步通信的会话密钥。

1) 基于对称密码的双向认证的 Needham/Schroeder 协议

基本模型如下。

步骤 1   A→KDC:IDA‖IDB‖N_1

步骤 2   KDC→A:EKa[Ks‖IDB‖N_1‖EKb[Ks‖IDA]]

步骤 3　A→B：EKb[Ks || IDA]

步骤 4　B→A：EKs[N₂]

步骤 5　A→B：EKs[f(N₂)]

其中，KDC 是密钥分发中心；IDA 是 A 身份的唯一标识；密钥 Ka 和 Kb 分别是 A 和 KDC、B 和 KDC 之间共享的密钥；N_1 和 N_2 是两个 once；$f(N)$ 是对 N 进行一个运算，比如 $f(N)=N+1$。

保密密钥 Ka 和 Kb 分别是 A 和 KDC、B 和 KDC 之间共享的密钥，本协议的目的就是要安全地分发一个会话密钥 Ks 给 A 和 B。发出信息的人只希望所发的信息仅被与此有关的人获悉。为此，人们使用密码对自己所发出的信息进行加密，只有配有相同密码和密钥的人才能解密信息。

步骤 1 中 A 向 KDC 发出请求，要求得到一个用来保护 A 和 B 之间逻辑连接的会话密钥。这个报文包括 A 和 B 的标识，以及一个对于这次交互而言的唯一标识符 N_1（即临时交互号），N_1 可以是一个时间戳、一个计数器或一个随机数，对它的最低要求是它在每个请求中是不同的，主要目的是防止冒充。

A 在步骤 2 安全地得到一个新的会话密钥，步骤 3 只能由 B 解密并理解。步骤 4 表明 B 已知道 Ks 了。步骤 5 中 A 使用 Ks 响应一个消息，其中 f 是一个对 N_2 进行某种变换的函数，表明 B 相信 A 知道 Ks 并且消息不是伪造的。实际上，步骤 1～步骤 3 为密钥分配过程，而步骤 4 和步骤 5 是鉴别过程。

步骤 4 和步骤 5 的目的是为了防止某种类型的重放攻击。特别是，如果攻击者 X 能够在步骤 3 捕获该消息，X 可冒充 A，使用旧密钥通过简单的重放步骤 3 就可以欺骗 B。除非 B 一直牢记所有与 A 的会话密钥，否则 B 无法确定这是一个重放。

上述方法尽管有步骤 4 和步骤 5 的握手，但仍然有漏洞。如果 X 能够截获到步骤 4 中的报文，那么它就能模仿步骤 5 中的响应。从这点看，X 可以向 B 发送一个伪造报文，让 B 以为报文来自 A 的且使用了鉴别过的会话密钥。

2) Denning 改进后的双向认证协议

Denning 提出了通过对上述协议的修改来克服其弱点，这种修改包括在步骤 2 和步骤 3 中增加时间戳，假定主密钥 Ka 和 Kb 是安全的，基本模型如下。

步骤 1　A → KDC　IDA||IDB

步骤 2　KDC → A　EKa[Ks||IDB||T||EKb[Ks||IDA||T]]

步骤 3　A → B　EKb[Ks||IDA||T]

步骤 4　B → A　EKs[N₁]

步骤 5　A → B　EKs[f(N₁)]

其中，T 是时间戳，它能向 A 和 B 确保该会话密钥是新产生的。A 和 B 通过验证下式来证实时效性：

$$|\text{Clock} - T| < \Delta t_1 + \Delta t_2$$

其中，Δt_1 是 KDC 时钟与本地时钟 A 或 B 之间差异的估计值，Δt_2 是预期的网络延迟时间。

时间戳 T 使用主密钥加密，即使攻击者获得旧的会话密钥，由于步骤 3 的重放，将会被 B 检测出时间戳不及时而不会成功。

Denning Protocol 比 Needham/Schroeder Protocol 在安全性方面增强了一步，然而又提

出新的问题,即必须要求各时钟均可通过网络同步。如果发送者的时钟比接收者的时钟要快,攻击者就可以从发送者窃听消息,并在以后当时间戳,对接收者来说成为当前重放给接收者,这种重放将会得到意想不到的后果,这类攻击称为抑制重放攻击。

3) 基于公钥密码的双向认证协议 WOO92b 协议

这是一个基于临时值握手协议,基本模型如下。

步骤 1 A→KDC:IDA || IDB

步骤 2 KDC→A:EKRauth[IDB||KUb]

步骤 3 A→B:EKUb[Na||IDA]

步骤 4 B→KDC:IDB||IDA||EKUauth[Na]

步骤 5 KDC→B:EKRauth[IDA||KUa]||EKUb[EKRauth[Na||Ks||IDA||IDB]]

步骤 6 B→A:EKUa[EKRauth[Na||Ks||IDA||IDB]||Nb]

步骤 7 A→B:EKs[Nb]

其中,KUa 是 A 的公钥;KRa 是 A 的私钥;KUauth 是 KDC 的公钥;KRauth 是 KDC 的私钥。

在步骤 1 中,A 通知 KDC 打算与 B 建立一个安全连接;在步骤 2 中,KDC 向 A 返回一份 B 的公开密钥证书备份;在步骤 3 中,使用 B 的公开密钥,A 通知 B 它期望进行通信并发送即时交互数 Na;在步骤 4 中,B 向 KDC 请求 A 的公开密钥证书和一个会话密钥,B 的请求中包含 A 的现时以便使 KDC 能使用该即时交互数对会话密钥进行标记,这个即时交互数使用 KDC 的公开密钥进行保护;在步骤 5 中,KDC 向 B 返回一个 A 的公开密钥证书备份以及信息 [Na||Ks||IDA||IDB]。这个信息向其表明 Ks 是由 KDC 代表 B 产生并绑定到 Na 的,Ks 与 Na 的绑定将使 A 确保 Ks 是最新的。为了让 B 能证实该元组确实来自 KDC,使用 KDC 的私钥对其加密;在步骤 6 中,用 KDC 的私有密钥加密的元组连同由 B 生成的即时交互数 Nb 加密后发回给 B,最后一个报文使 B 确信 A 已获得会话密钥。

4) 单向认证协议

如果通信的双方只需一方被另一方鉴别身份,这样的认证过程就是一种单向认证,口令核对法实际上也可以算是一种单向认证,只是这种简单的单向认证还没有与密钥分发相结合。

与密钥分发相结合的单向认证主要有两类方案:一类采用对称密钥加密体制,需要一个可信赖的第三方——KDC 或 AS,由这个第三方来实现通信双方的身份认证和密钥分发;另一类采用非对称密钥加密体制,无须第三方参与。

不基于第三方,A 和 B 事先拥有共享密钥情形如下。

步骤 1 A→B:IDA || N_1

步骤 2 B→A:EKab[Ks || IDB || $f(N_1)$ || N_2]

步骤 3 A→B:EKs[$f(N_2)$]

IDA 是 A 身份的唯一标识;N_1 和 N_2 是两个 once;$f(N)$ 是对 N 进行一个运算,如 $f(N)=N+1$。

通信双方都事先与第三方有共享密钥情形如下。

步骤 1 A→KDC:IDA||IDB ||N_1

步骤 2 KDC→A:EKa[Ks||IDB||N_1||EKb[Ks ||IDA]]

步骤 3 A→B:EKb[KS||IDA]||EKs[M]

IDA 表示 A 身份的唯一标识;密钥 Ka 和 Kb 分别是 A 和 KDC、B 和 KDC 之间共享的密钥;N_1 和 N_2 是两个 once;$f(N)$ 是对 N 进行一个运算,比如 $f(N)=N+1$。

基于公钥情形如下。

A→B:EKUb[Ks]||EKs[M||EKRa[H(M)]]

其中,EKUb 是 B 的公钥,EKRa 是 A 的私钥。

5) 防止重放攻击的身份认证

A 与 B 通信时,第三方 C 窃听并获得了 A 过去发给 B 的消息 M,然后冒充 A 的身份将 M 发给 B,希望能够以 A 的身份与 B 建立通信并从中获得有用信息。防止重放攻击的常用方式有时间戳和提问应答。

双向认证协议是使通信双方确认对方的身份然后交换会话密钥,适用于通信双方同时在线的情况,是最常用的协议。基于认证的密钥交换核心是保密性和时效性。

5.3.3 身份认证的实现

1. 实现协议

1) 拨号认证协议

拨号认证协议主要有 PAP、CHAP、TACACS+、RADIUS 等。

(1) PAP 协议。密码认证协议(Password Authentication Protocol,PAP)是 PPP 协议集中的一种链路控制协议,主要是通过使用两次握手提供一种对等节点的建立认证的简单方法,建立在初始链路确定的基础上。

请求者不停地发送认证请求包,直到收到一个回复包或重试计数器过期。认证者收到请求者发来的一个对等 ID/口令对其进行比较。

缺点如下。

① 只认证对等实体。

② 口令在电路中以明文传输。

③ 没有防止重放或反复的攻击。

(2) CHAP 协议。CHAP 通过三次握手周期性地校验对端的身份,在初始链路建立时完成,可以在链路建立之后的任何时候重复进行。

① 链路建立阶段结束之后,认证者向对端点发送 challenge 消息。

② 对端点用经过单向 Hash 函数计算出来的值做应答。

③ 认证者根据自己计算的 Hash 值来检查应答,如果值匹配,认证得到承认;否则,连接终止。

④ 经过一定的随机间隔,认证者发送一个新的 challenge 给端点,重复步骤 1~步骤 3。

(3) TACACS+ 协议。终端访问控制器访问控制系统(Terminal Access Controller Access-Control System Plus,TACACS+)是一种为路由器、网络访问服务器和其他互联计算设备通过一台或多台集中的服务器提供访问控制的协议。TACACS+ 提供了独立的认证、授权和记账服务。

认证、授权与记账(Authentication,Authorization and Accounting,AAA)使用 TCP。

TACACS 允许客户机接收用户名和口令,并发送查询指令到 TACACS 认证服务器(又称 TACACS Daemon 或 TACACSD)。在通常情况下,该服务器运行在主机上的一个程序。该主机决定是否接收或拒绝,然后返回一个响应。TIP 根据响应类型,判断是否允许访问。

（4）RADIUS 协议。远程用户拨号认证系统（Remote Authentication Dial In User Service，RADIUS）是一种在网络接入服务器（Network Access Server，NAS）和共享认证服务器间传输认证、授权和配置信息的协议。RADIUS 使用 UDP 作为其传输协议。此外，RADIUS 也负责传送网络接入服务器和共享计费服务器间的计费信息。RADIUS 协议认证机制灵活，可以采用 PAP、CHAP 或者 UNIX 登录认证等多种方式。RADIUS 是一种可扩展的协议，它进行的全部工作都是基于 Attribute-Length-Value 的向量进行的。RADIUS 也支持厂商扩充厂家专有属性。

RADIUS 协议主要特征如下。

① 客户机/服务器（C/S）模式。网络接入服务器（NAS）作为 RADIUS 的客户机，负责将用户信息传入 RADIUS 服务器，按照 RADIUS 服务器的不同的响应来采取相应动作。另外，RADIUS 服务器还可以充当别的 RADIUS 服务器或者其他种类认证服务器的代理客户。

② 网络安全（Network Security）。网络接入服务器 NAS 和 RADIUS 服务器之间的事务信息交流由两者共享的密钥进行加密，并且这些信息不会在两者之间泄露出去。

③ 灵活认证机制（Flexible Authentication Mechanisms）。RADIUS 服务器支持多种认证机制。它可以验证来自 PPP、PAP、CHAP 和 UNIX 系统登录的用户信息的有效性。

④ 协议可扩展性（Extensible Protocol）。所有的认证协议都是基于"属性－长度－属性值"组成的，所以协议扩展起来非常方便。在目前很多比较高版本的 Linux 中，它们都把 RADIUS 的安装程序包含在系统源码中。这可以很容易地通过免费的 Linux 操作系统学习 RADIUS 授权、认证的原理和应用。

2）Kerberos 认证协议

Kerberos 是由 MIT 开发的提供网络认证服务的系统。它可用来为网络上的各种 Server 提供认证服务，使得口令不再是以明文方式在网络上传输，并且连接之间通信加密。

Kerberos 基于对称密码体制，可提供 3 种安全等级。

（1）只在网络开始连接时进行认证，认为连接建立起来后的通信是可靠的。

（2）安全消息（Sage Messages）传递。

（3）私有消息（Private Messages）传递。

Kerberos 认证服务被分配到两个相对独立的服务器：认证服务器 AS（Authentication Server），它同时应该连接并维护一个中央数据库存放用户口令、标识等；票据许可服务器 TGS（Ticket Granting Server）。整个系统由 4 部分组成：AS、TGS、Client 和 Server。

Kerberos 基本结构如图 5-13 所示。

Kerberos 有两种证书：票据（Ticket）和鉴别码（Authenticator）。这两种证书都要加密，但加密的密钥不同。

票据用来安全地在认证服务器和用户请求的服务之间传递用户的身份，同时也传递附加信息。用来保证使用 Ticket 的用户必须是 Ticket 中指定的用户。Ticket 一旦生成，在生存时间内可以被 Client 多次使用来申请同一个 Server 的服务。

鉴别码提供信息与 Ticket 中的信息进行比较，一起保证发出 Ticket 的用户就是 Ticket 中指定的用户。Authenticator 只能在一次服务请求中使用，每当 Client 向 Server 申请服务时，必须重新生成 Authenticator。

在 Kerberos V 系统中，整个认证过程模型如图 5-14 所示。

① 请求票据许可票据（KRB_AS_REQ）：c，tgs，n。

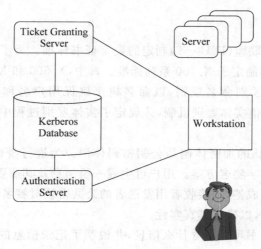

图 5-13 Kerberos 基本结构

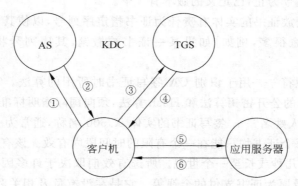

图 5-14 Kerberos V 认证协议模型

② 票据许可票据(KRB_AS_REP):{Kc,tgs,n}Kc,{Tc,tgs}Ktgs。

③ 请求服务器票据(KRB_TGS_REQ):{Ac,s}Kc,tgs,{Tc,tgs}Ktgs,n。

④ 服务器票据(KRB_TGS_REP):{Kc,s,n}Kc,tgs,{Tc,s}Ks。

⑤ 请求服务(KRB_AP_REQ):{Ac,s}Kc,s,{Tc,s}Ks。

⑥ 服务器认证(KRB_AP_REP):{t1}Kc,s。

其中,Tc,s＝s,{c,a,v,Kc,s}Ks;Ac,s＝{c,t,key}Kc,s。

在 Kerberos 认证模型中使用了两种数据结构作为包含有信任信息的信任状,分别是票据 Tc,s 和认证标记 Ac,s。它们都基于对称密钥加密,但是被不同的密钥加密。票据被用来在身份认证服务器和应用服务器之间安全地传递票据使用者的身份。

在第 5 版的 Kerberos 整个认证过程中,消息有以下 5 个。

① c →AS:c,tgs

② AS →c:Ekc[Kc,tgs]||Ektgs[Tc,tgs]

③ c →TGS:Ekc,tgs[Ac,s]||Ektgs[Tc,tgs]

④ TGS →c:Ekc,tgs[Kc,s]||Eks[Tc,s]

⑤ c →s:Ekc,s[Ac,s]||Eks[Tc,s]

其中,c 是客户,AS 是鉴别服务器,TGS 是票据许可服务器,s 是 c 要使用的服务器,其余的标记与前文相同。

3) X.509 认证协议

X.509 是由国际电信联盟(ITU—T)制定的数字证书标准。为了提供公用网络用户目录信息服务,ITU 于 1988 年制定了 X.500 系列标准。其中,X.500 和 X.509 是安全认证系统的核心,X.500 定义了一种区别命名规则,以命名树来确保用户名称的唯一性。X.509 则为 X.500 用户名称提供了通信实体鉴别机制,并规定了实体鉴别过程中广泛适用的证书语法和数据接口,称为证书。

在 X.509 方案中,默认的加密体制是公钥密码体制。为进行身份认证,X.509 标准及公共密钥加密系统提供了数字签名方案。用户可生成一段信息及其摘要(信息"指纹")。用户用专用密钥对摘要加密以形成签名,接收者用发送者的公共密钥对签名解密,并将解密信息与收到的信息"指纹"进行比较,以确定其真实性。

X.509 标准规定了证书可以包含什么信息,并说明了记录信息的方法(数据格式)。包含数据如下。

(1) 版本号——迄今为止,已定义的版本有 3 个。

(2) 序列号——发放证书的实体有责任为证书指定序列号,以使其区别于该实体发放的其他证书。此信息用途很多,例如,如果某一证书被撤销,其序列号将放到证书撤销清单(CRL)中。

(3) 签名算法标识符——用于识别 CA 签写证书时所用的算法。算法标识符用来指定 CA 签写证书时所使用的公开密钥算法和 Hash 算法,须向国际指明标准组织(如 ISO)注册。

(4) 发布者,签发人姓名——签写证书的实体 X.500 名称,通常为一个 CA。

(5) 有效期——每个证书均只能在一个有限的时间段内有效。该有效期以起始日期和终止日期表示,可以短至几秒或长至一个世纪。所选有效期取决于许多因素,例如,用于签写证书的私钥的使用频率及愿为证书支付的金钱等。它是在没有危及相关私钥的条件下,实体可以依赖公钥值的预计时间。

(6) 主体名——证书可以识别其公钥的实体名。此名称使用 X.500 标准,因此在 Internet 中应是唯一的。它是实体的特征名(DN),例如:

```
CN=Java Duke,OU=Java Software Division,O=Sun Microsystems Inc,C=US
```

这些指主体的通用名、组织单位、组织和国家。

(7) 主体公钥信息——被命名实体的公钥,同时包括指定该密钥所属公钥密码系统的算法标识符及所有相关的密钥参数。即包括被证明有效的公钥值和使用这个公钥的方法名称,认证机构的数字签名——以确保这个证书在发放之后没有被篡改过。

(8) 颁发者唯一标识符,仅在版本 2 和版本 3 中有要求,属于可选项。

(9) 主体唯一标识符——证书拥有者的唯一标识符,仅在版本 2 和版本 3 中有要求,属于可选项。

(10) X.509 证书扩展部分。

可选的标准和专用的扩展仅在版本 2 和版本 3 中使用,扩展部分的元素都有以下结构。

```
Extension ::=SEQUENCE {
        extnID      OBJECT IDENTIFIER,
        critical    BOOLEAN DEFAULT FALSE,
```

```
extnValue    OCTET STRING }
```

其中,extnID 表示一个扩展元素的 OID;critical 表示这个扩展元素是否极重要;extnValue 表示这个扩展元素的值,字符串类型。

扩展部分包括以下部分。

① 发行者密钥标识符。证书所含密钥的唯一标识符,用来区分同一证书拥有者的多对密钥。

② 密钥使用。一个比特串指明(限定)证书的公钥可以完成的功能或服务,如证书签名、数据加密等。

如果某一证书将 KeyUsage 扩展标记为"极重要",而且设置为 KeyCertSign,则在 SSL 通信期间该证书出现时将被拒绝,因为该证书扩展表示相关私钥应只用于签写证书,而不应该用于 SSL。

③ CRL 分布点。指明 CRL 的分布地点。

④ 私钥的使用期。指明证书中与公钥相联系的私钥的使用期,它也由 Not Before 和 Not After 组成。若此项不存在,则公私钥的使用期相同。

⑤ 证书策略。由对象标识符和限定符组成,这些对象标识符说明证书的颁发与使用策略有关。

⑥ 策略映射。表明两个 CA 域之间的一个或多个策略对象标识符的等价关系,仅在 CA 证书里存在。

⑦ 主体别名。指出证书拥有者的别名,如 E-mail 地址、IP 地址等,别名和 DN 绑定在一起。

⑧ 颁发者别名。指出证书颁发者的别名,如 E-mail 地址、IP 地址等,但颁发者的 DN 必须出现在证书的颁发者字段。

⑨ 主体目录属性。指出证书拥有者的一系列属性。可以使用这一项来传递访问控制信息。

X.509 给出的鉴别框架是一种基于公开密钥体制的鉴别业务密钥管理。一个用户有两把密钥:一把是用户的专用密钥(私钥),另一把是其他用户都可得到和利用的公共密钥(公钥)。用户可用常规加密算法(如 DES)为信息加密,然后再用接收者的公共密钥对 DES 进行加密并将之添加到信息上,这样接收者可用对应的专用密钥打开 DES 密锁,并对信息解密。

4) 802.1x 认证协议

802.1x 认证协议起源于 802.11 协议,后者是 IEEE 的无线局域网协议,制订 802.1x 认证协议的初衷是解决无线局域网用户的接入认证问题。IEEE 802.1x 是根据用户 ID 或设备对网络客户端(或端口)进行鉴权的标准,该流程被称为"端口级别的鉴权"。它采用远程认证拨号用户服务(RADIUS)方法,并将其划分为 3 个不同小组:请求方、认证方和授权服务器。

802.1x 标准应用于试图连接到端口或其他设备(如 Cisco Catalyst 交换机或 Cisco Aironet 系列接入点)(认证方)的终端设备和用户(请求方)。认证和授权都通过鉴权服务器(如 Cisco Secure ACS)后端通信实现。IEEE 802.1x 提供自动用户身份识别,集中进行鉴权、密钥管理和 LAN 连接配置。整个 802.1x 的实现涉及 3 个部分:请求者系统、认证系统和认证服务器系统。

请求者系统是位于局域网链路一端的实体,由连接到该链路另一端的认证系统对其进行认证。请求者通常是支持 802.1x 认证的用户终端设备,用户通过启动客户端软件发起

802.1x认证,后文的认证请求者和客户端二者含义相同。

认证系统对连接到链路对端的认证请求者进行认证。认证系统通常为支持802.1x协议的网络设备,它为请求者提供服务端口,该端口可以是物理端口也可以是逻辑端口,一般在用户接入设备(如 LAN Switch 和 AP)上实现802.1x认证。

认证服务器系统是为认证系统提供认证服务的实体,建议使用 RADIUS 服务器来实现认证服务器的认证和授权功能。

请求者系统和认证系统之间运行802.1x定义的EAPoL(Extensible Authentication Protocolover LAN)协议。当认证系统工作于中继方式时,认证系统与认证服务器系统之间也运行 EAP(Extensible Authentication Protocol)协议,EAP 帧中封装认证数据,将该协议承载在其他高层次协议中(如 RADIUS),以便穿越复杂的网络到达认证服务器系统;当认证系统工作于终结方式时,认证系统终结 EAPoL 消息,并转换为其他认证协议(如 RADIUS),传递用户认证信息给认证服务器系统。

认证系统每个物理端口内部包含受控端口和非受控端口。非受控端口始终处于双向连通状态,用于传递 EAPoL 协议帧,可随时保证接收认证请求者发出的 EAPoL 认证报文;受控端口只有在认证通过的状态下才打开,用于传递网络资源和服务。

2. 身份认证实现方式

身份认证技术根据是否使用硬件,可以分为软件认证和硬件认证;根据认证需要验证的条件,可以分为单因子认证和双因子认证;根据认证信息,可以分为静态认证和动态认证。身份认证技术的发展,经历了从软件认证到硬件认证,从单因子认证到双因子认证,从静态认证到动态认证的过程。现在计算机及网络系统中常用的身份认证方式主要有以下几种。

1) 用户名/口令方式

用户名/口令(多处"密码"实际上不是指密码学中的"密码"而是指"口令")是最简单也是最常用的身份认证方法,它是基于"你知道什么"的验证手段。每个用户的口令是由这个用户自己设定的,只有他自己才知道,因此只要能够正确输入口令,计算机就认为他就是这个用户。然而实际上,由于许多用户为了防止忘记口令,经常采用诸如自己或家人的生日、电话号码等容易被他人猜到的有意义的字符串作为口令,或者把口令抄在一个自己认为安全的地方,这都存在着许多安全隐患,极易造成口令泄露。即使能保证用户口令不被泄露,由于口令是静态的数据,并且在验证过程中需要在计算机内存和网络中传输,而每次验证过程使用的验证信息都是相同的,很容易被驻留在计算机内存中的木马程序或网络中的监听设备截获。因此用户名/口令方式是一种极不安全的身份认证方式。

2) IC 卡认证

IC 卡是一种内置集成电路的卡片,卡片中存有与用户身份相关的数据。IC 卡由专门的厂商通过专门的设备生产,可以认为是不可复制的硬件。IC 卡由合法用户随身携带,登录时必须将 IC 卡插入专用的读卡器读取其中的信息,以验证用户的身份。IC 卡认证是基于"你有什么"的手段,通过 IC 卡硬件不可复制来保证用户身份不会被仿冒。然而由于每次从 IC 卡中读取的数据是静态的,通过内存扫描或网络监听等技术还是很容易截取到用户的身份验证信息。因此,静态验证的方式存在根本性的安全隐患。

3) 动态口令

动态口令技术是一种让用户的密码按照时间或使用次数不断动态变化,每个密码只使用一次的技术。它采用一种名为动态令牌的专用硬件,包括内置电源、密码生成芯片和显示屏,密码生成芯片运行专门的密码算法,根据当前时间或使用次数生成当前密码并显示在显示屏上。认证服务器采用相同的算法计算当前的有效密码。用户使用时只需将动态令牌上显示的当前密码输入客户端计算机,即可实现身份的确认。由于每次使用的密码必须由动态令牌来产生,只有合法用户才持有该硬件,所以只要密码验证通过就可以认为该用户的身份是可靠的。而用户每次使用的密码都不相同,即使黑客截获了一次密码,也无法利用这个密码来仿冒合法用户的身份。

动态口令技术采用一次一密的方法,有效地保证了用户身份的安全性。但是如果客户端硬件与服务器端程序的时间或次数不能保持良好的同步,就有可能发生合法用户无法登录的问题。并且用户每次登录时还需要通过键盘输入一长串无规律的密码,一旦看错或输错就要重新来过,用户的使用非常不方便。

4)生物特征认证

生物特征认证是指采用每个人独一无二的生物特征来验证用户身份的技术。常见的有指纹识别、虹膜识别等。理论上,生物特征认证是最可靠的身份认证方式,因为它直接使用人的物理特征来表示每一个人的数字身份,不同的人具有相同生物特征的可能性可以忽略不计,因此几乎不可能被仿冒。

生物特征认证基于生物特征识别技术,受到现在的生物特征识别技术成熟度的影响,采用生物特征认证还具有较大的局限性。首先,生物特征认证的准确性和稳定性还有待提高,特别是如果用户身体受到伤病或污渍的影响,往往导致无法正常识别,造成合法用户无法登录的情况。其次,由于研发投入大、产量小,生物特征认证系统的成本非常高,目前只适合于一些安全性要求非常高的场合,如银行、部队等使用,还无法做到大面积推广。

5)USBKey认证

基于USBKey的身份认证方式是近几年发展起来的一种方便、安全、经济的身份认证技术,它采用软硬件相结合一次一密的强双因子认证模式,很好地解决了安全性与易用性之间的矛盾。USBKey是一种USB接口的硬件设备,它内置单片机或智能卡芯片,可以存储用户的密钥或数字证书,利用USBKey内置的密码学算法实现对用户身份的认证。基于USBKey身份认证系统主要有两种应用模式:①基于冲击/响应的双因子认证方式;②基于PKI体系的认证方式。

(1)基于冲击/响应的双因子认证方式。当需要在网络上验证用户身份时,先由客户端向服务器发出一个验证请求。服务器接到此请求后生成一个随机数并通过网络传输给客户端(此为冲击)。客户端将收到的随机数通过USB接口提供给USBKey产品,由USBKey产品使用该随机数与存储在其中的密钥进行HMAC-MD5运算并得到一个结果作为认证证据传给服务器(此为响应)。与此同时,服务器也使用该随机数与存储在服务器数据库中的该客户密钥进行HMAC-MD5运算,如果服务器的运算结果与客户端传回的响应结果相同,则认为客户端是一个合法用户。

密钥运算分别在USBKey产品硬件和服务器中运行,不出现在客户端内存中,也不在网络上传输。由于HMAC-MD5算法是一个不可逆的算法,即知道密钥和运算用随机数就可以得到运算结果,而知道随机数和运算结果却无法计算出密钥,从而保护了密钥的安全,也就保护了用户身份的安全。

(2)基于PKI体系的认证方式。随着PKI技术日趋成熟,许多应用中开始使用数字证书进行身份认证与数字加密。数字证书是由权威公正的第三方机构（CA 中心）签发的，以数字证书为核心的加密技术，可以对网络上传输的信息进行加密和解密、数字签名和签名验证，确保网上传递信息的机密性和完整性，以及交易实体身份的真实性、签名信息的不可否认性，从而保障网络应用的安全性。

USBKey 作为数字证书的存储介质，可以保证数字证书不被复制，并可以实现所有数字证书的功能。

基于 USBKey 的身份认证具体解决方案。下面以某公司的某产品为例，说明使用 USBKey 进行身份认证的过程。该产品内置 MD5 算法，预先在该产品和服务器中存储着一个证明用户身份的密钥（共享秘密）。当需要在网络上验证用户身份时，先由客户端向服务器发出一个验证请求。服务器接到此请求后生成一个随机数并通过网络传输给客户端（此为冲击）。客户端将收到的随机数提供给插在客户端 USB 接口上的该产品，该随机数与存储在该产品中的密钥进行 HMAC-MD5 运算并得到一个结果作为认证证据传给服务器（此为响应）。与此同时，服务器也使用该随机数与存储在服务器数据库中的该客户密钥进行 HMAC-MD5 运算，如果服务器的运算结果与客户端传回的响应结果相同，则认为客户端是一个合法用户。

冲击/响应方式可以保证用户身份不被仿冒，却无法保护用户数据在网络传输过程中的安全。而基于 PKI 体系的数字证书认证方式可以有效保证用户的身份安全和数据安全。PKI 体系通过采用密码学算法构建了一套完善的流程和保证了只有数字证书的持有人的身份和数据安全。然而，数字证书本身也是一种数字身份，还是存在被复制的危险，于是，USBKey 作为数字证书存储介质成为实现 PKI 体系安全的保障。使用 USBKey 可以保证用户数字证书无法被复制，所有密钥运算由 USBKey 实现，用户密钥不在计算机内存出现也不在网络中传播。只有 USBKey 的持有人才能够对数字证书进行操作。

由于 USBKey 具有安全可靠、便于携带、使用方便、成本低廉的优点，加上 PKI 体系完善的数据保护机制，使用 USBKey 存储数字证书的认证方式已经成为目前以及未来最具有前景的认证模式。

未来，身份认证技术将朝着更加安全、易用，多种技术手段相结合的方向发展。USBKey 将成为身份认证硬件的主要发展方向，USBKey 的运算能力及易用性也将不断提高。生成 RSA 密钥对平均时间是 USBKey 性能的一项重要指标，早期市场上的 8 位 USBKey 生成 RSA 密钥对平均时间普遍在 10～15 秒，而 32 位的产品生成 RSA 密钥对平均时间仅为 4 秒左右。

每个 USBKey 硬件都具有用户 PIN 码保护，以实现双因子认证功能，未来，随着指纹识别技术的成熟和成本的降低，USBKey 将会使用指纹识别来保证硬件本身的安全性。

6) 802.1x 认证协议应用

(1) 认证通过前，通道的状态为 Unauthorized，此时只能通过 EAPOL 的 802.1x 认证报文。

(2) 认证通过时，通道的状态切换为 Authorized，此时从远端认证服务器传递来自用户的信息，如 VLAN、优先级、用户的访问控制列表等。

(3) 认证通过后，用户的流量将接受上述参数的监管，此时该通道可以通过任何报文，注意只有认证通过后才有 DHCP 等过程。

(4) Supplicant System-Client（客户端）是一台接入 LAN 并享受 switch 提供服务的设备（如 PC），客户端需要支持 EAPOL 协议，客户端必须运行 802.1x 客户端软件，如 802.1x-

complain、Windows XP 等。

具体配置实例，在具有 802.1x 认证协议的 CISCO 交换机上，配置如下。

先配置 switch 到 radius server 的通信，全局启用 802.1x 身份验证功能。

```
Switch#configure terminal
Switch(config)#aaa new-model
Switch(config)#aaa authentication dot1x {default} method1[method2...]
```

指定 radius 服务器和密钥。

```
switch(config)#radius-server hostip_add key string
```

在 port 上启用 802.1x。

```
Switch#configure terminal
Switch(config)#interface fastethernet0/1
Switch(config-if)#switchport mode access
Switch(config-if)#dot1x port-control auto
Switch(config-if)#end
```

5.3.4　相关标准规范

身份认证技术相关标准规范如下。

1. GB/T 25056—2010《信息安全技术 证书认证系统密码及其相关安全技术规范》
2. GB/T 28455—2012《信息安全技术 引入可信第三方的实体鉴别及接入架构规范》
3. GB/T 28447—2012《信息安全技术 电子认证服务机构运营管理规范》
4. GB/T 26855—2011《信息安全技术 公钥基础设施 证书策略与认证业务声明框架》
5. GB/T 25060—2010《信息安全技术 公钥基础设施 XB.509 数字证书应用接口规范》
6. GB/T 25059—2010《信息安全技术 公钥基础设施 简易在线证书状态协议》

5.4　访问控制技术

5.4.1　访问控制技术概述

1. 访问控制及其要素

访问控制（Access Control）是指系统对用户身份及其所属的预先定义的策略组限制其使用数据资源能力的手段，是针对越权使用资源的防御措施。访问控制是系统机密性、完整性、可用性和合法使用性的重要基础，是网络安全防范和资源保护的关键策略之一，也是主体依据某些控制策略或权限对客体本身或其资源进行的不同授权访问。决定用户能做什么，也决定代表一定用户的程序能做什么。未授权的访问包括未经授权的使用、泄露、修改、销毁信息以及颁发指令等。也包括非法用户进入系统、合法用户对系统资源的非法使用。

访问控制的主要目的是限制访问主体对客体的访问，从而保障数据资源在合法范围内得以有效地使用和管理。为了达到上述目的，访问控制需要完成两个任务：识别和确认访问系统的用户，决定该用户可以对某一系统资源进行何种类型的访问。

访问控制包括 3 个要素：主体、客体和控制策略。

（1）主体 S(Subject)是指提出访问资源具体请求。是某一操作动作的发起者,但不一定是动作的执行者,可能是某一用户,也可以是用户启动的进程、服务和设备等。一个主体为了完成任务,可以创建另外的主体,这些子主体可以在网络上不同的计算机上运行,并由父主体控制。主客体的关系是相对的。

（2）客体 O(Object)是指被访问资源的实体。所有可以被操作的信息、资源、对象都可以是客体。客体可以是信息、文件、记录等集合体,也可以是网络上硬件设施、无限通信中的终端,甚至可以包含另外一个客体。

（3）控制策略 A(Attribution)是指主体对客体的相关访问规则集合,即属性集合。访问策略体现了一种授权行为,也是客体对主体某些操作行为的默认。

2. 访问控制的相关概念

访问控制与其他安全机制的关系如图 5-15 所示。

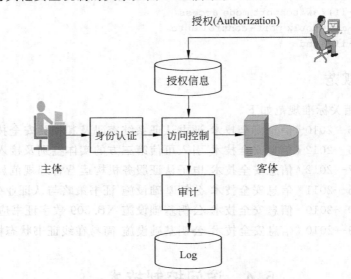

图 5-15　访问控制与其他安全机制的关系

访问控制策略是对访问如何控制,如何做出访问决定的高层指南;访问控制机制是访问控制策略的软硬件低层实现。

访问控制机制与策略相对独立,可以允许安全机制的重用,安全策略和机制根据应用环境灵活使用。访问控制的一般实现机制:基于访问控制属性的访问控制表或控制矩阵,基于用户和资源分级("安全标签")的多级访问控制。

常见的实现方法有访问控制矩阵表、访问控制表(Access Control Lists,ACLs)、访问能力表(Capabilities Lists)、文件授权关系表。

（1）访问控制矩阵表。任何访问控制策略最终均可被模型化为访问矩阵形式:行对应用户,列对应目标,每个矩阵元素规定了相应的用户对应相应的目标被准予的访问许可、实施行为,见表 5-2。

访问控制矩阵表虽然直观,但是并不是每个主体和客体之间都存在权限关系。相反地,实际的系统中虽然可能有很多主体和客体,但主体和客体之间的权限关系可能并不多,这样存在很多空白项。为了减轻系统开销,可以从主体(行)出发,表达矩阵某一行的信息,这就是访问

表 5-2 访问控制矩阵表

主体＼客体	目标 X	目标 Y	目标 Z
用户 A	Read、Write、Own、E	Read	Read、Write、Own
用户 B	Read	Read、Write、Own	
用户 C	Read	Read、Write	

能力表；也可从客体(列)出发，表达矩阵的某一列的信息，这就是 ACLs。

（2）访问控制表。从客体的角度出发，列出每个用户及其被允许的访问权，如图 5-16 所示，对文件 File 1 每个用户的权限不一样。

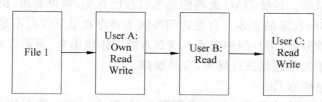

图 5-16 访问控制表

（3）访问能力表。从用户出发，指定一个用户的授权客体和操作，如图 5-17 所示。

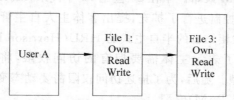

图 5-17 访问能力表

（4）文件授权关系表。访问控制表和访问能力表各有优缺点，因此，可用关系数据库实现文件授权关系表，见表 5-3。

表 5-3 文件授权关系表

主体	访问模式	客体	主体	访问模式	客体
A	Own	File 1	A	Own	File 3
A	Read	File 1	A	Read	File 3
A	Write	File 1	A	Write	File 3

5.4.2 访问控制策略

在计算机信息系统中，有 3 种常见的不同访问控制策略：自主访问控制、强制访问控制和基于角色的访问控制。每种策略并非绝对互斥，也可以把几种策略综合起来应用而获得更好、更安全的系统保护。

1. 自主访问控制

1）自主访问控制的主要特点

自主访问控制(Discretionary Access Control, DAC)是一种最普遍的访问控制安全策略，最早出现在 20 世纪 70 年代初期的分时系统中,基本思想伴随访问矩阵被提出,在目前流行的 UNIX 类操作系统中被广泛使用。DAC 基于对主体的识别来限制对客体的访问,这种控制是自主的。与其他访问控制策略最大的区别在于:自主访问控制中部分具有对其他主体授予某种访问权限权力的主体可以自主地(可以是间接地)将访问权限或访问权限的子集授予其他主体。在自主访问控制中具有这种授予权力的主体通常是客体的主人,因此有学者把自主访问控制称为基于主人的访问控制。

2) 自主访问控制策略

DAC 策略作为最早被提出的访问控制策略之一,至今已有多种改进的访问控制策略。下面列举传统 DAC 策略和几种由 DAC 发展而来的访问控制策略。

(1) 传统 DAC 策略。传统 DAC 策略的基本过程已介绍,可以看出,访问权限的管理依赖于所有对客体具有访问权限的主体。自主访问控制主要存在以下 3 点不足。

① 资源管理比较分散,用户间的关系不能在系统中体现出来,不易管理。

② 不能对系统中的信息流进行保护,容易泄露。

③ 无法抵御特洛伊木马。

其中,第③点不足对安全管理来说非常不安全,针对自主访问控制的不足,许多研究者提出了一系列的改进措施。

(2) HRU、TAM、ATAM 策略。早在 20 世纪 70 年代末,M. A. Harrison、W. L. Ruzzo 和 J. D. UIIman 就对自主访问控制进行了扩充,提出客体主人自主管理该客体的访问和安全管理员限制访问权限随意扩散相结合的半自主式的 HRU(Harrison Ruzzo Ullman)访问控制模型。1992 年,Sandhu 等为了表示主体需要拥有的访问权限,将 HRU 模型发展为 TAM (Typed Access Matrix)模型。随后,为了描述访问权限需要动态变化的系统安全策略,TAM 发展为 ATAM(Augmented TAM)模型。

HRU 模型与传统 DAC 最大的不同在于:它将访问权限的授予改为半自主式,主体仍然有权力将其具有的访问权限授予其他客体,这种授予行为也要受到一个调整访问权限分配的安全策略的限制,通常这个安全策略由安全管理员来制定。

在 HRU 模型中,每次对访问矩阵进行改变时(包括对主体、客体以及权限的改变),先生成一个临时的结果,然后用调整访问权限分配的安全策略来对这个临时结果进行判断。如果这个结果符合此安全策略,才允许此次访问权限的授予。

可以说,HRU 模型如果良好使用,可以完全不用担心非授权者会"意外"获得某个不应获得的访问权限。但是,当主体集和客体集发生改变时,这种设定需要依赖安全管理员对访问权限的扩散策略进行更新。

TAM 策略做出了改进:每当产生新主体时,管理员就需要对新主体的访问权限和它本身所拥有权限的扩散范围进行限定;每当产生新客体时,其所属主体和管理员就需要对其每一种权限的扩散范围进行限定。这样一来,只要前期系统架构合理,TAM 策略就能极为方便地控制住访问权限的扩散范围。

ATAM 策略则是在 TAM 策略的基础上,为了描述访问权限需要动态变化的系统安全策略而发展出来的安全策略。

(3) 基于角色/时间特性的 DAC 策略。2000 年 Sylvia Osbom 等提出使用基于角色的访问控制来模拟自主访问控制,提出使用基于角色的访问控制来模拟自主访问控制,讨论了角色和自主访问控制结合方法,针对 3 种 DAC 类型,设计了文件管理角色和正规角色。文件管理角色根据 DAC 类型不同,包括 OWN_O、PARENT_O 和 PARENTwithGRANT_O。正规角色根据访问方式不同,包括 READ_O、WRITE_O 和 EXECUTE_O。OWN_O 有权向 PARENT_O 添加或删除用户,PARENTwithGRANT_O 有权向 PARENT_O 添加或删除用户,PARENT_O 有权向 READ_O、WRITE_O 或者 EXECUTE_O 添加或删除用户。正规角色中用户具有相应的读、写或执行的权限。

对应严格的 DAC,管理角色只有 OWN_O,正规角色可以包括 READ_O、WRITE_O 和 EXECUTE_O,分别表示有权读、写或执行的用户集。

而在许多基于时间特性的 DAC 策略中,时间点和时间区间的概念被引入 DAC 中并与访问权限结合,使得访问权限具有时间特性。换句话说,用户只能在某个时间点或者时间区间内对客体进行访问。该方法使主体可以自主地决定哪些主体可以在哪个时间访问他所拥有的客体,实现了更细粒度的控制。

在一些客体对访问许可有严格时间要求的系统中,如军事信息、情报、新闻等,基于时间特性的 DAC 策略就比较适合。当然,为了更加严格地控制信息流的传递,通常此策略也会和其他访问控制策略相结合。

除了最为知名的基于角色/时间特性的 DAC 策略外,还有多种基于某些因素的访问控制策略,在此就不一一列举了。

3) 自主访问控制实现技术

实现自主访问控制实际上就是要把访问矩阵中的信息保存在系统中。因为在大型系统中,访问矩阵很大而且其中会有很多空值,如果以矩阵的形式保存会严重浪费资源,所以目前使用的实现技术都不会保存整个访问矩阵。下面是基于访问矩阵的行或者列来保存信息。

(1) 保护位(Owner/Group/Other)机制。在此机制中,每个操作系统客体都附有一个位集合以便为不同安全类别的用户指定不同访问模式。在常见的实现中,类别包括 Owner、Group、Other 3 类,保护位分别指定这 3 类用户的读、写、执行权限。由于保护位与客体相关联,显然它可决定哪些用户对客体拥有自主访问权限和在需要时撤销权限,访问权的复制和扩展可简单地通过将此客体的保护位的修改权限授予某些用户来实现。

在 B3 级别,DAC 要求增强了,包括利用系统能力表指定各自的访问模式、不能进行访问来实现命名的个体和定义的个体组对命名客体实现共享的控制。保护位机制限于指定一个单一组对一个客体的一组权限,但这种机制只能为此单一组指定单一的一组权限,权限划分的粒度过粗,所以它不能在同一时间为个体和定义的个体组指定受控制的共享,不能满足 B3 级别 DAC 的要求。但由于它的设计简单、高效,像 UNIX 等当今流行的操作系统许多都采用了这种机制。

(2) 能力表机制。能力表机制将每一个操作系统的主体与一个客体访问列表(能力表)相联系,它指定了主体可以访问的客体以及此主体对此客体相应的访问方式。由于访问能力表与主体相关联,故在一个特定时刻判断哪些主体对一个特定客体具有访问权限比较困难。这使得访问权限的撤销变得复杂。典型的是:一个用户可以通过提供一个必需的能力表的复制将访问权限授予其他用户,结果是访问权限的扩展过于复杂而难以控制。能力表机制提供了一种在运行期间实行访问控制的方式(例如,它在 DBMS 中可能发挥作用,只要能够检索用户/主体模板以判断对一张表的特定视图是否具有访问权限)。然而,这一方法对每个用户都需要很多项来实现这种检索,它可以满足 B3 级别的要求。

(3) 访问控制表。访问控制表是目前最流行、使用最多的访问控制实现技术。每个客体有一个访问控制表,是系统中每一个有权访问这个客体的主体的信息。这种实现技术实际上是按列保存访问矩阵。

访问控制表提供了针对客体的方便的查询方法,通过查询一个客体的访问控制表很容易决定某一个主体对该客体的当前访问权限。删除客体的访问权限也很方便,把该客体的访问控制表整个替换为空表即可。但是同访问能力表类似,用访问控制表来查询一个主体对所有客体的所有访问权限是很困难的,必须查询系统中所有客体的访问控制表来获得其中每一个与该主体有关的信息。同样地,删除一个主体对所有客体的所有访问权限也必须查询所有客体的访问控制表,删除与该主体相关的信息。

一些流行的操作系统使用了简化的访问控制表来实现它们简单的访问控制安全机制,比如上文中的保护位机制就是这样一种简化形式的访问控制表。一些系统采用了许多大型的访问控制表来实现其访问控制,其中包含了一些很复杂的规则来决定系统中主体何时以及以何种方式对客体进行访问。

(4) 文件授权关系表。访问矩阵也有既不对应行也不对应列的实现技术,就是对应访问矩阵中每一个非空元素的实现技术——文件授权关系表。文件授权关系表的每一行(或者说元组)就是访问矩阵中的一个非空元素,是某一个主体对应某一个客体的访问权限信息。如果文件授权关系表按主体排序,查询时就可以得到访问能力表的效率;如果按客体排序,查询时就可以得到访问控制表的效率。

虽然文件授权关系表需要更多的资源空间,但由于它访问的高效性,像安全数据库这类系统通常采用文件授权关系表来实现其访问控制安全机制。

2. 强制访问控制

1) 强制访问控制概述

强制访问控制源于对信息机密性的要求以及防止特洛伊木马之类的攻击。MAC 通过无法回避的存取限制来阻止直接或间接的非法入侵。系统中的主客体都被分配一个固定的安全属性,利用安全属性决定一个主体是否可以访问某个客体。安全属性是强制性的,由安全管理员(Security Officer)分配,用户或用户进程不能改变自身或其他主客体的安全属性。系统中每个主体都被授予一个安全证书,而每个客体被指定为一定的敏感级别。访问控制的两个关键规则是:不向上读和不向下写,即信息流只能从低安全级向高安全级流动。任何违反非循环信息流的行为都是被禁止的。

MAC 最初主要用于军方,并且常与 DAC 结合使用,主体只有通过 DAC 与 MAC 的检查后,才能访问某个客体。由于 MAC 对客体施加了更严格的访问控制,因而可以防止特洛伊木马之类的程序偷窃,同时 MAC 对用户意外泄露机密信息也有预防能力。但如果用户恶意泄露信息,则可能无能为力。由于 MAC 增加了不能回避的访问限制,因而影响了系统的灵活性;另外,虽然 MAC 增强了信息的机密性,但不能实施完整性控制;再者网上信息更需要完整性,否则会影响 MAC 的网上应用。在 MAC 系统实现单向信息流的前提是系统中不存在逆向潜信道,逆向潜信道的存在会导致信息违反规则的流动。但现代计算机系统中这种潜信道是难以去除的,如大量的共享存储器以及为提升硬件性能而采用的各种 Cache 等,这给系统增加了安全隐患。

2) 强制访问控制的原理

在强制访问控制下,用户(或其他主体)与文件(或其他客体)都被标记了固定的安全属性

（如安全级、访问权限等），在每次访问发生时，系统检测安全属性以便确定一个用户是否有权访问该文件。

强制访问控制是"强加"给访问主体的，即系统强制主体服从访问控制政策。MAC 的主要特征是对所有主体及其所控制的客体（如进程、文件、段、设备等）实施强制访问控制。为这些主体及客体指定敏感标记，这些标记是等级分类和非等级分类的组合，它们是实施强制访问控制的依据。系统通过比较主体和客体的敏感标记来决定一个主体是否能够访问某个客体。用户的程序不能改变它自己及任何其他客体的敏感标记，从而系统可以防止特洛伊木马的攻击。

强制访问控制一般与自主访问控制结合使用，并且实施一些附加的、更强的访问限制。一个主体只有通过了自主与强制访问控制检查后，才能访问某个客体。用户可以利用自主访问控制来防范其他用户对自己客体的攻击，由于用户不能直接改变强制访问控制属性，所以强制访问控制提供了一个不可逾越的、更强的安全保护层以防止其他用户偶然或故意地滥用自主访问控制。

控制思想：每个主体都有既定的安全属性，每个客体也都有既定的安全属性，主体对客体是否执行特定的操作取决于两者安全属性之间的关系。

实现方式：所在主体（用户、进程）和客体（文件、数据）都被分配了安全标签，安全标签标识一个安全等级。主体被分配一个安全等级；客体也被分配一个安全等级；访问控制执行时对主体和客体的安全级别进行划分。

适用范围：MAC 进行了很强的等级划分，通常用于多级安全军事系统。

强制访问策略将每个用户及文件赋予一个访问级别，如最高秘密级（Top Secret）、秘密级（Secret）、机密级（Confidential）及无级别级（Unclassified）。其级别依次递减，系统根据主体和客体的敏感标记来决定访问模式。访问模式如下。

（1）下读（Read Down）：用户级别大于文件级别的读操作。

（2）上写（Write Up）：用户级别小于文件级别的写操作。

（3）下写（Write Down）：用户级别大于文件级别的写操作。

（4）上读（Read Up）：用户级别小于文件级别的读操作。

如图 5-18 所示，依据 Bell-Lapadula 安全模型所制定的原则是利用不上读/不下写来保证数据的机密性。即不允许低敏感度区域的用户读取高敏感度的信息，也不允许高敏感度的信息写入低敏感度区域，禁止信息从高级别流向低级别。强制访问控制通过这种梯度安全标签实现信息的单向流通。

图 5-18 Bell-Lapadula 安全模型

依据 Biba 安全模型所制定的原则是利用不下读/不上写来保证数据的完整性如图 5-19

所示。在实际应用中,完整性保护主要是为了避免应用程序修改某些重要的系统程序或系统数据库。

图 5-19　Biba 安全模型

3) 强制访问控制方法

操作系统的某一合法用户可任意运行一段程序来修改该用户拥有的文件访问控制信息,而操作系统无法区别这种修改是用户自己的合法操作还是计算机病毒的非法操作;另外,也没有一般的方法能够防止计算机病毒将信息通过共享客体从一个进程传送到另一个进程。为此,人们认识到必须采取更强有力的访问控制手段,这就是强制访问控制。在强制访问控制中,系统对主体与客体都分配一个特殊的一般不能更改的安全属性,系统通过比较主体与客体的安全属性来决定一个主体是否能够访问某个客体。用户为某个目的而运行的程序,不能改变它自己及任何其他客体的安全属性,包括该用户自己拥有的客体。强制访问控制还可以阻止某个进程生成共享文件并通过这个共享文件向其他进程传递信息。

强制访问控制对专用的或简单的系统有效,但对通用的、大型的系统并不那么有效。一般强制访问控制采用以下几种方法。

(1) 限制访问控制。一个特洛伊木马可以攻破任何形式的自主访问控制,由于自主控制方式允许用户程序来修改他拥有文件的存取控制表,因而为非法者带来可乘之机。MAC 可以不提供这一方便,在这类系统中,用户要修改存取控制表的唯一途径是请求一个特权系统调用。该调用的功能是依据用户终端输入的信息,而不是依靠另一个程序提供的信息来修改存取控制信息。

(2) 过程控制。在通常的计算机系统中,只要系统允许用户自己编程,就没办法杜绝特洛伊木马。但可以对编程过程采取某些措施,这种方法称为过程控制。例如,警告用户不要运行系统目录以外的任何程序。提醒用户注意,如果偶然调用一个其他目录的文件时,不要做任何动作,等等。需要说明的是,这些限制取决于用户本身执行与否。

(3) 系统限制。要对系统的功能实施一些限制。比如,限制共享文件,但共享文件是计算机系统的优点,所以是不可能加以完全限制的;限制用户编程,不过这种做法只适用于某些专用系统,在通用的、大型的系统中,编程能力是不可能去除的。

4) 强制访问控制实例

下面介绍 UNIX 文件系统强制访问控制机制的 Multics 方案实例。

Multics 方案是 UNIX 文件系统强制访问控制机制的多种方案之一,其他的还有 Linus Ⅳ、Secure Xenix、Tim Thomas 等方案。

在 Multics 方案中,文件系统和 UNIX 文件系统一样,是一个树形结构,所有用户和文件(包括目录文件)都有一个相应的安全级。用户对文件的访问需要遵守以下安全策略。

（1）仅当用户的安全级别不低于文件的安全级别时，用户才可以读文件。

（2）仅当用户的安全级别不高于文件的安全级别时，用户才可以写文件。

一个文件的创建和删除被认为是对文件所在目录（文件的父目录）的写操作，所以当一个用户创建或者删除文件时，它的安全级一定不能高于文件父目录的安全级。这种限制与UNIX 文件系统是不相容的，因为在 UNIX 文件系统中，有些用户可以读安全级别比自己低的文件。例如，在 UNIX 文件系统中有一个共享的/TMP 目录用于存放临时文件，为使用户能读存放在/TMP 目录下的文件，用户的安全级别应该不低于 Multics 方案的安全级。这就是Multics 方案中强制访问控制策略的矛盾，因为在 Multics 方案中，用户如果想写/TMP 目录，他的安全级别就必须不高于/TMP 目录的安全级别。

3. 基于角色的访问控制

1）基于角色的访问控制概述

自主访问控制是访问控制技术中最常见的一种方法，允许资源的所有者自主地在系统中决定可存取其资源客体的主体，此模型灵活性很高，但安全级别相对较低。强制访问控制是主体的权限和客体的安全属性都是固定的，由管理员通过授权决定一个主体对某个客体能否进行访问。无论是 DAC 还是 MAC 都是主体和访问权限直接发生关系，根据主客体的所属关系或主客体的安全级别来决定主体对客体的访问权，它的优点是管理集中，但其工作量大、不便于管理，不适用于主体或客体经常更新的应用环境。基于角色的访问控制（Role Based Access Control，RBAC）是一种可扩展的访问控制模型，通过引入角色来对用户和权限进行解耦，简化了授权操作和安全管理，它是目前公认的解决大型企业的统一资源访问控制的有效访问方法，其特征如下。

（1）由于角色/权限之间的变化比角色/用户关系之间的变化相对要慢得多，从而减小授权管理的复杂性，降低管理开销。

（2）灵活地支持企业的安全策略，并对企业变化有很强的伸缩性。

2）RBAC 模型的基本思想

在 RBAC 模型中，角色是实现访问控制策略的基本语义实体。系统管理员可以根据职能或机构的需求策略来创建角色、给角色分配权限并给用户分配角色，用户能够访问的权限由该用户拥有的角色权限集合决定，整个访问控制过程为访问权限与角色相关联，角色再与用户关联，从而实现用户与访问权限的逻辑分离。

RBAC 模型引入了 Role 的概念，目的是为了隔离 User（即动作主体，Subject）与 Privilege（权限，表示对 Resource 的一个操作，即 Operation＋Resource），当一个角色被指定给一个用户时，此用户就拥有了该角色所包含的权限。

Role 作为一个 User 与 Privilege 的代理层，解耦了权限和用户的关系，所有的授权应该给予 Role 而不是直接给予 User 或 Group。

3）RBAC 基本模型

标准 RBAC 模型由 4 个部件模型组成，分别是基本模型 RBAC0（Core RBAC）、角色分级模型 RBAC1（Hierarchal RBAC）、角色限制模型 RBAC2（Constraint RBAC）和统一模型RBAC3（Combines RBAC）。RBAC 基本模型（RBAC0）包含了 RBAC 标准最基本的内容，该模型的定义如图 5-20 所示。

RBAC 基本模型包括 5 个基本数据元素：用户、角色、会话、控制对象和操作。它们之间

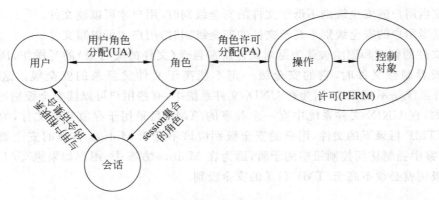

图 5-20　RBAC 基本模型

的关系如下：用户被分配一定角色，角色被分配一定许可权，会话是用户与激活的角色集合之间的映射，用户与角色之间的关系定义和角色与权限之间的关系定义无关。

控制对象（Resource）：系统的管理功能，如栏目管理、方案管理、新闻管理等。

操作（Operation）：对管理功能的操作，主要是增、删、改、查等。

4）RBAC 特点与优势

RBAC 具有以下特点。

（1）访问权限与角色相关联，不同的角色有不同的权限。用户以什么样的角色对资源进行访问，决定了用户拥有的权限以及可执行的操作。

（2）角色继承。角色之间可能有相互重叠的职责和权力，属于不同角色的用户可能需要执行一些相同的操作。RBAC 采用角色继承的概念，如角色 2 继承角色 1，那么管理员在定义角色 2 时就可以只设定不同于角色 1 的属性及访问权限，避免了重复定义。

（3）最小权限原则。即指用户所拥有的权力不能超过他执行工作时所需的权限。实现最小权限原则需要分清用户的工作职责，确定完成该工作的最小权限集，然后把用户限制在这个权限结合的范围之内。一定的角色就确定了其工作职责，而角色所能完成的事物包含了其完成工作所需的最小权限。用户要访问信息首先必须具有相应的角色，用户无法绕过角色直接访问信息。

（4）职责分离。对于某些特定的操作集，某一个角色或用户不可能同时独立完成所有操作，这时候就需要职责分离。一般职责分离有两种：静态和动态。静态职责分离是指只有当一个角色与用户所属的其他角色彼此不互斥时，这个角色才能授权给该用户。动态职责分离是指只有当一个角色与一个主体的任何一个当前活跃角色都不互斥时，该角色才能成为该主体的另一个活跃角色。

（5）角色容量。在一个特定的时间段内，有一些角色只能由一定人数的用户占用。在创建新的角色时应该指定角色的容量。

RBAC 应用优势主要有以下几点。

最突出的优点是系统管理员能够按照部门、学校、企业的安全政策划分不同的角色，执行特定的任务。一个系统建立起来后，主要的管理工作即为授权或取消用户的角色。当用户的职责变化时，则只需改变角色即可改变其权限；当组织功能变化或演进时，则只需删除角色的旧功能，增加新功能，或定义新角色，而不必更新每一个用户的权限设置。这极大地简化了授权管理，使对信息资源的访问控制更好地适应特定单位的安全策略。

RBAC另一优势体现在为系统管理员提供了一种比较抽象的与企业通常业务管理类似的访问控制层次。通过定义、建立不同的角色、角色的继承关系、角色之间的联系以及相应的限制,管理员可动态或静态地规范用户的行为。

5.4.3　访问控制技术实现

访问控制实现类型一般有网络访问控制,主机、操作访问控制,应用程序访问控制等。最常见的访问控制实现产品就是防火墙。在此,以防火墙为例介绍访问控制技术的具体实现产品。

防火墙是一种高级访问控制设备,置于不同网络安全域之间,它通过相关的安全策略来控制(允许、拒绝、监视、记录)网络的访问行为。所有进入和离开的数据都必须经过防火墙的检查,只有符合访问控制政策的数据才允许通过。

防火墙核心技术主要有以下几点。

(1)包过滤。最常用的技术,工作在网络层,根据数据包中的IP、端口、协议等确定是否允许数据包通过。

(2)应用代理。另一种主要技术,工作在第7层应用层,通过编写应用代理程序,实现对应用层数据的检测和分析。

(3)状态检测。工作在第2~4层,控制方式与包过滤相同,处理的对象不是单个数据包,而是整个连接。通过规则表(管理人员和网络使用人员事先设定好的)和连接状态表综合判断是否允许数据包通过。

(4)完全内容检测。需要很强的性能支撑,既有包过滤功能,也有应用代理的功能。工作在第2~7层,不但分析数据包信息、状态信息,而且对应用层协议进行还原和内容分析,能有效防范混合型安全威胁。

各种防火墙技术具体见表5-4。

表 5-4　各种防火墙技术对应 OSI 七层模型关系

层号	层　名	PDU	防火墙核心技术		
7	应用层	Data	完全内容检测,工作在第2~7层,不但分析数据包信息、状态信息,而且对应用层协议进行还原和内容分析,能有效防范混合型安全威胁	应用代理,工作在应用层,通过编写应用代理程序,实现对应用层数据的检测和分析	
4	传输层	Segment		状态检测,工作在第2~4层,控制方式与包过滤相同,处理对象不是单个数据包,而是整个连接。通过规则表和连接状态表综合判断是否允许数据包通过	包过滤,工作在网络层,根据数据包中的IP、端口、协议等确定是否允许数据包通过
3	网络层	Packet			
2	数据链路层	Frame			

几种技术的主要特点及控制强度如下。

(1)包过滤防火墙技术。简单包过滤防火墙不检查数据区,不建立连接状态表,前后报文无关,应用层控制很弱。

(2)应用代理防火墙技术。不检查IP或TCP报头,不建立连接状态表,网络层保护比较弱。

(3)状态检测防火墙技术。不检查数据区,建立连接状态表,前后报文相关,应用层控制很弱。

（4）完全内容检测防火墙技术。网络层保护强,应用层保护强,会话保护很强,上下文相关,前后报文有联系。

防火墙体系结构一般包括以下几个部分。

（1）包过滤路由器（Filtering Router）。如图 5-21 所示,包过滤路由器作为内外网连接的唯一通道,通过 ACLs 策略要求所有的报文都必须在此通过检查,实现报文过滤功能,它的缺点是一旦被攻陷后很难发现,而且不能识别不同的用户（没有日志记录）。

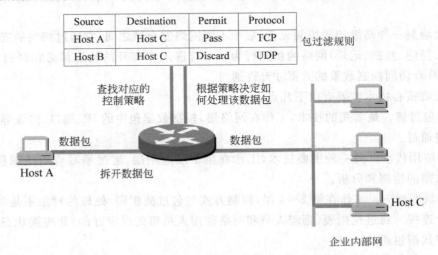

Source	Destination	Permit	Protocol
Host A	Host C	Pass	TCP
Host B	Host C	Discard	UDP

图 5-21　包过滤路由器防火墙

（2）双宿主主机（Dual Homed Gateway）。如图 5-22 所示,双宿主主机优于包过滤路由器的地方是双宿主主机的系统软件可用于维护系统日志;它的致命弱点是一旦入侵者侵入双宿主主机,则无法保证内部网络的安全。

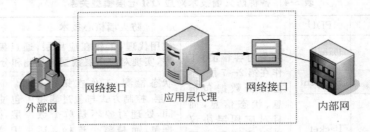

图 5-22　双宿主主机防火墙

双宿主主机是一台完全暴露在外网攻击的主机。它没有任何防火墙或者包过滤路由器设备保护。双宿主主机执行的任务对整个网络安全系统至关重要。事实上,防火墙和包过滤路由器也可以被看作双宿主主机。由于双宿主主机完全暴露在外部网安全威胁之下,需要做许多工作来设计和配置双宿主主机,使它遭到外网攻击成功的风险减至最低。

一些网络管理员会用双宿主主机做牺牲品来换取网络的安全。这些主机吸引入侵者的注意力,耗费攻击真正网络主机的时间并且使追踪入侵企图变得更加容易。

（3）被屏蔽主机（Screened Host Gateway）。如图 5-23 所示,通常在路由器上设立 ACLs 过滤规则,并通过双宿主主机进行数据转发,来确保内部网的安全,弱点是如果攻击者进入被屏蔽主机内,内部网中就会受到很大的威胁,这与双宿主主机受攻击时的情形类似。

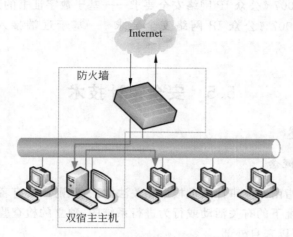

图5-23 被屏蔽主机防火墙

(4) 被屏蔽子网(Screened Subnet)。如图5-24所示,这种结构是在内部网和外部网之间建立一个被隔离的子网,用两台包过滤路由器分别与内部网和外部网连接,中间通过双宿主主机进行数据转发。特点是如果攻击者试图进入内网或者子网,他必须攻破包过滤路由器和双宿主主机,才可以进入子网主机,整个过程中将引发警报机制。

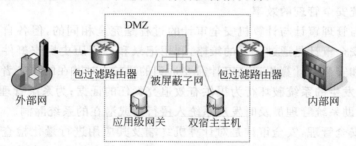

图5-24 被屏蔽子网防火墙

防火墙的缺点:自身不会正确地配置,需要用户定义访问控制规则;不能防止内部恶意的攻击者;无法控制没有经过它的连接;无法防范全新的威胁和攻击;不能很好实现防病毒。

在防火墙实际使用中也存在以下争议:破坏了Internet端到端的特性,阻碍了新的应用的发展;没有解决主要的安全问题,即网络内部的安全问题;给人一种误解,降低了人们对主机安全的意识。

所以,访问控制技术的应用要结合网络安全的系统性特点,全面综合考虑。既要以身份认证技术为前提,鉴别技术、授权、审计等系列安全保障机制必须同步实施。

5.4.4 相关标准规范

访问控制技术相关标准规范如下。

1. GB/T 25062—2010《信息安全技术 鉴别与授权基于角色的访问控制模型与管理规范》
2. GB/T 18794.3—2003《信息技术 开放系统安全框架》第3部分:访问控制
3. GB/T 20281—2006《信息安全技术 防火墙技术 要求和测试评价方法》

4. YD/T 2300—2011《可扩展的访问控制标记语言》

5. YD/T 1614—2007《公众 IP 网络安全要求——基于数字证书的访问控制》

6. YD/T 1615—2007《公众 IP 网络安全要求——基于远端接入用户验证服务协议 (RAD)》

5.5 安全审计技术

5.5.1 安全审计概述

1. 安全审计相关概念

安全审计,一般是指由专业审计人员根据相关法律法规、财产所有者的委托和管理当局的授权,对计算机网络环境下的有关活动或行为进行系统的、独立的检查验证,并做出相应评价。审计可以来自内部也可以来自外部。

GB/T 20945—2007《信息安全技术 信息系统安全审计产品技术要求和评价方法》对"安全审计"的定义是:对信息系统的各种事件及行为实行监测、信息采集、分析并针对特定事件及行为采取相应的比较动作。安全审计产品为评估信息系统的安全性和风险、完善安全策略的制定提供审计数据和审计服务支撑,从而达到保障信息系统正常运行的目的。同时,信息系统安全审计产品对信息系统各组成要素进行事件采集,将采集数据进行自动综合和系统分析,能够提高信息系统安全管理的效率。

传统的商业与管理审计与计算机安全审计的过程是完全相同的,但各自关注的问题有很大不同。计算机安全审计是通过一定的策略,利用记录和分析历史操作事件发现系统漏洞并改进系统的性能和安全。计算机安全审计需要达到的目的:对潜在的攻击者起到震慑和警告的作用;对于已经发生的系统破坏行为提供有效追究责任的证据;为系统管理员提供有价值的系统使用日志;帮助系统管理员及时发现系统入侵行为或潜在的系统漏洞。

具体到内网安全管理,安全审计是对计算机终端及其应用进行量化检查与评估的技术和过程。内网审计通过对计算机终端中相关信息的收集、分析和报告,来判定现有终端安全控制的有效性,检查计算机终端的误用、滥用和泄密行为,验证当前安全策略的合规性,获取犯罪和违规的证据。

2. 安全审计要素

一般地,安全审计涉及 4 个基本要素:目标、漏洞、措施和检查。

目标是企业的安全控制要求;漏洞是系统的薄弱环节;措施是为实现目标所制定的技术、配置方法及各种规章制度;检查是将各种措施与安全标准进行一致性比较,确定各项措施是否存在、是否得到执行、对漏洞的防范是否有效,评价企业安全措施的可依赖程度。

管理部门相继出台了各层面的管理要求,也就是对安全审计提出的目标。如等级保护要求、分级保护要求等;同时,跨国、合资企业在符合我国安全要求的同时,也受到本国安全标准的管理。

这些法规和要求成为审计系统的检查基线,使审计成为必要和可能。根据这些目标要求,企业要进行风险评估,找出漏洞所在,并针对这些风险和漏洞,采取必要的措施。如部署内网安全管理系统,对计算机端口、外部设备、网络接入、移动存储介质进行控制和管理,监控电子文件的操作等,收集使用日志,记录操作内容和操作行为,作为今后等级评估、保密检查和合规性检查的重要依据。如根据等级保护、分级保护要求,对这些日志数据进行统计分析,产生分级保护分析结果,形成用户操作场景,找出用户违规行为,通过合规性分析,加强企业在分级保护方面的管理力度,追究泄密责任。

安全审计的目的是根据安全机构的安全策略,确保与开放系统互联的安全有关的事件得到处理,安全审计只在定义的安全策略范围内提供。

安全审计具体的目的如下。

(1) 辅助辨识和分析未经授权的活动或攻击。

(2) 帮助保证实体响应行动处理这些活动。

(3) 促进开发改进的损伤控制处理程序。

(4) 认可与已建立的安全策略的一致性。

(5) 报告可能与系统控制不相适应的信息。

(6) 辨识可能需要的对控制、策略和处理程序的改变。

5.5.2 安全审计的技术原理

从审计采用的技术手段维度来看,为了实现审计目标,通常采用以下几种安全审计技术手段。

1. 基于日志分析的安全审计技术

基于日志分析的安全审计技术(Log Analysis Based Audit Technology)是一种通过采集被审计对象或被保护对象运行过程中产生的日志,进行汇总、归一化和关联分析,实现安全审计目标的技术。这种审计技术具有最大的普适性,是最基本、最经济实用的审计方式,能够对最大范围的 IT 资源对象进行审计,并应对大部分的审计需求。在国家等级化保护技术要求中以及行业内控规范和指引中都明确提及了这种审计方式。该日志审计类产品在市场上也最为常见。

2. 基于本机代理的安全审计技术

基于本机代理的安全审计技术(Host Agent Based Audit Technology)是一种通过在被审计对象或者被保护对象(称为"宿主")上运行一个特定的软件代码,获取审计所需的信息,然后将信息发送给审计管理端进行综合分析,实现审计目标的技术。作为这种技术应用的扩展,采用该技术的审计产品通常还具有对宿主的反向控制功能,改变宿主的运行状态,使得其符合既定的安全策略。这种审计技术的审计粒度十分细致,多用于对主机和终端等设备进行审计。目前,市场上常见的服务器加固与审计系统、终端安全审计系统都采用这种技术。

3. 基于远程代理的安全审计技术

基于远程代理的安全审计技术(Remote Agent Based Audit Technology)是一种通过一个独立的审计代理端对被审计对象或者被保护对象(宿主)发出远程的脚本或者指令,获取宿主的审计信息,并提交给审计管理端进行分析,实现安全审计目标的技术。这种方式与基于本机代理的安全审计技术最大的区别在于不需要安装宿主代理,只需开放远程脚本或者指令的通信接口及其账号口令。当然,这种审计技术的审计粒度受限于远程脚本的能力。目前,市场上常见的产品有基于漏洞扫描的审计系统、Web 安全审计系统、基线配置审核系统等。

4. 基于网络协议分析的安全审计技术

基于网络协议分析的安全审计技术(Network Protocol Analysis Based Audit Technology)是一种通过采集被审计对象或者被保护对象在网络环境下与其他网络节点通信过程中产生的网络通信报文,进行协议分析(包括应用层协议分析),实现审计目标的技术。由于现在用户基本都实现了网络互联互通,并且该技术对被审计对象的要求较低,对网络环境影响较小,因而得到了广泛的应用,多应用于对 IT 资源的核心基础设施(设备、主机、应用和业务等)和用户行为进行审计。该审计类型根据具体技术原理的不同,又可以分为若干种子类型,包括基于旁路侦听(Sniffer-based)的网络协议分析技术、基于代理(Proxy-based)的网络协议分析技术等。目前,市场上常见的产品有 NBA(Network Behavior Audit)类产品、用户上网行为审计类产品,以及某些 Web 应用防火墙(WAF)等。

针对不同的审计目标,审计需求分解会不一样,进而审计对象和技术的选择也会有所不同。对于不同的审计对象,每种审计手段都各有利弊。

5. 审计技术的适用性

审计的目标就是 IT 安全审计定义中的目标,包括判定现有 IT 安全控制的有效性,检查 IT 系统的误用和滥用行为,验证当前安全策略的合规性,获取犯罪和违规的证据,确认必要的记录被文档化,检测网络异常和入侵。

基于日志分析的安全审计技术具有最广泛的适用性,能够对各类审计对象进行审计,审计目标能够覆盖国家等级化保护、IT 内控指引和规范的大部分要求,实现大部分客户的大部分审计目标。同时,日志审计的技术实现代价较小,对网络系统影响不大,后期维护代价适中。因此,一般建议用户构建安全审计体系首先从日志审计开始。日志审计最主要的缺陷在于有时候无法获得被审计对象的日志信息,从而无法进行后续分析。

基于网络协议分析的安全审计技术多用于对网络、数据库和应用系统以及用户行为进行审计。该技术具有对被审计对象无影响的特点,但是需要购买专门的审计设备和系统,需要专门的维护。该技术最主要的缺陷在于一般无法审计加密信息,或为了审计加密信息而不得不改变网络结构,进而增加影响网络性能的风险。此外,在审计用户上网行为的过程中,需要不断地更新应用协议解析库,存在一个被动升级的过程。目前,该技术的变种较多,具体实现技术手段各异。

基于本机代理的安全审计技术较为固定,基本用于对主机服务器和终端的审计。该技术的缺陷是需要安装代理,需要考虑代理的兼容性和对主机或者终端的自身运行影响性。此外,代理的升级和维护也是一个难点,具有较高的维护代价。一般用于有较高安全需求的场合。

基于远程代理的安全审计技术使用范围也较广,适用于对关键基础设施的审计,并且对被审计对象基本无影响。但是,该技术实现的审计目标较窄,集中于对审计对象的漏洞审计以及对审计对象的配置基线进行稽核。

审计对象与审计技术实现方式的一般对应关系如图 5-25 所示。

6. 安全审计系统中的关键技术

1) 网络监听

网络监听是安全审计的基础技术之一。它应用于网络审计模块,安装在网络通信系统的

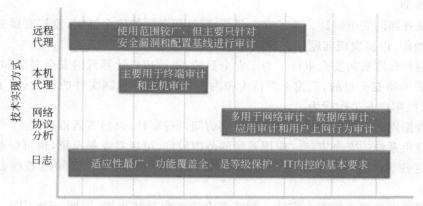

图 5-25 审计对象与审计技术的一般性对应关系

数据汇聚点,通过抓取网络数据包进行典型协议分析、识别、判断和记录,对 Telnet、HTTP、E-mail、FTP、网上聊天、文件共享等进行检测,监测流量以及对异常流量进行识别和报警、监测网络设备运行等,另外也可以进行数据库网络操作的审计。

2) 内核驱动技术

内核驱动技术是主机审计模块、操作系统审计模块的核心技术,它可以做到和操作系统无缝连接,可以方便地对硬盘、CPU、内存、网络负载、进程、文件复制/打印操作、通过 Modem 擅自连接外网、非业务异常软件的安装和运行等进行审计。

3) 应用系统审计数据读取技术

多数多用户操作系统(Windows、UNIX 等)、正规的大型软件(数据库系统等)、多数安全设备(防火墙、防病毒软件等)都有自己的审计功能,日志通常用于检查用户的登录、分析故障、收费管理、统计流量、检查软件运行情况和调试软件,系统或设备的审计日志通常可以用作二次开发的基础,所以如何读取多种系统和设备的审计日志将是解决操作系统审计模块、数据库审计模块、应用审计模块的关键。

4) 完善的审计数据分析技术

审计数据分析是一个安全审计系统成败的关键,分析技术应该能够根据安全策略对审计数据具备评判异常和违规的能力,分为实时分析和事后分析。实时分析是指提供或获取审计数据的设备和软件应该具备预分析能力,并能够进行第一道筛选;事后分析是指统一管理平台模块对记录在数据库中的审计记录进行事后分析,包括统计分析和数据挖掘。

5.5.3 安全审计实际应用

1. 审计对象

一个典型的网络环境由网络设备、服务器、用户计算机、数据库、应用系统和网络安全设备等部分组成,把这些组成部分称为审计对象。要对该网络进行网络安全审计就必须对这些审计对象的安全性都采取相应的技术和措施进行审计,对于不同的审计对象有不同的审计重点,下面分别进行介绍。

(1)对网络设备的安全审计。需要从中收集日志,以便对网络流量和运行状态进行实时监控与事后查询。

（2）对服务器的安全审计。为了安全目的，审计服务器的安全漏洞，监控对服务器的任何合法和非法操作，以便发现问题后查找原因。

（3）对用户计算机的安全审计。为了安全目的，审计用户计算机的安全漏洞和入侵事件；为了防泄密和网络安全目的，监控上网行为和内容，以及向外复制文件的行为；为了提高工作效率目的，监控用户非工作行为。

（4）对数据库的安全审计。对合法和非法访问进行审计，以便事后检查。

（5）对应用系统的安全审计。应用系统的范围较广，可以是业务系统，也可以是各类型的服务软件。这些软件基本都会形成运行日志，对日志进行收集就可以知道各种合法和非法访问。

（6）对网络安全设备的安全审计。网络安全设备包括防火墙、网闸、IDS/IPS、灾难备份、VPN、加密设备、网络安全审计系统等，这些产品都会形成运行日志，对日志进行收集，就能分析网络的安全状况。

2. 安全审计的体系

根据对审计对象和审计技术的分析，可以归纳出一个企事业单位内的网络安全审计体系。该体系分为以下几个组件。

（1）日志收集代理，用于所有网络设备的日志收集。

（2）主机审计客户端，安装在服务器和用户计算机上，进行安全漏洞检测和收集、本机上机行为和防泄密行为监控、入侵检测等。对于主机的日志收集、数据库和应用系统的安全审计也通过该客户端实现。

（3）主机审计服务器端，安装在任意一台计算机上，收集主机审计客户端上传的所有信息，并且把日志集中到网络安全审计中心。

（4）网络审计客户端，安装在单位内的物理子网出口处或者分支机构的出口处，收集该物理子网内的上网行为和内容，并且把这些日志上传到网络审计服务器端。对于主数据库和应用系统的安全审计也可以通过该网络审计客户端实现。

（5）网络审计服务器端，安装在单位总部内，接收网络审计客户端的上网行为和内容，并且把日志集中到网络安全审计中心中。如果是小型网络，则网络审计客户端和服务器端可以合并为一个。

（6）网络安全审计中心，安装在单位总部内，接收网络审计服务器端、主机审计服务器端和日志收集代理传输过来的日志信息，进行集中管理、报警、分析。并且可以对各系统进行配置和策略制定，方便统一管理。

几个组件形成一个完整的审计体系，可以满足所有审计对象的安全审计需求。目前而言，实现的产品类型有日志审计系统、数据库审计系统、桌面管理系统、网络审计系统、漏洞扫描系统、入侵检测和防护系统等，这些产品都实现了网络安全审计的一部分功能，只有实现全面的网络安全审计体系，安全审计才是完整的。

3. 安全审计系统设计应该注意的问题

1）审计数据的安全

在审计数据的获取、传输、存储过程中都应该注意安全问题，同样要保证审计信息的机密性、完整性、可用性、非否认性和可控性。在审计数据获取过程中应该防止审计数据的丢失,应该在获取后尽快传输到统一管理平台模块,经过滤后存入数据库;如果没有连接到管理平台模块,则应该在本地进行存储,待连接后再发送至管理平台模块,并且应该采取措施防止审计功能被绕过;在传输过程中应该防止审计数据被截获、篡改、丢失等,可以采用加密算法以及数字签名方式进行控制;在审计数据存储时应注意数据库的加密,防止数据库溢出;当数据库发生异常时,有相应的应急措施,而且应该在进行审计数据读取时加入身份鉴别机制,防止非授权的访问。

2)审计数据的获取

首先要把握和控制好数据的来源,例如,来自网络的数据截取,来自系统、网络、防火墙、中间件等系统的日志,通过嵌入模块主动收集的系统内部信息,通过网络主动访问获取的信息,来自应用系统或安全系统的审计数据等。有数据源的要积极获取,没有数据源的要设法生成数据。对收集的审计数据性质也要分清哪些是已经经过分析和判断的数据,哪些是没有经过分析的原始数据,要进行不同的处理。

此外,应该设计公开统一的日志读取 API,使应用系统或安全设备开发时,就可以将审计日志按照日志读取 API 的模式进行设计,方便日后的审计数据获取。

3)管理平台分级控制

由于重要信息系统的迅速发展,系统规模也在不断扩大,所以在安全审计设计的初期就应该考虑分布式、跨网段,能够进行分级控制的问题。也就是说,一个重要信息系统中可能存在多个统一管理平台,各自管理一部分审计模块,管理平台之间是平行关系或上下级关系,平级之间不能相互管理,上级可以向下级发布审计规则,下级根据审计规则向上级汇报审计数据。这样能够根据网络规模和安全域的划分,灵活地进行扩充和改变,也有利于整个安全审计系统的管理,减轻网络的通信负担。

4)易于升级维护

安全审计系统应该采用模块设计,这样有利于审计系统的升级和维护。

5.5.4 相关标准规范

国内安全审计技术相关标准规范如下。

1. GA/T 695—2007《信息安全技术 网络通信安全审计数据留存功能要求》

2. GB/T 20945—2007《信息安全技术 信息系统安全审计产品技术要求和评价方法》

3. GB/T 18794.7—2003《信息技术 开放系统互连 开放系统安全框架》第 7 部分:安全审计和报警框架

4. GB/T 17143.8—1997《信息技术 开放系统互连 系统管理》第 8 部分:安全审计跟踪功能

5. CNS 13914—8—1999《资讯技术—开放系统互连—系统管理》第 8 部分:安全审计存底功能

6. YC/T 452—2012《烟草行业信息系统安全审计接口设计规范》

7. CNCA 11C—086—2009《网络安全产品强制性认证实施规则安全审计产品》

5.6　入侵检测技术

5.6.1　入侵检测与防御概述

1. 入侵检测

当越来越多的公司将其核心业务向互联网转移时,网络安全成为一个无法回避的问题呈现在人们面前。一般地,公司采用防火墙作为安全的第一道防线。而随着攻击者知识的日趋成熟,攻击工具与手法的日益复杂多样,单纯的防火墙策略已经无法满足对安全高度敏感的部门的需要,网络的防卫必须采用一种纵深的、多样的手段。与此同时,当今的网络环境也变得越来越复杂,各式各样的复杂的设备,需要不断升级、补漏的系统使得网络管理员的工作不断加重,不经意的疏忽便有可能造成安全的重大隐患。在这种环境下,入侵检测系统成为安全市场上的热点,不但受到人们越来越多的关注,而且已经开始在各种不同的环境中发挥其关键作用。

入侵(Intrusion)是个广义的概念,不仅包括被发起攻击的人(如恶意的黑客)取得超出合法范围的系统控制权,也包括收集漏洞信息、造成拒绝访问(Denial of Service)等对计算机系统造成危害的行为。

入侵检测(Intrusion Detection)是对入侵行为的发觉。它通过对计算机网络或计算机系统中的若干关键点收集信息并对其进行分析,从中发现网络或系统中是否有违反安全策略的行为和被攻击的迹象。

入侵检测系统(Intrusion Detection System,IDS)是从多种计算机系统及网络系统中收集信息,再通过这些信息分析入侵特征的网络安全系统。IDS被认为是防火墙之后的第二道安全闸门,它能在入侵攻击对系统发生危害前,检测到入侵攻击,并利用报警与防护系统驱逐入侵攻击;在入侵攻击过程中,能减少入侵攻击所造成的损失;在被入侵攻击后,收集入侵攻击的相关信息,作为防范系统的知识,加入策略集中,增强系统的防范能力,避免系统再次受到同类型的入侵。

具体来说,入侵检测系统的主要功能如下。

(1) 监测并分析用户和系统的活动。

(2) 核查系统配置和漏洞。

(3) 评估系统关键资源和数据文件的完整性。

(4) 识别已知的攻击行为。

(5) 统计分析异常行为。

(6) 操作系统日志管理,并识别违反安全策略的用户活动。

2. 入侵检测与入侵防御

入侵防御系统(Intrusion Prevention System,IPS)是计算机网络安全设施,是对防病毒软件(Antivirus Programs)和防火墙的补充。入侵防御系统是一部能够监视网络或网络设备的网络资料传输行为的计算机网络安全设备,能够即时中断、调整或隔离一些不正常或是具有伤害性的网络资料传输行为。

很多人都认为:"入侵防御系统可以阻断攻击,这正是入侵检测系统所做不了的,所以入侵防御系统是入侵检测系统的升级，是入侵检测系统的替代品。"这种理解是否恰当？究竟如何理解入侵防御系统？先来看入侵防御系统的产生背景。

（1）串行部署的防火墙可以拦截低层攻击行为，但对应用层的深层攻击行为无能为力。

（2）旁路部署的入侵检测系统可以及时发现那些穿透防火墙的深层攻击行为，作为防火墙的有益补充，但不足的是无法进行实时的阻断。

（3）入侵检测系统和防火墙联动。通过入侵检测系统来发现，通过防火墙来阻断。但由于迄今还没有统一的接口规范，加上越来越频发的"瞬间攻击"（一个会话就可以达成攻击效果，如 SQL 注入、溢出攻击等），使得入侵检测系统与防火墙联动在实际应用中的效果不显著。

于是就有了入侵防御系统的产生，如图 5-26 所示。

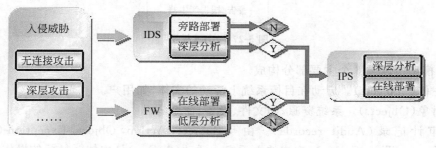

图 5-26　IPS 的由来

入侵防御系统产品的起源：一种能防御防火墙所不能防御的深层入侵威胁（入侵检测技术）的在线部署（防火墙方式）安全产品。

入侵检测系统对那些异常的、可能是入侵行为的数据进行检测和报警，告知使用者网络中的实时状况，并提供相应的解决、处理方法，是一种侧重风险管理的安全产品。

入侵防御系统对那些被明确判断为攻击行为，会对网络、数据造成危害的恶意行为进行检测和防御，降低或减免使用者对异常状况的处理资源开销，是一种侧重风险控制的安全产品。

这也解释了入侵检测系统和入侵防御系统的关系，并非取代和互斥，而是相互协作。没有部署入侵检测系统时，只能是凭感觉判断，应该在什么地方部署什么样的安全产品；通过入侵检测系统的广泛部署，了解了网络的当前实时状况，据此状况可进一步判断应该在何处部署何类安全产品（如入侵防御系统等）。

5.6.2　入侵检测原理

1. 入侵检测基本模型

1）IDES 模型

最早的入侵检测模型由 Dorothy Denning 在 1986 年提出。这个模型与具体系统和具体输入无关，对此后的大部分实用系统都有很高的借鉴价值。入侵检测专家系统（Intrusion Detection Expert System，IDES）是一个综合的入侵检测系统，使用一个在当时来说是创新的统计分析算法来检测非规则异常入侵行为，同时，该系统还用一个专家系统检测模块对入侵攻击模式进行检测。IDES 通用模型的体系结构如图 5-27 所示。

IDES 与它的后继版本 NIDES（Next-Generation Intrusion Detection Expert System）均完全基于 Denning 的模型。该模型的最大缺点是它不包含已知系统漏洞或攻击方法的知识，而这些知识在许多情况下是非常有用的信息。

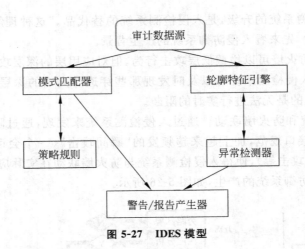

图 5-27 IDES 模型

IDES 模型由以下 6 个主要部分构成。

(1) 主体(Subjects)。启动在目标系统上活动的实体,如用户。

(2) 对象(Objects)。系统资源,如文件、设备、命令等。

(3) 审计记录(Audit records)。由 < Subject, Action, Object, Exception-Condition, Resource-Usage, Time-Stamp > 构成的六元组。活动(Action)是主体对目标的操作,对操作系统而言,这些操作包括读、写、登录、退出等;异常条件(Exception-Condition)是指系统对主体的该活动的异常报告,如违反系统读写权限;资源使用状况(Resource-Usage)是系统的资源消耗情况,如 CPU、内存使用率等;时标(Time-Stamp)是活动发生的时间。

(4) 活动简档(Activity Profile)。用以保存主体正常活动的有关信息,具体实现依赖于检测方法,在统计方法中从事件数量、频度、资源消耗等方面度量,可以使用方差、马尔可夫模型等方法实现。

(5) 异常记录(Anomaly Record)。由 < Event, Time-Stamp, Profile > 组成。用以表示异常事件的发生情况。

(6) 活动规则(Activity Rule)。规则集是检查入侵是否发生的处理引擎,结合活动简档用专家系统或统计方法等分析接收到的审计记录,调整内部规则或统计信息,在判断有入侵发生时采取相应的措施。

2) CIDF 模型

通用入侵检测框架(Common Intrusion Detection Framework,CIDF)是为了解决不同入侵检测系统的互操作性和共存问题而提出的入侵检测的框架。因为目前大部分的入侵检测系统都是独立研究与开发的,不同系统之间缺乏互操作性和互用性。一个入侵检测系统的模块无法与另一个入侵检测系统的模块进行数据共享,在同一台主机上两个不同的入侵检测系统无法共存,为了验证或改进某个部分的功能就必须重构整个入侵检测系统,而无法重用已有的系统和构件。

CIDF 阐述了一个入侵检测系统的通用模型。如图 5-28 所示,它将一个入侵检测系统分为 4 个组件:事件产生器(Event Generators)、事件分析器(Event Analyzers)、响应单元(Response Units)和事件数据库(Event Databases)。

CIDF 将入侵检测系统需要分析的数据统称为事件(Event),它可以是网络中的数据包,也可以是从系统日志等其他途径得到的信息。组件之间通过配对模块 Matchmaker 定位通信

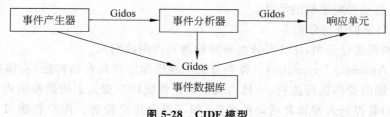

图 5-28 CIDF 模型

的另一方并建立通信连接。组件之间的交互数据(Gido 对象)被封装到 CIDF 消息中进行传递。Gido 对象用通用入侵规范语言(Common Intrusion Specification Language,CISL)描述。CISL 是 CIDF 组件间彼此通信的语言。

事件产生器的目的是从整个计算环境中获得事件,并向系统的其他部分提供此事件。事件分析器分析得到的数据,并产生分析结果。响应单元则是对分析结果做出反应的功能单元,它可以做出切断连接、改变文件属性等强烈反应,也可以只是报警。事件数据库是存放各种中间和最终数据的地方的统称,可以是复杂的数据库,也可以是简单的文本文件。

在这个模型中,前三者以程序的形式出现,而最后一个则往往是文件或数据流的形式。

在其他文献中,也经常用数据采集部分、分析部分和控制台部分来分别代替事件产生器、事件分析器和响应单元这些术语。并且常用日志来简单地指代事件数据库。如不特别指明,本书中两套术语意义相同。

一个完整的入侵检测系统原理如图 5-29 所示。

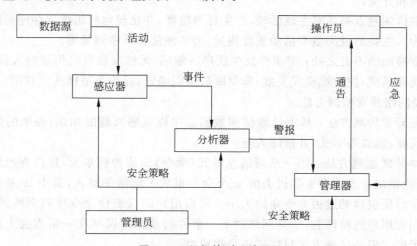

图 5-29 入侵检测系统原理

2. 入侵检测系统的分类

1) 根据体系结构进行分类

(1) 集中式。这种结构的 IDS 可能有多个分布在不同主机上的审计程序,但只有一个中央入侵检测服务器。

(2) 等级式。定义了若干个分等级的监控区,每个 IDS 负责一个区,每一级 IDS 只负责所控区的分析,然后将分析结果传送给上一级。

(3) 协作式。将中央检测服务器的任务分配给多个基于主机的 IDS,这些 IDS 不分等级,各司其职,负责监控当地主机的活动。

2) 根据检测原理进行分类

根据检测原理进行分类,IDS 可分为异常检测和误用检测。

异常检测(Anomaly Detection)。首先总结正常操作应该具有的特征;在得出正常操作的模型之后,对后续的操作进行监视,一旦发现偏离正常统计学意义上的操作模式,立即报警。

异常检测的前提是入侵异常活动的子集,即不符合用户轮廓。用户轮廓(Profile)为各种行为参数及其阈值的集合,用于描述正常行为范围。异常检测的过程为监控、量化、比较、判定、修正等。衡量入侵检测效果的指标主要是漏报率和误报率,异常检测系统一般漏报率低、误报率高。

异常检测系统的效率取决于用户轮廓的完备性和监控的频率,因为不需要对每种入侵行为进行定义,因此能有效检测未知的入侵系统,能针对用户行为的改变进行自我调整和优化,但随着检测模型的逐步精确,异常检测会消耗更多的系统资源。

异常检测常用技术如下。

(1) 统计异常检测方法。

① 特征选择异常检测方法。从一组度量中挑选能检测出入侵的度量。

② 贝叶斯推理异常检测方法。对任意给定时刻,测量系统不同方面的特征变量(如磁盘 I/O 活动数量等)。

③ 贝叶斯网络异常检测方法。利用贝叶斯定律的学习功能,发现大量变量间的关系,对数据进行预测和分类。

统计异常检测重点是观察主题活动,产生行为轮廓,并比较当前轮廓与存储轮廓的差异来检测入侵行为。主要测量类型有活动强度测量、类型测量和顺序测量等。

统计异常检测的不足之处:对事件发生次序不敏感,无法发觉依次相连的入侵行为;入侵者可以通过诱导系统,使监视模式失效;异常阈值难以确定,行为类型模式化有限。

(2) 神经网络异常检测方法。

数据挖掘异常检测方法:从审计数据和数据流中提取感兴趣的知识,提取的知识表现为概念、规则、规律、模式等形式,并检测入侵。

神经网络异常检测方法:用一系列信息单元(命令)训练神经单元,这样在给定一组输入后,就可能预测输出。当前命令和过去的 w 个命令组成了网络的输入,其中 w 是神经网络预测下一个命令时所包含的过去命令集的大小。根据用户的代表性命令序列训练网络后,该网络就形成了相应用户的特征表,于是网络对下一事件的预测错误率在一定程度上反映了用户行为的异常程度。但是这种方法目前还不是很成熟。

异常检测实例如下。

实例一——暴力攻击 Mail 服务。

通过提交上千次相同命令,来实施对 POP3 服务器的拒绝服务攻击。

实例二——暴力破解 FTP 账号密码。

黑客得知 FTP Server 存在用户名 Admin,使用字典程序对 Admin 用户暴力猜解密码。

误用检测(Misuse Detection)又称基于规则的入侵检测。在误用检测中,入侵过程模型及它在被观察系统中留下的踪迹是决策的基础,因此,可事先根据经验规则或者专家知识定义某些非法的特征行为,然后将观察对象与之进行比较,以做出系统是否具有此种非法行为的判别。误用检测基于已知的系统缺陷和入侵模式,能够准确地检测到某些特定的攻击,但却过度依赖事先定义好的安全策略,所以无法检测系统未知的攻击行为,因而会产生漏报。

误用检测的前提是所有的入侵行为都有能被检测到的特征。它需要一个攻击特征库:当检测的用户或系统行为与库中的记录相匹配时,系统就认为这种行为是入侵。误用检测的基本过程为监控、特征提取、匹配、判定等。误用检测一般误报率低、漏报率高。如果入侵特征与正常的用户行为能匹配,则系统会发生误报;如果没有特征能与某种新的攻击行为匹配,则系统会发生漏报。

误用检测的特点:采用特征匹配,误用模式能明显降低错报率,但漏报率随之增加。攻击特征的细微变化会使得误用检测无能为力。

误用检测的模型如图 5-30 所示。

图 5-30 误用检测的模型

误用检测系统的类型主要有以下 3 种。

(1)误用检测专家系统。主要有按键监视系统、模型推理系统、误用预测系统、状态转换分析系统、模式匹配系统等。

专家系统采用类似于 If-Then 这种带有因果关系的结构,使用由专家制定的规则来表示攻击行为,以此为基础从审计事件中找到入侵。但是实际应用中有以下几个问题:数据量问题、数据顺序问题、专家的综合能力问题、规则库缺少环境的适应能力问题、维护问题。

(2)模型推理检测系统。模型推理检测系统最早是由 T. D. Garvey 和 T. F. Lunt 提出来的,主要通过构建一些误用的模型,在此基础上对某些行为活动进行监视,并推理出是否发生入侵行为。

推理系统的组件构成主要有先知模块、计划模块和解释模块等。

(3)模式匹配检测系统。模式匹配检测系统是由入侵检测领域的大师 Kumar 于 1995 年提出的。模式匹配就是将收集到的信息与已知的网络入侵和系统误用模式数据库进行比较,从而发现违背安全策略的行为。

一般地讲,一种攻击模式可以用一个过程(如执行一条指令)或一个输出(如获得权限)来表示。该过程可以很简单(如通过字符串匹配以寻找一个简单的条目或指令),也可以很复杂(如利用正规的数学表达式来表示安全状态的变化)。

模式匹配检测系统是把攻击信号看成一种模式进行匹配。主要特点有事件来源独立、描述和匹配相分离、动态的模式生成、多事件流、可移植性等。

模式匹配检测系统具体的实现需注意的问题如下。

① 模式的提取。要使提取的模式具有很高的质量,能够充分表示入侵信号的特征,同时模式之间不能有冲突。

② 匹配模式的动态增加和删除。为了适应不断变化的攻击手段,匹配模式必须具有动态变更的能力。

③ 增量匹配和优先级匹配。有事件流对系统处理能力产生很大压力的时候,要求系统采

取增量匹配的方法提高系统效率,或者可以先对高优先级的事件先行处理。

④ 完全匹配。匹配机制必须能够对所有模式进行匹配的能力。

另外,入侵检测系统的分类还可以根据检测时间、数据处理的粒度、审计数据来源、入侵响应方式、入侵检测实现方式等来进行分类。

其中,根据检测时间可分为两类。

- 脱机分析。行为发生后,对产生的数据进行分析。
- 联机分析。在数据产生的同时或者发生改变时进行分析。

根据数据处理的粒度可分为基于数据流方式的粗粒度和基于连接的细粒度两类。数据处理的粒度和检测时间有一定的关系,但是二者并不完全一样,一个系统可能在相当长的时间内进行连续数据处理,也可以实时地处理少量的批处理数据。

根据审计数据来源可分为基于网络数据和基于主机安全日志文件(包括操作系统的内核日志、应用程序日志、网络设备日志)两类。

根据入侵响应方式可分为被动响应和主动响应。被动响应:本身只会发出警告,不能试图降低破坏,更不会主动地对攻击者采取反击行动。主动响应又可分为两种。

- 对被攻击系统实施控制的系统。通过调整被攻击系统的状态,阻止或者减轻攻击的危害。例如,断开网络连接、增加安全日志、杀死可疑进程等。
- 对攻击系统实施控制的系统。多被军方所重视和采用。

目前,主动响应系统还比较少,即使做出主动响应,一般也都是断开可疑攻击的网络连接,或是阻塞可疑的系统调用,若失败,则终止该进程。但由于系统暴露于拒绝服务攻击下,这种防御一般也难以实施。主动响应如果失败可能使系统暴露在拒绝服务攻击之下。

根据数据收集或者处理地点可分为集中式和分布式两类。

根据入侵检测系统实现方式可分为两类。

- 基于主机的入侵检测系统(HIDS)。安装于被保护的主机中,主要分析主机内部活动,如系统日志、系统调用、文件完整性检查等,它需要占用一定的系统资源。
- 基于网络的入侵检测系统(NIDS)。安装在被保护的网段中,主要通过混杂模式监听,分析网段中所有的数据包,实时检测与响应,它具有操作系统无关性,不会增加网络中主机的负载。

基于网络的入侵检测系统的主要优点如下。

(1) 成本低。

(2) 攻击者转移证据很困难。

(3) 实时检测和应答。一旦发生恶意访问或攻击,基于网络的入侵检测系统检测可以随时发现,因此能够更快地做出反应。从而将入侵活动对系统的破坏降到最低。

(4) 能够检测未成功的攻击企图。

(5) 操作系统独立。基于网络的入侵检测系统并不依赖主机的操作系统作为检测资源。而基于主机的入侵检测系统需要特定的操作系统才能发挥作用。

基于主机的入侵检测系统的主要优势如下。

(1) 适用于加密和交换环境。

(2) 实时检测和应答。

(3) 不需要额外的硬件。

3. 入侵检测技术的进化

目前入侵检测系统产品大致有以下几代。

第一代：协议解码＋模式匹配。

优点：对已知攻击极其有效，误报率低。

缺点：容易躲避，漏报率高。

第二代：模式匹配＋简单协议分析＋异常统计。

优点：能够分析处理一部分协议，可以进行重组。

缺点：匹配效率较低，管理功能较弱。

这种检测技术实际上是在第一代技术的基础上增加了部分对异常行为分析的功能。

第三代：完全协议分析＋模式匹配＋异常统计。

优点：误报率、漏报率、滥报率低，效率高，可管理性强，并在此基础上实现了多级分布式的检测管理。

缺点：可视化程度不高，防范及管理功能较弱。

第四代：安全管理＋协议分析＋模式匹配＋异常统计。

优点：入侵管理和多项技术协同工作，建立全局的主动保障体系，具有良好的可视化、可控性和可管理性。以该技术为核心，可构造一个积极的动态防御体系，即 IMS（Intrusion Management System）——入侵管理系统。

缺点：专业化程度较高，成本较高。

今后的入侵检测技术大致向下述 3 个方向发展。

（1）分布式入侵检测。这里的分布式有两层含义：第一层含义，即针对分布式网络攻击的检测方法；第二层含义，即使用分布式的方法来检测分布式的攻击，其中的关键技术为检测信息的协同处理和入侵攻击的全局信息的提取。

（2）智能化入侵检测。即利用智能化的方法与手段进行入侵检测。现阶段常用的智能化方法有神经网络、遗传算法、模糊技术、免疫原理等方法，这些方法常用于入侵特征的辨识与泛化。利用专家系统的思想来构建入侵检测系统也是常用的方法之一。特别是具有自学能力的专家系统，实现了知识库的不断更新与扩展，使设计的入侵检测系统的防范能力不断增强，具有更广泛的应用前景。应用智能体的概念来进行入侵检测的尝试也已有报道。较为一致的解决方案为高效常规意义下的入侵检测系统与具有智能检测功能的检测软件或模块的结合使用。

（3）全面的安全防御方案。即使用安全工程风险管理的思想与方法来处理网络安全问题，将网络安全作为一个整体工程来处理。从管理、网络结构、加密通道、防火墙、病毒防护、入侵检测多方位全面对所关注的网络作全面的评估，提出可行的全面解决方案。

5.6.3 入侵检测系统的应用

1. 入侵检测系统的选用

当选择入侵检测系统时，要考虑的要点如下。

1）系统的价格

价格是必须考虑的要点，不过性价比以及要保护系统的价值是更重要的因素。

2）特征库升级与维护的费用

像反病毒软件一样,入侵检测的特征库需要不断更新才能检测出新的攻击方法。

3）对于网络入侵检测系统的最大可处理流量(包/秒,Packet Per Second,PPS)

要分析网络入侵检测系统所部署的网络环境,如果在 512Kb 或 2Mb 专线上部署网络入侵检测系统,则不需要高速的入侵检测引擎,而在负荷较大的环境中,性能是一个非常重要的指标。

4）是否容易被躲避

有些常用的躲避入侵检测的方法,如分片、TTL 欺骗、异常 TCP 分段、慢扫描、协同攻击等。

5）产品的可伸缩性

系统支持的传感器数目、最大数据库大小、传感器与控制台之间通信带宽和对审计日志溢出的处理。

6）运行与维护系统的开销

产品报表结构、处理误报的方便程度、事件与日志查询的方便程度以及使用该系统所需的技术人员数量。

7）产品支持的入侵特征数

要注意不同厂商对检测特征库大小的计算方法都不同,所以不能偏听厂商的一面之词。

8）产品的响应方法

响应方法要从本地、远程等多个角度考察。例如,自动更改防火墙配置是一个听上去很“酷”的功能,但是自动配置防火墙也可能是一个极为危险的举动。

9）是否通过了国家权威机构的测评

主要的权威测评机构有公安部计算机信息系统安全产品质量监督检验中心、中国网络安全测评中心等。

2. 入侵检测系统的部署

1）入侵检测系统部署准备

入侵检测系统部署之前一般需要通过下列活动才能成功实现 HIDS 或 NIDS 部署。

(1) 基于风险评估的全面需求分析,包括 IDS 安全要求。

(2) 认真选择入侵检测系统部署策略。

(3) 识别与组织网络基础设施、策略以及资源级别一致的解决方案。

(4) 专业的入侵检测系统维护和操作培训。

(5) 为了处理和响应入侵检测系统报警,制定培训和演练规程。

根据 NIDS 和 HIDS 的优点与局限性,建议考虑综合使用 NIDS 和 HIDS,以保护全组织范围内的网络。

入侵检测系统的部署一般应分阶段进行。该方法允许员工获取经验并确定有多少监视和维护资源可用于支持入侵检测系统操作。每种入侵检测系统的资源需求变化范围很广,高度依赖于组织的系统和安全环境。

在分阶段部署中,一般先以 NIDS 开始部署,因为 NIDS 通常是安装和维护最简单的 IDS。NIDS 部署好后,可以考虑利用 HIDS 来保护关键服务器。此外,为了实现适当的功能和配置,应使用脆弱性评估工具定期测试入侵检测系统和其他的安全机制。

2) NIDS 的部署

为了进行网络监视而部署 NIDS 时,特别是使用交换机或测试接入端口(Test Access Port,TAP)的情况下,要考虑好数据捕捉方法的问题。当部署 NIDS 时,最好使用物理隔离的交换机,而不是 VLAN 或者核心交换类似的技术。通常,交换机只能允许单个交换机分析器(SPAN)端口在任何给定的时间起作用。SPAN 端口也增加了交换机的 CPU 使用率,且在 CPU 达到使用极限时,SPAN 通常用来停止数据复制。

典型 NIDS 的部署位置如图 5-31 所示。

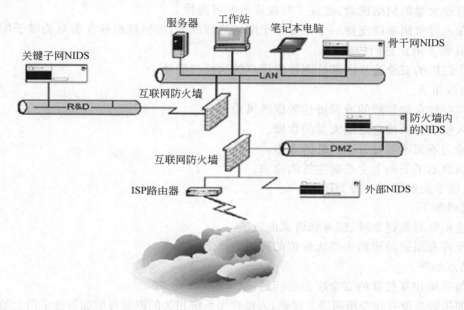

图 5-31　典型 NIDS 的部署位置

(1) 位于互联网防火墙内的 NIDS。

其优点如下。

① 识别源于外部网、已经渗入防护边界的攻击。

② 帮助检测防火墙配置策略上的错误。

③ 监视针对 DMZ 中系统的攻击。

④ 能被配置为检测源在组织内部、针对外部目标的攻击。

其缺点如下。

① 由于其接近外部网,不能作为强保护。

② 不能监视防火墙阻塞(过滤掉)的攻击。

(2) 位于互联网防火墙外的 NIDS。

其优点如下。

① 允许编制源于外部网攻击的数量和类型的文件。

② 可以发现没有被防火墙阻塞(过滤掉)的攻击。

③ 能减轻拒绝服务攻击的影响。

④ 在与位于外部防火墙内部的入侵检测系统合作的情况下,入侵检测系统配置能评估防火墙的有效性。

其缺点如下。

① 当探测器位于网络安全边界外面时,它受制于攻击本身,因此需要一个加固的隐形设备。

② 在此位置上产生的大量数据使得分析已收集的入侵检测系统数据非常困难。

③ 入侵检测系统探测器和管理平台的交互可要求在防火墙中打开额外的突破口,导致了外部访问管理平台的可能性。

(3) 位于主要骨干网络上的 NIDS。

其优点如下。

① 监视大量的网络流量,提高了发现攻击的可能性。

② 在入侵检测系统支持一个主要骨干网络的情况下,在拒绝服务攻击对关键子网造成破坏之前,具备了阻止它们的能力。

③ 在组织的安全边界内部检测授权用户的未授权活动。

其缺点如下。

① 捕捉和存储敏感的或保密性数据的风险。

② 入侵检测系统宜处理大量的数据。

③ 检测不到不通过骨干网络的攻击。

④ 识别不了子网上主机对主机的攻击。

(4) 位于关键子网上的 NIDS。

其优点如下。

① 监视针对关键系统、服务和资源的攻击。

② 允许有限资源聚焦于最大价值的网络资产上。

其缺点如下。

① 与子网相互关联的安全事态的问题。

② 如果警报没有在专用网络上传输,入侵检测系统相关的流量可增加关键子网上的负载。

③ 如果配置不正确,入侵检测系统可捕捉和存储敏感信息,并在未指定方式的情况下访问这些信息。

3) HIDS 部署

在 HIDS 运行部署之前,应确保操作者熟悉其特性和能力。任何入侵检测系统的效力,特别是 HIDS,依赖操作人员区分真假警报的能力。这需要组织的网络拓扑、脆弱性以及与解决虚假警报相关的其他细节的知识。随着时间的流逝,在 HIDS 监视的环境中,凭借操作经验能够识别正常的或基线类型的活动。由于不会持续监视 HIDS,可建立检查入侵检测系统输出的时间表。HIDS 操作的方式能极大降低攻击者在攻击期间可能损害 HIDS 的风险。

HIDS 全面部署宜从关键服务器开始。一旦 HIDS 的操作成为常规事务,其他服务器也可考虑 HIDS 部署。首先在关键服务器上安装 HIDS,这个方法能降低整体部署的成本,并允许没有经验的人员将精力集中在最重要的资产发出的警报上。当这一部分 HIDS 操作成为常规事务,就可以重新审阅最初的网络安全风险评估结果并考虑安装更多的 HIDS。最好使用具备中央管理和报告功能的 HIDS,因为这能极大地降低管理来自部署在整个组织中的 HIDS 报警的复杂度。在大量部署 HIDS 的情况下,也可以考虑向网络安全管理服务商外包其 HIDS 操作和维护。

4) 防护和保护入侵检测系统网络安全

入侵检测系统数据库存储了与组织信息基础设施内的可疑活动和攻击相关的所有数据,是很敏感的安全信息,因此要求数据保护,并建议实施下列控制措施。

（1）使用检验码确认存储数据的完整性。

（2）加密存储入侵检测系统数据。

（3）适当配置数据库，特别是通过使用访问控制机制。

（4）具备包括备份程序在内的适当数据库维护技术。

（5）加固运行入侵检测系统数据库的系统以充分抵抗渗透。

（6）控制连接入侵检测系统到以太网集线器或者交换机的嗅探（只接收）电缆。

（7）独立入侵检测系统管理网络的实施。

应避免未授权修改或删除入侵检测系统日志、配置、攻击特征和入侵检测系统探测器和收集器之间交换的信息。

入侵检测系统日志可能包含敏感信息或者隐私信息，应在存储和传输中加以保护。负责分析来自入侵检测系统探测器或收集器信息的已授权人员应保护他们负责的信息。

5.6.4 相关标准规范

入侵检测技术相关标准规范如下。

1. GB/T 28454—2012《入侵检测系统的选择、部署和操作》

2. GB/T 26269—2010《网络入侵检测系统技术要求》

3. GB/T 26268—2010《网络入侵检测系统测试方法》

4. GB/T 20275—2006《信息安全技术 入侵检测系统技术要求和测试评价方法》

5. CNCA 11C—084—2009《网络安全产品强制性认证实施规则入侵检测系统(IDS)产品》

6. YDN 142—2008《网络入侵检测系统测试方法(YDN 邮电行业内部标准)》

5.7 备份与恢复技术

5.7.1 备份与恢复概述

1. 备份与恢复基本概念

备份包括系统备份与数据备份，数据备份是容灾的基础，是指为防止系统出现操作失误或系统故障导致数据丢失，而将全部或部分数据集合从应用主机的硬盘或阵列复制到其他的存储介质的过程。数据备份与数据恢复是保护数据的最后手段，也是防止信息攻击的最后一道防线。系统备份需要备份系统中安装的应用程序、数据库系统、用户设置、系统参数等。不是单纯的数据复制。备份的根本目的是重新利用，备份工作的意义是恢复。一个无法恢复的备份，对任何系统来说都是毫无意义的。另外，数据备份不仅可以防范意外事件的破坏，还是历史数据保存归档的最佳方式。

恢复通常是指灾难恢复，即发生灾难性事故的时候，利用系统恢复、数据备份等措施，及时对原系统进行恢复，以保证数据的安全性和业务的连续性。灾难有自然灾害（洪水、台风、地震、雷击等）、意外事故（火灾、塌方、供电故障）、恶意攻击、人为失误等导致系统被破坏等。

灾难恢复包括系统恢复、数据恢复和应用恢复全过程。灾难恢复目标之一是保证业务的连续性。

2. 数据备份与容灾或集群技术的区别

集群技术和容灾技术的目的是保证系统的可用性。对数据而言，集群技术和容灾技术保护系统的在线状态,保证当意外发生时数据可以被随时访问,系统所提供的服务和功能不会因此而中断。容灾要求有异地数据备份,甚至系统应用的异地备份。

而备份技术的目的是将整个系统的数据或状态保存下来,通常采用离线保存的方式(与当前系统隔离开)。一般来说,备份技术并不保证系统的实时可用性。在恢复过程中,系统是不可用的。

因此,在运行关键任务的系统中,备份技术、集群技术和容灾技术相互不可替代。

3. 构建数据备份系统的原则

构建备份系统一般需要满足以下原则。

(1) 可靠性,即备份系统自身工作要稳定可靠。

(2) 全面性,即支持各种操作系统、不同的数据库和典型应用。

(3) 自动化,即能够自动备份、自动更换磁带、自动报警。

(4) 高性能,即尽量提高数据传输速率,在休息时间完成数据备份。

(5) 不干扰应用系统的运行,一些关键系统要求 7×24 小时运行,备份工作应不间断系统的运行,且尽量不影响系统的工作性能。

(6) 容灾考虑,根据自身业务需要,是否需要建立异地容灾备份。

5.7.2 数据备份与恢复技术

1. 备份技术

1) 备份的方式

目前比较常见的备份方式如下。

(1) 定期磁带备份数据。通常每盘磁带都有一定的使用次数限制,因此,对于磁带备份系统来说,磁带使用了一定次数后,就应该废弃掉,不能用来备份关键数据。

(2) 远程磁带库、光盘库备份。即将数据传送到远程备份中心制作完整的备份磁带或光盘。

(3) 远程关键数据+磁带备份。采用磁带备份数据,生产机实时向备份机发送关键数据。

(4) 远程数据库备份。在与主数据库所在生产机相分离的备份机上建立主数据库的一个备份。

(5) 网络数据镜像。对生产系统的数据库数据和所需跟踪的重要目标文件的更新进行监控与跟踪,并将更新日志实时通过网络传送到备份系统,备份系统则根据日志对磁盘进行更新。

(6) 远程镜像磁盘。通过高速光纤通道线路和磁盘控制技术将镜像磁盘延伸到远离生产机的地方,镜像磁盘数据与主磁盘数据完全一致,更新方式为同步或异步。

2) 备份的策略

目前采用最多的备份策略主要有以下 3 种。

(1) 完全备份。每天对系统进行完全备份(Full Backup)。例如,星期一用一盘磁带对整个系统进行备份,星期二再用另一盘磁带对整个系统进行备份,依此类推。这种备份策略的好处是当发生数据丢失的灾难时,只要用一盘磁带(即灾难发生前一天的备份磁带),就可以恢复丢失的数据。然而它也有不足之处:首先,由于每天都对整个系统进行完全备份,造成备份的数据大量重复,这些重复的数据占用了大量的磁带空间,这对用户来说就意味着增加成本;其次,由于需要备份的数据量较大,因此备份所需的时间也就较长,对于那些业务繁忙、备份时间有限的单位来说,这种备份策略并不适用。

(2) 增量备份。增量备份(Incremental Backup)是星期天进行一次完全备份,然后在接下来的 6 天里只对当天新的或被修改过的数据进行备份。这种备份策略的优点是节省了磁带空间,缩短了备份时间。但它的缺点在于:当灾难发生时,数据的恢复比较麻烦。例如,系统在星期三的早晨发生故障,丢失了大量的数据,那么现在就要将系统恢复到星期二晚上时的状态。这时系统管理员就要首先找出星期天的那盘完全备份磁带进行系统恢复,然后再找出星期一的磁带来恢复星期一的数据,然后找出星期二的磁带来恢复星期二的数据。很明显,这种方式较烦琐。另外,这种备份的可靠性也很差。在这种备份方式下,各盘磁带间的关系就像链子一样,一环套一环,其中任何一盘磁带出了问题都会导致整条链子脱节。比如在上例中,若星期二的磁带出了故障,那么管理员最多只能将系统恢复到星期一晚上时的状态。

(3) 差分备份。差分备份(Differential Backup)是指管理员先在星期天进行一次系统完全备份,然后在接下来的几天里,管理员再将当天所有与星期天不同的数据(新的或被修改过的)备份到磁带上。差分备份策略在避免了以上两种策略的缺陷的同时,又具有了它们的所有优点。首先,它无须每天都对系统做完全备份,因此备份所需时间短,并节省了磁带空间;其次,它的灾难恢复也很方便,系统管理员只需两盘磁带,即星期一的磁带与灾难发生前一天的磁带,就可以将系统恢复。在实际应用中,备份策略通常是以上 3 种的结合。例如,每星期一至星期六进行一次增量备份或差分备份,每星期日进行完全备份,每月底进行一次完全备份,每年底进行一次完全备份。

3) 数据备份的方法

传统的数据备份主要是采用内置或外置的磁带机进行冷备份。但是这种方式只能防止操作失误等人为故障,并且其恢复时间很长。随着技术的不断发展,数据的海量增加,不少企业开始采用网络备份。网络备份一般通过专业的数据存储管理软件结合相应的硬件和存储设备来实现。

现代数据备份是存储领域的一个重要组成部分。

现代存储领域技术主要有两种。

(1) 存储区域网(Storage Area Network,SAN)。是指独立于服务器网络系统之外的高速光纤存储网络,这种网络采用高速光纤通道作为传输体,以 SCSI-3 等协议作为存储访问协议。将存储系统网络化,实现真正的高速共享存储。

(2) 网络附加存储设备(Network Attached Storage,NAS)。是一种专业的网络文件存储及文件备份设备,也称为网络直联存储设备、网络磁盘阵列。一个 NAS 包括核心处理器、文件服务管理工具、一个或者多个硬盘驱动器用于数据的存储。NAS 可以应用在任何网络环境当中。主服务器和客户端可以非常方便地在 NAS 上存取任意格式的文件,包括 SMB 格式(Windows)、NFS 格式(UNIX、Linux)和 CIFS 格式等。NAS 系统可以根据服务器或者客户端计算机发出的指令完成对内在文件的管理。其他特性包括独立于操作平台、不同类的文件共享、交叉协议、用户安全性/许可性、浏览器界面的操作/管理和不会中断网络的增加和移除服务器等。

通过数据备份,一个存储系统乃至整个网络系统,完全可以回到过去的某个时间状态,或者重新"克隆"一个指定时间状态的系统,只要在这个时间点上,就有一个完整的系统数据备份。

主流备份技术主要有两种。

(1) LAN-free 备份。数据不经过局域网直接进行备份,即用户只需将磁带机或磁带库等备份设备连接到 SAN 中,各服务器就可以把需要备份的数据直接发送到共享的备份设备上,不必再经过局域网链路。由于服务器到共享存储设备的大量数据传输是通过 SAN 网络进行的,局域网只承担各服务器之间的通信(而不是数据传输)任务。

优点:为每台服务器配备光纤通道适配器和特定的管理软件。

缺点:服务器参与了将备份数据从一个存储设备转移到另一个存储设备的过程,在一定程度上占用了宝贵的 CPU 处理时间和服务器内存;恢复能力差。

(2) 无服务器备份。无服务器备份(Serverless)是 LAN-free 的一种延伸,可使数据能够在 SAN 结构中的两个存储设备之间直接传输,通常是在磁盘阵列和磁带库之间。

备份数据通过数据移动器从磁盘阵列传输到磁带库上,使用网络数据管理协议(Network Data Management Protocol,NDMP)。

优点:服务器不是主要的备份数据通道,源设备、目的设备以及 SAN 设备是数据通道的主要部件,可以大大缩短备份及恢复所用的时间。

缺点:仍需要备份应用软件(以及其主机服务器)来控制备份过程;存在兼容性问题;恢复功能有待更大改进。

4) 存储与备份技术发展

随着将来 IP 存储技术在存储网络中占有的强劲优势,LAN-free 备份和无服务器备份技术应用的解决方案将会更为普遍。LAN-free 备份和无服务器备份并非适合所有应用。

广域网文件服务(Wide Area File Service,WAFS)主要面向拥有众多分支机构的大型存储用户提供服务,也可把它称为 NAS(网络附件存储)远程互联解决方案。这一技术的不断成熟将为数据的远程备份开辟美好的未来。

连续数据保护(Continue Data Protection,CDP)产品采用连续捕获和保存数据变化,并将变化后的数据独立于初始数据进行保存的方法,而且该方法可以实现过去任意一个时间点的数据恢复。总体成本和复杂性都较低,目前已经出现相关产品。

2. 恢复技术

1) 基于备份的恢复

基于备份的恢复相对很简单,只需把备份复制或者重新导入新的系统中,一般和相应备份方法相对应,基本上可以看成是备份的逆过程。在此就不再赘述。

2) 基于磁盘数据误删恢复

需要先了解磁盘存储技术的工作原理,磁盘存储通过改变磁粒子的极性在磁性介质上记录数据。在读取数据时,磁头将存储介质上的磁粒子极性转换成相应的电脉冲信号,并转换成计算机可以识别的数据形式。进行写操作的原理也是如此。要使用硬盘等介质上的数据文件,通常需要依靠操作系统所提供的文件系统功能,文件系统维护着存储介质上所有文件的索引。因为效率等诸多方面的考虑,在利用操作系统提供的指令删除数据文件的时候,磁介质上的磁粒子极性并不会被清除。操作系统只是对文件系统的索引部分进行了修改,将删除文件的相应段落标识进行了删除标记。同样地,目前主流操作系统对存储介质进行格式化操作时,也不会抹除介质上的实际数据信号。正是操作系统在处理存储时的这种设定,为数据恢复提供了可能。值得注意的是,这种恢复通常只能在数据文件删除之后、相应存储位置没有写入新数据的情况下进行。因为一旦新的数据写入,磁粒子极性将无可挽回地被改变,从而使得旧有的数据在真正意义上被清除。

要理解数据恢复技术原理,还需要理解以下概念。

分区,硬盘存放数据的基本单位为扇区,可以理解为一本书的一页。当我们装机或买来一个移动硬盘,第一步便是为了方便管理进行分区。无论用何种分区工具,都会在硬盘的第一个扇区标注上硬盘的分区数量、每个分区的大小、起始位置等信息,术语称为主引导记录(Main Boot Record,MBR),也可称为分区信息表。当主引导记录因为各种原因(硬盘坏道、病毒、误操作等)被破坏后,一些或全部分区自然就会丢失不见了,根据数据信息特征可以重新推算计算分区大小及位置,手动标注到分区信息表,"丢失"的分区又回来了。

文件分配表,为了管理文件存储,硬盘分区完毕后,接下来的工作是格式化分区。格式化程序根据分区大小,合理地将分区划分为目录文件分配区和数据区,就像我们看的小说,前几页为章节目录,后面才是真正的内容。文件分配表内记录着每一个文件的属性、大小、在数据区的位置。对所有文件的操作都是根据文件分配表来进行的。文件分配表遭到破坏以后,系统无法定位到文件,虽然每个文件的真实内容还存放在数据区,系统仍然会认为文件已经不存在。数据丢失了,就像一本小说的目录被撕掉一样。要想直接去想要的章节,已经不可能了,要想得到想要的内容(恢复数据),只能凭记忆知道具体内容的大约页数或每页(扇区)来寻找你要的内容。

向硬盘里存放文件时,系统首先会在文件分配表内写上文件名称、大小,并根据数据区的空闲空间在文件分配表上继续写上文件内容在数据区的起始位置;然后开始向数据区写上文件的真实内容,一个文件存放操作才算完毕。

删除操作却很简单,当我们需要删除一个文件时,系统只是在文件分配表内在该文件前面写一个删除标志,表示该文件已被删除,它所占用的空间已被"释放",其他文件可以使用它占用的空间。因此,当我们删除文件又想找回它(数据恢复)时,只需用工具将删除标志去掉,数据被恢复回来了。当然,前提是没有新的文件写入,该文件所占用的空间没有被新内容覆盖。

格式化操作和删除相似,都只操作文件分配表,不过格式化是将所有文件都加上删除标志,或直接将文件分配表清空,系统将认为硬盘分区上不存在任何内容。格式化操作并没有对数据区做任何操作,目录空了,内容还在,借助数据恢复知识和相应工具,数据仍然能够被恢复。

注意:格式化并不是能100%恢复,有的情况下磁盘打不开,需要格式化才能打开。如果数据重要,千万别尝试格式化后再恢复,因为格式化本身就是对磁盘写入的过程,只会破坏残留的信息。

理解覆盖,数据恢复工程师常说:"只要数据没有被覆盖,数据就有可能恢复回来。"因为磁盘的存储特性,当不需要硬盘上的数据时,数据并没有被拿走。删除时系统只是在文件上写一个删除标志,格式化和低级格式化也是在磁盘上重新覆盖一遍以数字0为内容的数据,这就是覆盖。

一个文件被标记上删除标志后,它所占用的空间在有新文件写入时,将有可能被新文件占用覆盖写上新内容。这时删除的文件名虽然还在,但它指向数据区的空间内容已经被覆盖改变,恢复的将是错误异常内容。同样文件分配表内有删除标记的文件信息所占用的空间也有可能被新文件名和文件信息占用覆盖,文件名也将不存在了。

当将一个分区被格式化后,又复制上新内容,新数据只是覆盖掉分区前部分空间,去掉新内容占用的空间,该分区剩余空间数据区上的无序内容仍然有可能被重新组织,将数据恢复。

同理,克隆、一键恢复、系统还原等造成的数据丢失,只要新数据占用空间小于破坏前空间容量,就有可能恢复以前的分区和数据。

3. 冗余技术

1) 冗余技术概述

冗余技术是指增加多余的设备以保证系统更加可靠、安全地工作。冗余的分类方法多种多样,按照在系统中所处的位置,冗余可分为元件级、部件级和系统级;按照冗余的程度,冗余可分为 1:1、1:2、1:n 冗余等。在当前元件可靠性不断提高的情况下,和其他形式的冗余方式相比,1:1 的部件级热冗余是一种有效、相对简单、配置灵活的冗余技术实现方式,如 I/O 卡件冗余、电源冗余、主控制器冗余等。因此,目前国内外主流的过程控制系统中大多采用了这种方式。当然,在某些局部设计中也有采用元件级或多种冗余方式组合的成功范例。

2) 磁盘冗余阵列

独立磁盘冗余阵列(Redundant Array of Independent Disks,RAID)就是一种由多块硬盘构成的冗余阵列。虽然 RAID 包含多块硬盘,但是在操作系统下作为一个独立的大型存储设备出现。

RAID 技术主要包含 RAID 0～RAID 7 等数个规范,它们的侧重点各不相同,常见的规范有以下几种。

(1) RAID 0。连续以位或字节为单位分割数据,并行读/写于多个磁盘上,因此具有很高的数据传输速率,但它没有数据冗余,因此并不能算是真正的 RAID 结构。RAID 0 只是单纯地提高性能,并没有为数据的可靠性提供保证,而且其中的一个磁盘失效将影响到所有数据。因此,RAID 0 不能应用于数据安全性要求高的场合。

(2) RAID 1。通过磁盘数据镜像实现数据冗余,在成对的独立磁盘上产生互为备份的数据。当原始数据繁忙时,可直接从镜像中读取数据,因此 RAID 1 可以提高读取性能。RAID 1 是磁盘阵列中单位成本最高的,但提供了很高的数据安全性和可用性。当一个磁盘失效时,系统可以自动切换到镜像磁盘上读/写,而不需要重组失效的数据。

(3) RAID 0+1。也被称为 RAID 10 标准,实际是将 RAID 0 和 RAID 1 标准结合的产物,在连续地以位或字节为单位分割数据并且并行读/写多个磁盘的同时,为每一块磁盘作磁盘镜像冗余。它的优点是同时拥有 RAID 0 的超凡速度和 RAID 1 的数据高可靠性,但是CPU 占用率更高,而且磁盘的利用率比较低。

(4) RAID 2。将数据条块化地分布于不同的硬盘上,条块单位为位或字节,并使用"加重平均纠错码(海明码)"的编码技术来提供错误检查及恢复。这种编码技术需要多个磁盘存放检查及恢复信息,使得 RAID 2 技术实施更复杂,因此在商业环境中很少使用。

(5) RAID 3。它与 RAID 2 非常类似,都是将数据条块化分布于不同的硬盘上,区别在于RAID 3 使用简单的奇偶校验,并用单块磁盘存放奇偶校验信息。如果一块磁盘失效,奇偶校验盘及其他数据盘可以重新产生数据;如果奇偶检验盘失效则不影响数据使用。RAID 3 对于大量的连续数据可提供很好的传输速率,但对于随机数据来说,奇偶检验盘则会成为写操作的瓶颈。

(6) RAID 4。RAID 4 同样也将数据条块化并分布于不同的磁盘上,但条块单位为块或记录。RAID 4 使用一块磁盘作为奇偶校验盘,每次写操作都需要访问奇偶检验盘,这时奇偶校验盘会成为写操作的瓶颈,因此 RAID 4 在商业环境中也很少使用。

(7) RAID 5。不单独指定奇偶检验盘,而是在所有磁盘上交叉地存取数据及奇偶校验信息。在 RAID 5 上,读/写指针可同时对阵列设备进行操作,提供了更高的数据流量。RAID 5 更适合于小数据块和随机读/写的数据。RAID 3 与 RAID 5 相比,最主要的区别在于 RAID 3 每进行一次数据传输就需涉及所有的阵列盘;而对于 RAID 5 来说,大部分数据传输只对一块磁盘进行操作,并可进行并行操作。在 RAID 5 中有"写损失",即每一次写操作将产生 4 个实际的读/写操作,其中两次读旧的数据及奇偶信息,两次写新的数据及奇偶信息。

(8) RAID 6。与 RAID 5 相比,RAID 6 增加了第二个独立的奇偶校验信息块。两个独立的奇偶系统使用不同的算法,数据的可靠性非常高,即使两块磁盘同时失效也不会影响数据的使用。但 RAID 6 需要分配给奇偶校验信息更大的磁盘空间,相对于 RAID 5 有更大的"写损失",因此"写性能"非常差。较差的性能和复杂的实施方式使得 RAID 6 很少得到实际应用。

(9) RAID 7。是一种新的 RAID 标准,自身带有智能化实时操作系统和用于存储管理的软件工具,可完全独立于主机运行,不占用主机 CPU 资源。RAID 7 可以看作一种存储计算机(Storage Computer),它与其他 RAID 标准有明显区别。除了以上的各种标准外,也可以如 RAID 0+1 那样结合多种 RAID 规范来构筑所需的 RAID 阵列,例如 RAID 5+3(RAID 53)就是一种应用较为广泛的阵列形式。用户一般可以通过灵活配置磁盘阵列来获得更加符合其要求的磁盘存储系统。

(10) RAID 5E(RAID 5 Enhancement)。是在 RAID 5 级别基础上的改进,与 RAID 5 类似,数据的校验信息均匀分布在各硬盘上,但是,在每个硬盘上都保留了一部分未使用的空间,这部分空间没有进行条带化,最多允许两块物理硬盘出现故障。RAID 5E 和 RAID 5 加一块热备盘表面相似,但其实由于 RAID 5E 是把数据分布在所有的硬盘上,性能会比 RAID5 加一块热备盘要好。当一块硬盘出现故障时,有故障硬盘上的数据会被压缩到其他硬盘上未使用的空间,逻辑盘保持 RAID 5 级别。

(11) RAID 5EE。与 RAID 5E 相比,RAID 5EE 的数据分布更有效率,每个硬盘的一部分空间被用作分布的热备盘,它们是阵列的一部分,当阵列中一个物理硬盘出现故障时,数据重建的速度会更快。

(12) RAID 50。RAID 50 是 RAID 5 与 RAID 0 的结合。此配置在 RAID 5 的子磁盘组的每个磁盘上进行包括奇偶信息在内的数据的剥离。每个 RAID 5 子磁盘组要求 3 个硬盘。RAID 50 具备更高的容错能力,因为它允许某个组内有一个磁盘出现故障,而不会造成数据丢失。而且因为奇偶位分布于 RAID 5 子磁盘组上,所以重建速度有很大提高。它有更高的容错能力,具备更快数据读取速率的潜力。需要注意的是磁盘故障会影响吞吐量,故障后重建信息的时间比镜像配置情况下要长。

3) 双机热备

热备份与备份的区别:热备份是指高可用(High Available),而备份是指 Backup,即数据备份的一种,这是两种不同的概念,应对的产品也是两种功能上完全不同的产品。热备份主要保障业务的连续性,实现的方法是故障点的转移,而备份主要目的是防止数据丢失,所以备份强调的是数据恢复而不是应用的故障转移。

双机热备特指基于高可用系统中的两台服务器的热备(或高可用),因两机高可用在国内使用较多,故得名双机热备。双机高可用按工作中的切换方式分为主-备方式(Active-

Standby)和双主机方式(Active-Active)。主-备方式即是指一台服务器处于某种业务的激活状态(即 Active 状态),另一台服务器处于该业务的备用状态(即 Standby 状态)。而双主机方式即是指两种不同业务分别在两台服务器上互为主备状态(即 Active-Standby 和 Standby-Active 状态)。

双机热备的工作原理即故障隔离,简单地讲,双机热备就是一种利用故障点转移的方式来保障业务连续性。其业务的恢复不是在原服务器上,而是在备用服务器上。热备不具有修复故障服务器的功能,而只是将故障隔离。

双主机方式是指业务方式而不是服务器状态,如果是同一种应用是不能完成双主机方式的。例如,热备的两台服务器都是 SQL Server 数据库,那也是指的不同的数据库实例。相同的数据库实例是不可能在热备这一级实现双主机方式。简单地讲双主机方式就是两个主-备方式分别运行于两台服务器上的。

故障检测是双机热备的任务,双机检测点的多少决定了双机热备软件在功能和性能上的优劣,并不是所有的软件都具有相同的检测功能。以某双机热备软件为例,其提供的是一种全系统检测能力,即检测分为系统级、应用级、网络级 3 个方面。系统级检测主要通过双机热备软件之间的心跳提供系统的检测功能;应用级提供用户应用程序、数据库等的检测功能;网络级的检测提供对网卡的检测及可选择地对网络路径的检测功能,因此称为全故障检测能力。

双机热备的资源是指某种业务运行过程中所依赖的最小的关联服务,不同的双机软件所提供的资源多少也不相同,当然提供的可切换资源越多,软件应用的范围也越广。在双机热备中提到的服务器资源主要包括:可切换的网络 IP 资源、计算机名、磁盘卷资源、服务器进程等。

双机热备的切换一般分为手动切换和故障切换,即计划性切换(人为切换)和非计划性切换(故障切换)。

一般情况下的双机切换时间为 1~5 分钟,而快速切换的时间为 3~5 秒钟。用户应根据自己的需求及业务特点来选择相应的切换服务,从价格成本上来说,切换的时间越短费用越高。

5.7.3　数据备份与恢复工具

1. 操作系统备份恢复工具

Windows XP 操作系统、Windows 2003 等 Windows 操作系统都有自带的数据备份和还原工具,通过菜单或者命令即可轻松实现备份和恢复功能。

Windows 7 以后的系统备份还原功能就集成在 Windows RE 中,全名为 System Image Recovery,不再是 Windows XP 操作系统比较低级的系统还原功能,而是如同 Ghost 一样可以通过制作镜像文件来还原系统。与 Ghost 相比,使用这个功能不需要安装额外的软件,属于系统自带功能,启动时按 F8 键即可进入操作界面,同样也可以制作成启动 U 盘来进行还原操作。

Linux 或 UNIX 操作系统备份恢复工具主要有 Xtar、Kdat、Taper 等。

Xtar 是桌面环境下查看和处理 Tar 的工具。Tar 工具是 UNIX 备份文件的工具,Linux 沿用了这个工具。Tar 几乎可以工作于任何环境中,所以 Linux 老用户都信赖它。但是 Tar 是一个命令行的工具,没有图形界面。

Kdat 是一个功能强大的 Linux 备份工具,包含备份、恢复、比较等功能。Kdat 是 KDE 自身的备份软件。

Taper 是一个开放源代码的软件,拥有良好用户界面的磁带备份和恢复软件,它可以从一台磁带机上备份/恢复软件。支持自动更新备份和恢复,是一个很好用的工具。Taper 可以运行在命令行和 KDE、Gnome 桌面环境下。

2. 数据库系统备份恢复工具

SQL Server、Oracle 等数据库系统一般都有自带的数据备份和恢复工具,可以通过命令或者图形化的工具来实现数据的备份和恢复。如 Oracle 数据备份可用 exp.exe,恢复工具可用 imp.exe 等。

3. 其他专业备份恢复工具

用得最多的可能是 Ghost 克隆工具,通过 Ghost 软件把整个硬盘或者分区连同系统一起备份下来,恢复的时候可以连同数据和系统环境一起恢复到新的机器上。

对于误删文件的恢复,比较简单易用的有 EasyRecovery、Finaldata 等。

随着存储技术的发展,相应的恢复技术及工具也会层出不穷。

5.7.4 相关标准规范

数据备份与恢复技术相关标准规范如下。

1. 2005 年国务院信息化办公室发布的《重要信息系统灾难恢复指南》
2. CNCA 11C—080—2009《网络安全产品强制性认证实施规则数据备份与恢复产品》
3. GB/T 20988—2007《信息系统灾难恢复规范》
4. GB/T 29360—2012《电子物证数据恢复检验规程》
5. YD/T 2393—2011《第三方灾难备份数据交换技术要求》
6. CNCA 11C—080—2009《信息安全产品强制性认证实施规则数据备份与恢复产品》
7. YD/T 1731—2008《电信网和互联网灾难备份及恢复实施指南》
8. GB 15851—1995《信息技术 安全技术 带消息恢复的数字签名方案》
9. CNCA 11C—087—2009《信息安全产品强制性认证实施规则网站恢复产品》
10. JR/T 0044—2008《银行业信息系统灾难恢复管理规范》

5.8 安全测试技术

5.8.1 安全测试技术概述

安全测试(Security Testing)是指有关验证应用程序的安全等级和识别潜在安全性缺陷的过程。应用程序级安全测试的主要目的是查找软件自身程序设计中存在的安全隐患,并检查应用程序对非法侵入的防范能力,根据安全指标不同测试策略也不同。安全测试并不最终证明应用程序是安全的,而是用于验证所设立策略的有效性,这些对策是基于威胁分析阶段所做的假设而选择的。例如,测试应用软件在防止非授权的内部或外部用户的访问或故意破坏等情况时的运行。

有许多测试手段可以进行安全测试,目前主要安全测试方法如下。

(1) 静态的代码安全测试。主要通过对源代码进行安全扫描,根据程序中数据流、控制流、语义等信息与其特有软件安全规则库进行匹配,从中找出代码中潜在的安全漏洞。静态的代码安全测试是非常有效,它可以在编码阶段找出所有可能存在安全风险的代码,这样开发人员可以在早期解决潜在的安全问题。而正因如此,静态的代码安全测试比较适用于早期的代码开发阶段,而不是测试阶段。

(2) 动态的渗透测试。也是常用的安全测试方法,是使用自动化工具或者人工的方法模拟黑客的输入,对应用系统进行攻击性测试,从中找出运行时刻所存在的安全漏洞。这种测试的特点就是真实有效,一般找出来的问题都是正确的,也是较为严重的。但渗透测试一个致命的缺点是模拟的测试数据只能到达有限的测试点,覆盖率很低。

一个有高安全性需求的软件,在运行过程中数据是不能遭到破坏的,否则就会导致缓冲区溢出类型的攻击。数据扫描的手段通常是内存测试,内存测试可以发现许多诸如缓冲区溢出之类的漏洞,而这类漏洞使用除此之外的测试手段都难以发现。例如,对软件运行时的内存信息进行扫描,看是否存在一些导致隐患的信息,当然这需要专门的工具来进行验证,手动比较困难。

大部分软件的安全测试都是依据缺陷空间反向设计原则来进行的,即事先检查哪些地方可能存在安全隐患,然后针对这些可能的隐患进行测试。因此,反向测试过程是从缺陷空间出发,建立缺陷威胁模型,通过威胁模型来寻找入侵点,对入侵点进行已知漏洞的扫描测试。优点是可以对已知的缺陷进行分析,避免软件里存在已知类型的缺陷,但是对未知的攻击手段和方法通常会无能为力。反向测试过程主要包括以下几个步骤。

(1) 建立缺陷威胁模型。建立缺陷威胁模型主要是从已知的安全漏洞入手,检查软件中是否存在已知的漏洞。建立缺陷威胁模型时,需要先确定软件牵涉哪些专业领域,再根据各个专业领域所遇到的攻击手段来进行建模。

(2) 寻找和扫描入侵点。检查威胁模型里的哪些缺陷可能在本软件中发生,再将可能发生的威胁纳入入侵点矩阵进行管理。如果有成熟的漏洞扫描工具,那么直接使用漏洞扫描工具进行扫描,将发现的可疑问题纳入入侵点矩阵进行管理。

(3) 入侵矩阵的验证测试。创建好入侵矩阵后,就可以针对入侵矩阵的具体条目设计对应的测试用例,然后进行测试验证。

为了规避反向设计原则所带来的测试不完备性,需要一种正向的测试方法来对软件进行比较完备的测试,使测试过的软件能够预防未知的攻击手段和方法。其主要过程包括以下步骤。

(1) 标识测试空间。对测试空间的所有的可变数据进行标识,由于进行安全测试的代价极高,其中要重点对外部输入层进行标识。例如,需求分析、概要设计、详细设计、编码这几个阶段都要对测试空间进行标识,并建立测试空间跟踪矩阵。

(2) 精确定义设计空间。重点审查需求中对设计空间是否有明确定义,需求牵涉的数据是否都标识出了它的合法取值范围。在这个步骤中,最需要注意的是"精确"二字,要严格按照安全性原则来对设计空间做精确的定义。

(3) 标识安全隐患。根据找出的测试空间和设计空间以及它们之间的转换规则,标识出哪些测试空间和哪些转换规则可能存在安全隐患。例如,测试空间越复杂,即测试空间划分越复杂或可变数据组合关系越多就越不安全。还有转换规则越复杂,则出问题的可能性也越大,这些都属于安全隐患。

（4）建立和验证入侵矩阵。安全隐患标识完成后，就可以根据标识出来的安全隐患建立入侵矩阵。列出潜在安全隐患，标识出存在潜在安全隐患的可变数据，标识出安全隐患的等级。其中对于那些安全隐患等级高的可变数据，必须进行详尽的测试用例设计。

5.8.2 安全测试技术原理

1. 软件缺陷成因

缺陷主要是指软件缺陷（Defect），又被称为 Bug。软件缺陷即为计算机软件或程序中存在的某种破坏正常运行能力的问题、错误，或者隐藏的功能缺陷。缺陷的存在会导致软件产品在某种程度上不能满足用户的需要。IEEE 729—1983 对缺陷有一个标准的定义：从产品内部看，缺陷是软件产品开发或维护过程中存在的错误、毛病等各种问题；从产品外部看，缺陷是系统所需要实现的某种功能的失效或违背。

在软件开发的过程中，软件缺陷的产生是不可避免的。造成软件缺陷的主要原因包括4个方面。

（1）由于软件设计可能导致的缺陷。

① 系统结构非常复杂，而又无法设计成一个很好的层次结构或组件结构，结果导致意想不到的问题或系统维护、扩充上的困难；由于对象、类太多，很难完成对各种对象、类相互作用的组合测试，而隐藏一些参数传递、方法调用、对象状态变化等方面问题。

② 对程序逻辑路径或数据范围的边界考虑不够周全，漏掉某些边界条件，造成容量或边界错误。

③ 没有考虑系统崩溃后的自我恢复或数据的异地备份、灾难性恢复等问题，从而存在系统安全性、可靠性的隐患。

④ 系统运行环境复杂，不仅用户使用的计算机环境千变万化，包括用户的各种操作方式或各种不同的输入数据，容易引起一些特定用户环境下的问题；在系统实际应用中，数据量很大，从而会引起强度或负载问题。

⑤ 由于通信端口多、存取和加密手段的矛盾性等，会造成系统的安全性或适用性等问题。

（2）由于团队工作可能导致的缺陷。

① 不同阶段的开发人员相互理解不一致。例如，软件设计人员对需求分析的理解有偏差，编程人员对系统设计规格说明书某些内容重视不够或存在误解。

② 对于设计或编程上的一些依赖性，相关人员没有充分沟通。

③ 项目组成员技术水平参差不齐、新员工较多、培训不够等也容易引起问题。

（3）由于技术问题可能导致的缺陷。

① 算法错误，在给定条件下没能给出正确或准确的结果。

② 语法错误，对于编译性语言程序，编译器可以发现这类问题；但对于解释性语言程序，只能在测试运行时发现。

③ 计算和精度问题，计算的结果没有满足所需要的精度。

④ 系统结构不合理、算法选择不科学，造成系统性能低下。

⑤ 接口参数传递不匹配，导致模块集成出现问题。

（4）由于项目管理可能导致的缺陷。

① 缺乏质量文化,不重视质量计划,对质量、资源、任务、成本等的平衡性把握不好,容易挤掉需求分析、评审、测试等的时间,遗留的缺陷会比较多。

② 开发周期短,需求分析、设计、编程、测试等各项工作不能完全按照定义好的流程来进行,工作不够充分,结果也就不完整、不准确,错误较多;周期短,给各类开发人员造成较大的压力,引起一些人为的错误。

③ 开发流程不够完善,存在太多的随机性和缺乏严谨的内审或评审机制,容易产生问题。

④ 文档不完善,风险估计不足等。

2. 安全漏洞分类

漏洞是在硬件、软件、协议的具体实现或系统安全策略上存在的缺陷,从而可以使攻击者能够在未授权的情况下访问或破坏系统。在不同种类的软硬件设备,同种设备的不同版本之间,由不同设备构成的不同系统之间,以及同种系统在不同的设置条件下,都会存在各自不同的安全漏洞。

系统从发布的那一天起,随着用户的深入使用,系统中存在的漏洞会被不断暴露出来,这些先被发现的漏洞也会被系统供应商发布的补丁软件修补,或在以后发布的新版系统中得以纠正。而在新版系统纠正了旧版本中具有漏洞的同时,也会引入一些新的漏洞和错误。因而随着时间的推移,旧的漏洞会不断消失,新的漏洞会不断出现,漏洞问题也会长期存在。

系统安全漏洞与系统攻击活动之间存在紧密的关系,因而不该脱离系统攻击活动来谈论安全漏洞问题。广泛的攻击存在才使漏洞存在必然被发现性。对漏洞问题的研究必须跟踪当前最新的计算机系统及其安全问题的最新发展动态。这一点与对计算机病毒发展问题的研究相似。如果不能保持对新技术的跟踪,随着已公布漏洞不断被修复,之前积累的研究成果也会逐渐失去价值。

对一个特定程序的安全漏洞可以从多方面进行分类。

(1) 从用户群体可分为两类。

① 通用软件的漏洞,如 Windows 的漏洞、IE 的漏洞等。

② 专用软件的漏洞,如 Oracle 漏洞、Apache 漏洞等。

(2) 从作用范围角度可分为两类。

① 远程漏洞,攻击者可以利用并直接通过网络发起攻击的漏洞。这类漏洞危害极大,攻击者能通过此漏洞远程控制他人的计算机或者窃取数据。

② 本地漏洞,攻击者必须在本机拥有访问权限前提下才能发起攻击的漏洞。比较典型的是本地权限提升漏洞,这类漏洞在 UNIX 操作系统中广泛存在,能让普通用户获得最高管理员权限。

(3) 从触发条件上看可分为两类。

① 主动触发漏洞,攻击者可以主动利用该漏洞进行攻击,如直接访问他人计算机。

② 被动触发漏洞,必须计算机的操作人员配合才能进行攻击利用的漏洞。比如,攻击者给管理员发一封邮件,带了一个特殊的 .jpg 图片文件,如果管理员打开图片文件就会导致看图软件的某个漏洞被触发,从而系统被攻击,但如果管理员不看这张图片则不会受攻击。

(4) 从时序上看可分为 3 类。

① 已发现漏洞,该类漏洞公布时间较长,厂商已经发布补丁或修补方法,多数系统已经进行了修补,宏观上看危害比较小。

② 新发现的漏洞,厂商刚发布或还没有及时发补丁或修补方法。相对于上一种漏洞其危害性较大,如果此时出现了蠕虫或傻瓜化的利用程序,那么会导致大批系统受到攻击。

③ 0day 漏洞,没有公开的漏洞,但已存在 POC 代码和利用方法。这类漏洞及利用方法通常会被交易,并被攻击者开发用来攻击指定的目标,获取敏感信息及经济利益,危害也非常大。

3. 安全漏洞挖掘

安全漏洞是软件缺陷的一个子集,常用的软件测试的手段对安全漏洞发掘都适用。常用用的各种漏洞发掘手段如下。

(1) FUZZ 测试(黑盒测试),通过构造可能导致程序出现问题的方式构造输入数据进行自动测试。

(2) 源码审计(白盒测试),现在有了一系列的工具都能协助发现程序中的安全 Bug,最简单的就是最新版本的 C 语言编译器。

(3) IDA 反汇编审计(灰盒测试),这与上面的源码审计非常类似,唯一不同的是很多时候能获得软件,但无法拿到源码来审计。但 IDA 是一个非常强大的反汇编平台,能基于汇编码(其实也是源码的等价物)进行安全审计。

(4) 动态跟踪分析,记录程序在不同条件下执行的全部和安全问题相关的操作(如文件操作),然后分析这些操作序列是否存在问题,这是竞争条件类漏洞发现的主要途径之一,其他的污点传播跟踪也属于这类。

(5) 补丁比较,厂商的软件出了问题通常都会在补丁中解决,通过对比补丁前后文件的源码(或反汇编码)就能了解到漏洞的具体细节。

4. 网络安全扫描技术

网络安全扫描技术是一种基于 Internet 远程检测目标网络或本地主机安全性脆弱点的技术。通过对网络的扫描,网络管理员能够发现所维护的 Web 服务器的各种 TCP/IP 端口的分配、开放的服务、Web 服务软件版本和这些服务及软件呈现在 Internet 上的安全漏洞。网络安全扫描技术也采用积极的、非破坏性的办法来检验系统是否有可能被攻击崩溃。它利用一系列的脚本模拟对系统进行攻击的行为,并对结果进行分析,通常被用来进行模拟攻击实验和安全审计。

网络安全检测系统对目标系统可能提供的各种网络服务进行全面扫描,尽可能收集目标系统远程主机和网络的有用信息,并模拟攻击行为,找出可能的安全漏洞。由于网络测试涉及远程机及其所处的子网,因而大部分检测、扫描、模拟攻击等工作并不能一步完成。网络安全检测系统采取的方式是:先根据这些返回信息进行分析判断,再决定后续采取的动作,或者进一步检测,或者结束检测并输出最后的分析结果。如此反复多次使用“检测—分析”这种循环结构,设计网络安全检测系统要注重灵活性,各个检测工具相对独立,为增加新的检测工具提供方便。如需加入新的检测工具,只需在网络安全检测目录下加入该工具,并在网络检测级别类中注明,则启动程序会自动执行新的安全检测。为了实现这种灵活性,网络安全检测系统的安全检测采用将检测部分和分析部分分离的策略,即检测部分由一组相对功能较单纯的检测工具组成,这种工具对目标主机的某个网络特性进行一次探测,并根据探测结果向调用者返回一个或多个标准格式的记录,根据这些标准格式的返回记录决定下一轮对哪些相关主机执行哪些相关的检测程序,这种“检测—分析”循环可能进行多次直至分析过程不再产生新的检测为止。一次完整的检测工作可能由多次上述的"检测—分析"循环组成。

网络安全扫描技术与防火墙、网络监控系统互相配合,能够有效提高网络的安全性。网络管理员可以根据扫描的结果更正网络安全漏洞和系统中的错误配置,在黑客攻击前进行防范。如果说防火墙和网络监控系统是被动的防御手段,那么安全扫描就是一种主动的防范措施,可以有效避免黑客攻击行为,做到防患于未然。一次完整的网络安全扫描分为 3 个阶段。

(1) 发现目标主机或网络。

(2) 发现目标后进一步收集目标信息,包括操作系统类型、运行的服务以及服务软件的版本等。如果目标是一个网络,还可以进一步发现该网络的拓扑结构、路由设备以及各主机的信息。

(3) 根据收集到的信息判断或者进一步测试系统是否存在安全漏洞。网络安全扫描技术包括端口扫描(Port Scan)、漏洞扫描(Vulnerability Scan)、操作系统探测(Operating System Identification)、探测访问控制规则(Firewalking)、Ping 扫射(Ping Sweep)等。这些技术在网络安全扫描的 3 个阶段中各有体现。在以上扫描技术中,端口扫描技术和漏洞扫描技术是两种核心技术,广泛应用于当前较成熟的网络扫描器中,如著名的 Nmap 和 Nessus。

5. 渗透测试技术

渗透测试(Penetration Test)模拟黑客可能使用的攻击技术和漏洞发现技术,对目标系统的安全做深入地检测,发现信息系统最脆弱的环节。测试过程涵盖了网络、主机、应用服务等层面的安全测试。

渗透测试主要依据公共漏洞和暴露(Common Vulnerabilities & Exposures,CVE)已经发现的安全漏洞以及隐患漏洞。模拟入侵者的攻击方法对应用系统、服务器系统和网络设备进行非破坏性质的攻击性测试。目的是侵入系统并获取系统信息,并将入侵的过程和细节总结编写成测试报告,揭示系统存在的安全威胁,促使安全管理员完善信息系统安全防护策略,降低安全风险。

渗透测试通常采取工具扫描和人工测试的方式。工具扫描能提高测试的效率和速度,但是存在一定的误报率,不能发现深层次、复杂的安全问题;人工测试可以发现逻辑性更强、更深层次的弱点,但对测试者的专业技能要求很高。

由于采用可控制的、非破坏性质的测试手段,因此渗透测试不会对被评估的客户信息系统造成严重的影响。在渗透测试结束后,客户信息系统将基本保持一致。测试授权是进行渗透测试的必要条件。用户应对渗透测试所有细节和风险知晓,所有过程都在用户的控制下进行。

渗透测试流程如图 5-32 所示。

5.8.3 测试工具应用

1. 信息收集类工具

信息收集类工具主要用于目标系统的信息收集。利用该工具可收集到目标系统服务器版本、应用程序版本、端口开放情况、关联系统信息等。此类工具主要有以下 3 种。

(1) Ping:利用它可以检查网络是否连通,用好它可以很好地帮助我们分析判定网络连通情况。

(2) Tracert:路由跟踪实用程序,用于确定 IP 数据包访问目标所采取的路径。Tracert

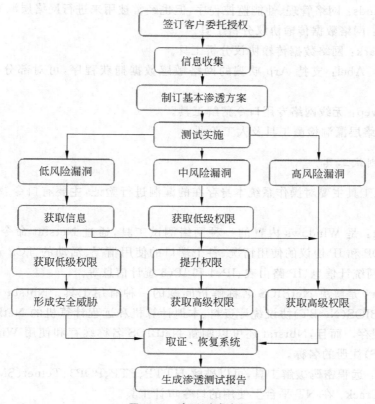

图 5-32 渗透测试流程

命令使用 IP 生存时间(TTL)字段和 ICMP 错误消息来确定从一台主机到网络上其他主机的路由。

（3）Nmap：网络连接端扫描软件，用来扫描网上计算机开放的网络连接端。确定哪些服务运行在哪些连接端，并且推断计算机运行哪个操作系统（也称 Fingerprinting）。

2. 漏洞扫描类工具

漏洞扫描类工具主要用于系统安全漏洞检测。通过对网络设备、安全设备、常见操作系统、应用程序等开放的端口、运行的应用等进行安全检测，能够发现系统当前状态下容易被攻击者利用的漏洞情况。此类工具主要有以下几种。

（1）nessus：系统层、网络层、常见应用程序漏洞检测工具。

（2）极光远程安全评估系统：系统层、网络层、常见应用程序漏洞检测工具。

（3）明鉴应用安全检测系统：应用层、数据库漏洞检测工具。

（4）Nexpose：系统层、网络层、常见应用程序漏洞检测工具。

（5）X-scan：系统层、网络层、常见应用程序漏洞检测工具。

3. 网络层测试工具

网络层测试工具主要对网络设备、安全设备、网络传输进行安全检测或安全验证。这类工具与其他层面检测工具相比相对较少，需要结合漏洞检测工具及人工操作进行验证。主要验证工具有以下几种。

（1）Solarwinds：网络管理、性能监控程序，但也经常被用来进行网络层漏洞发现及验证。

（2）Sniffer：网络数据传输协议分析工具。

（3）Wireshark：网络数据传输协议分析工具。

（4）Cain & Abel：支持 Arp 欺骗的网络敏感数据捕获程序，可对部分类型密文进行猜解。

（5）Spoonwep：无线网络专用口令猜解工具。

（6）其他网络层漏洞检测工具及人工验证。

4. 系统层测试工具

系统层测试工具主要对操作系统本身存在的漏洞进行验证，主要有口令获取、口令猜解、系统漏洞利用等。

（1）Netstat：是 Windows 内置的一种网络测试工具，通过 Netstat 命令可以查看本地 TCP、ICMP、UDP 和 IP 协议的使用情况、各个端口的使用情况、活动的 TCP 连接、计算机侦听的端口、以太网统计信息、IP 路由表、IPv4 和 IPv6 统计信息等。

（2）Nbtstat：是解决 NetBIOS 名称解析问题的一种有用工具。Nbtstat 可以显示基于 TCP/IP 的 NetBIOS（NetBT）协议统计资料、本地计算机和远程计算机的 NetBIOS 名称表和 NetBIOS 名称缓存。而且，Nbtstat 还可以刷新 NetBIOS 名称缓存和使用 Windows Internet 名称服务（WINS）注册的名称。

（3）Brutus：远程密码破解工具，可以破解 HTTP、FTP、POP3、Telnet、SMB 等密码。

（4）L0phtCrack：在 NT 平台上使用的口令审计工具。

（5）Saminside：主要用来恢复 Windows 的用户登录密码。

（6）Metasploit：获取、开发并对计算机软件漏洞实施攻击。附带数百个已知软件漏洞的专业级漏洞验证工具。

5. 应用层测试工具

应用层测试工具主要对应用层漏洞进行验证，目前的互联网常被利用的漏洞大部分均出现在应用层面，尤其是 Web 应用，攻击者利用这些工具可对 Web 应用程序进行漏洞验证。

（1）SQL 注入漏洞验证工具：如 Pangolin、SQLmap 等，主要对存在 SQL 注入漏洞的网站进行漏洞验证。

（2）Burp Suite：验证 Web 应用程序漏洞的集成平台。它包含了许多工具，并为这些工具设计了许多接口，以加快检测应用程序漏洞的过程。

（3）Web 应用口令猜解：如溯雪、黑雨等，主要对网页登录页面口令强度进行检测。

6. 社会工程辅助手段

在网络安全设备越来越多地被部署及有效应用的背景下，通过网络层、系统层甚至应用层进行渗透已经越来越难，攻击者开始转移重点，从一些容易被忽视或公开发布的信息中发现有利用价值的信息，社会工程学本意从系统相关人员入手，也可扩展至物理、制度等更多层面。社会工程学没有太多明确的工具，需要实施攻击人员具备较强的信息敏感度及信息收集能力，能够从众多的信息中筛选出有用信息，以便实施攻击。

7. 其他

在渗透测试过程中,视渗透的广度及深度的需求可能要用到一些攻击性较强的工具,如远程控制、通道建立、端口转发甚至木马程序等。这些程序应用的前提一定是威胁可控。

5.8.4 相关标准规范

安全测试技术相关标准规范如下。

1. GB/T 28458—2012《信息安全技术 安全漏洞标识与描述规范》
2. GB/T 20278—2006《信息安全技术 网络脆弱性扫描产品技术要求》
3. GB/T 20280—2006《信息安全技术 网络脆弱性扫描产品测试评价方法》
4. GB/T 9386—2008《计算机软件测试文档编制规范》
5. GB/T 15532—2008《计算机软件测试规范》
6. GB/T 28448—2012《信息安全技术 信息系统安全等级保护测评要求》
7. GB/T 28449—2012《信息安全技术 信息系统安全等级保护测评过程指南》
8. YDN 139—2006《基于 PC 终端的互联网内容过滤软件测试方法》
9. YD/T 2392—2011《IP 存储网络安全测试方法》
10. YD/T 2096—2010《接入网设备安全测试方法——综合接入系统》
11. YD/T 2047—2009《接入网设备安全测试方法——xDSL 用户端设备》
12. YD/T 2045—2009《IPv6 网络设备安全测试方法——核心路由器》
13. YD/T 2044—2009《IPv6 网络设备安全测试方法——边缘路由器》
14. YD/T 2041—2009《IPv6 网络设备安全测试方法——宽带网络接入服务器》
15. YD/T 2043—2009《IPv6 网络设备安全测试方法——具有路由功能的以太网交换机》
16. YD/T 2049—2009《接入网设备安全测试方法——DSL 接入复用器(DSLAM)设备》
17. YD/T 1700—2007《移动终端网络安全测试方法》
18. YD/T 1659—2007《宽带网络接入服务器安全测试方法》
19. YD/T 1628—2007《以太网交换机设备安全测试方法》
20. YD/T 1630—2007《具有路由功能的以太网交换机设备安全测试方法》
21. YD/T 1439—2006《路由器设备安全测试方法——高端路由器(基于 IPv4)》

参 考 文 献

[1] 邬锦雯. 人力资源管理信息化[M]. 北京：清华大学出版社，2013.

[2] 冯登国. 国内外网络安全研究现状及其发展趋势[J]. 网络安全技术与应用，2001(1)：8-13.

[3] 李晓玉. 国内外网络安全标准研究现状综述[J]. 网络安全与通信保密，2009(8)：167-171.

[4] 王惠莅，杨晨，杨建军. SP800-53 网络安全控制措施研究[J]. 信息技术与标准化，2011(8)：46-49.

[5] 宋言伟，马钦德，张健. 网络安全等级保护政策和标准体系综述[J]. 信息通信技术，2010(6)：58-62.

[6] 蔡昱，张玉清，冯登国. 基于 GB 17859—1999 标准体系的风险评估方法[J]. 计算机工程与应用，2005 (12)：134-137.

[7] 贾晓芸. 面向群体的数字签名机制研究[D]. 北京：北京邮电大学，2008.

[8] 熊平. 网络安全原理及应用[M]. 2 版. 北京：清华大学出版社，2011.

[9] 张焕，刘玉珍. 密码学引论[M]. 武汉：武汉大学出版社，2003.

[10] 孙亚楠. 安全操作系统自主访问控制机制的研究与实现[D]. 北京：中国科学院研究生院，2004.

[11] 孟凯凯. 基于角色的自主访问控制机制的研究与实现[D]. 长沙：国防科技大学，2009.

[12] 宁葵. 访问控制安全技术及应用[M]. 北京：电子工业出版社，2005.

[13] 冯登国. 网络安全原理与技术[M]. 北京：科技出版社，2007.

[14] 蒋睿，胡爱群，陆哲明. 网络安全理论与技术[M]. 武汉：华中科技大学出版社，2007.

[15] 王佳明，曾红卫，唐毅. 网络安全自动检测系统(NSATS)[J]. 计算机工程，2000，26(1)：17-18.

[16] 刘敏涵，王存祥. 计算机网络技术[M]. 西安：西安电子科技大学出版社，2007.

[17] 卿斯汉. 密码学与计算机网络安全[M]. 北京：清华大学出版社，2006.

网络安全服务与产品

网络安全服务

网络安全服务主要包括安全咨询、等级测评、风险评估、安全审计、运维管理、安全培训等几个重点方向,用户一般需要的是有针对性的、个性化的、模块化的、可供用户任意选择的、周全的安全服务体系。

1. 安全咨询服务

安全咨询服务的内容主要以行业特点为核心,从技术、运维、管理、策略等方面提供具有针对性的安全技术与管理咨询服务。如针对企业提供信息安全管理体系 ISMS 建设咨询、IT 服务管理体系、ITSM 建设咨询与企业 IT 内审咨询等;针对国家政府信息化建设提供等级保护建设相关咨询服务,包括政务系统定级、系统规划、系统建设及运维管理的咨询等。

2. 等级测评服务

按照国家相关法规标准,利用专业的等级测评工具,从技术和管理两个方面进行等级测评。技术部分包括物理和环境安全、网络和通信安全、设备和计算安全、应用和数据安全;管理部分包括安全策略和管理制度、安全管理机构和人员、安全建设管理、安全运维管理。

3. 风险评估服务

风险评估服务可以帮助用户了解自身网络信息系统的安全状况:通过资产重要性分析明确需要重点保护的资产信息;通过系统弱点分析、威胁分析、安全措施的有效性分析确定各项资产所面临的真实安全威胁问题。由于风险评估的流程复杂、技术难度大、历时久、周期长等问题,严重困扰着行业用户风险评估工作的实施。因此,开展针对性强、自动化、模块化的风险评估工具是未来风险评估服务发展的主要方向。它可以降低风险评估的难度,提升风险评估的效率,保障风险评估的准确性,更便于用户实施网络信息系统的自评估工作,降低风险管理成本。

4. 安全审计服务

安全审计服务将严格以安全政策或标准为基础,用于测定现行保护措施整体状况,同时检验是否妥善执行现有的保护措施。安全审计的目的在于了解现有环境是否已根据既定的安全策略得到妥善的保护。安全审计服务可能使用安全审计工具和不同的审核手段,以找出安全问题漏洞,因此安全审计需要多种技术作为支持。安全审计是需要反复进行的检查程序,以确保适当的安全措施已切实执行。安全审计会比安全风险评估更频繁,是风险评估服务的有效补充。信息系统安全审计服务可协助用户确保系统安全策略运行在有效控制措施之下。从技术、管理和人员等多个方面,帮助客户加强内部控制,建立合规性机制,应对合规性审查,预计安全审计服务是未来信息安全服务行业发展的重点方向。

5. 运维管理服务

应急响应是运维管理中的典型服务之一,可有效降低用户因突发安全事件造成的损失,可有效帮助用户及时准确定位安全事件并对安全事件进行处置,降低用户损失。应急响应主要针对突发的网络故障、病毒爆发、网络入侵、主机故障、软件故障等事件。目前,运维管理服务已逐渐将应急响应和系统维护、安全加固、安全检查等工作融为一体。驻场安全运维服务、周期性巡检服务、渗透评估服务、安全加固服务将成为安全运维管理服务的重点方向。

6. 安全培训服务

近年来,信息安全服务项目需求日益增加,市场前景广阔。除专业的信息安全服务机构外,信息安全产品厂商、信息安全产品代理商、系统集成商等都将面临诸多信息安全服务项目机会。然而,根据调查结果显示,专业的信息安全服务人才极其缺乏,远远无法满足实际需求。安全培训服务市场巨大。安全培训内容包括信息安全意识、安全管理及安全技术培训、专题培训、法规标准解读等,培训可以促进安全管理工作提升。

国内主流网络安全产品及厂商

国内网络安全产品及厂商发展迅速,产品众多。从安全功能角度来看主要有以下类别:基础设施安全、终端安全、数据安全、内容安全、应用安全、身份与访问管理、云安全、移动安全、安全智能、业务安全、安全管理、自主可控、测评认证等。网络安全产品类别更是层出不穷。主流的产品主要有防火墙、IDS、IPS、安全审计、漏洞扫描、SOC、防病毒、堡垒机、身份认证、加解密等。从安全层面来看主要有物理安全、网络安全、主机安全、应用安全、数据安全、安全管理等类别。具体安全厂商不再赘述,读者可就每类产品自行搜索相关厂商。